Heinrich Mackrott
Rassetauben

Heinrich Mackrott

Rassetauben

Zucht, Haltung und Flugsport

2., überarbeitete Auflage
Mit 99 Farbfotos,
17 Schwarzweißfotos,
32 Zeichnungen

E.U.
VERLAG
EUGEN
ULMER

Zeichnungen von Friedhelm Weick, Bruchsal
Fotos auf dem Einband:
links oben: Fränkisches Samtschild, rot
rechts oben: Genter Kröpfer, weiß
links unten: Antwerpener Smerle, rotschildig
rechts unten: Süddeutscher Mohrenkopf, schwarz

Die Deutsche Bibliothek – CIP-Einheitsaufnahme

Mackrott, Heinrich:
Rassetauben : Zucht, Haltung und Flugsport /
Heinrich Mackrott. – 2., überarb. Aufl. – Stuttgart : Ulmer, 1992
ISBN 3-8001-7275-5
NE: HST

Wollgrasweg 41, 7000 Stuttgart 70 (Hohenheim)
Printed in Germany
Einbandgestaltung: Alfred Krugmann
Lektorat: Ulrich Commerell
Herstellung: Steffen Meier
Satz: Steffen Hahn FotoSatzEtc., Kornwestheim
Druck: Pustet, Regensburg

Vorwort

Das moderne Leben in einer technisierten Welt hat vielen unserer Mitmenschen einen deutlichen Abstand zur Natur, zum Leben der Tiere, ihren verschiedenen Formen und Rassen, ihrer Fortpflanzung und ihren Fähigkeiten gebracht. Haustiere geben uns die Möglichkeit, nicht nur ein Stück Natur in unseren engeren Lebensbereich hineinzuholen, sondern auch bei der Zucht die speziellen Eigenschaften der Haustiere zu fördern und zur Auswirkung kommen zu lassen. Tauben sind die einzige Haustierart, die als freilebende Flugvögel gehalten werden können, keine großen Ansprüche an Behausungen stellen und deren Unterhaltung wenig Aufwand erfordert. Dazu schafft ihre Zutraulichkeit und Lebensfreude einen besonders engen Kontakt zum Menschen. Viele unserer Mitbürger sehen darum in der Taubenhaltung die Möglichkeit, Tiere zu besitzen, zu züchten und ihre Haltung als eigenes Hobby zu betreiben. Vereine bieten die Möglichkeit des fachlichen Gedankenaustausches und des züchterischen Wettbewerbs auf Ausstellungen.

Aus diesen Gründen hat die Taubenhaltung in Europa in den letzten Jahren erheblich zugenommen. Züchterischer Ehrgeiz hat die rassenspezifischen Eigenschaften verbessert und weiterentwickelt. Dies gilt zum Beispiel für das Wettflugwesen bei den Brieftauben, die von unbekanntem Auflaßort mit erstaunlich hoher Geschwindigkeit zum Heimatort zurückkehren. Auch haben sich in den letzten Jahren Vereine gebildet, deren Mitglieder mit speziellen Tümmlerrassen den Kunstflugsport oder den Dauerflugsport ausüben. Sehr viele Taubenzüchter halten eine spezielle Rasse und setzen alles daran, viele Jungtauben zu züchten, die dem Rasseideal möglichst nahestehen, um auf den Ausstellungen mit anderen Züchtern zu konkurrieren. Das schwierigste Ziel haben sich diejenigen Züchter gesetzt, die durch Neuzüchtungen noch nicht vorhandene Eigenschaften, wie etwa bestimmte Farbvarianten durch Einkreuzen von anderen Rassen übertragen möchten. Und viele Taubenzüchter finden nach der beruflichen Belastung durch die Beschäftigung mit ihren Tieren Ruhe und Ausgeglichenheit.

Unter diesen Aspekten schien es sinnvoll, eine Vielzahl einzelner Erkenntnisse bei der Haltung, Züchtung und dem Training in einem Buch zusammenzutragen, wobei allein die Beschreibung der verschiedenen Rassen einen breiten Raum einnimmt. Die Aufzählung der einzelnen Organisationen möchte dem Anfänger Hinweise zur aktiven Beteiligung bieten. Der vorgegebene Umfang des Buches ließ in vielen Abschnitten ausführlichere Darstellungen nicht zu, doch wird hier auf die wichtigste Spezialliteratur verwiesen.

Möge dieses Buch beim Außenstehenden Verständnis für das vielseitige Hobby Rassetauben erwecken, dem Anfänger die Grundlagen des Fachwissens vermitteln und dem erfahrenen Züchter ein Nachschlagewerk mit vielen Hinweisen und Tips für die Zucht und Haltung seiner Tauben sein.

Kiel-Molfsee,
im Februar 1985 Dr. Heinrich Mackrott

Vorwort zur zweiten Auflage

Schnellebig ist nicht nur die technische Entwicklung. Der Tourismus hat es mit sich gebracht, daß reisende Taubenzüchter aus den arabischen Staaten, dem Balkan und den Ländern um das Schwarze Meer, neue Taubenrassen mit teilweise für uns neuen Farbvarianten, Formen und Eigenschaften nach Westeuropa holten. Und durch geduldigen Züchterfleiß sind auch bei uns neue Rassen und Farbvarianten entstanden. Daher war es nach nur sechs Jahren notwendig, die Darstellung der einzelnen Taubenrassen zu aktualisieren. Auch die anderen Kapitel wurden den heutigen Erkenntnissen angepaßt. Trotz alledem bleibt das Buch eine allgemeine, aber grundlegende Informationsquelle, die umfangreichere Spezialliteratur nicht ersetzen kann, sondern zu ihr hinführen soll.

Möge diese Auflage allen Freunden der Taubenhaltung beim Lesen Freude bereiten und ihnen zusätzliche Kenntnisse für ihre eigenen Überlegungen vermitteln. Mehrfach fanden wir bestätigt, daß dieses Buch gut geeignet ist, Anfänger in der Taubenzucht, vor allem auch Jugendliche, an dieses schöne, naturverbundene Hobby heranzuführen. Wenn diese zweite Auflage dazu beiträgt, den Lesern bei der Ausführung ihres Hobbys ein klein wenig mehr Zufriedenheit, Erfolg und Entspannung nach einem arbeitsreichen Tag zu vermitteln, hat sich die Mühe des Zusammentragens gelohnt. In diesem Sinne wünsche ich dem Buch eine weite Verbreitung.

Molfsee, im September 1992
Dr. Heinrich Mackrott

Inhaltsverzeichnis

Einführung

Menschen und Tauben

Die Tauben unterscheiden sich von allen anderen gefiederten Haustieren dadurch, daß sie an einen geeigneten Taubenschlag als Unterkunft gewöhnt, ohne Gitter, Käfig oder Voliere, im freien Flug gehalten werden können. Gleichgute Flugkünstler, die hartnäckig in ihre Behausung zurückkehren und deren Tun und Lassen von ihrem Besitzer gesteuert werden kann, gibt es in ähnlicher Weise nicht.
Die Mannigfaltigkeit der Taubenrassen ist heute so groß, daß die unterschiedlichsten Anreize gegeben sind, sich mit dieser Vogelart als Haustier zu beschäftigen. So reicht die Taubenhaltung heute von der reinen Vermehrungszucht über die Durchführung von Wettflügen, Dauerflügen, der Formen- und Farbenzucht und Dressur bis hin zu einem hochentwickelten Ausstellungswesen. Viele Menschen sehen in der heutigen Taubenzucht ein Hobby, bei dem sie sich nach Feierabend und am Wochenende erholen können. Anderen Menschen bietet die Taubenzucht und -haltung die beste Möglichkeit, sich mit freilebenden Haustieren an Wettbewerben zu beteiligen und die Zucht und Haltung zu einer Leistungszucht mit strenger Auslese auszubauen.
Wer einmal ein liebevolles Verhältnis zu den Tauben gespürt hat, kommt so schnell nicht von ihnen los, da sie uns in ihrer Vielfalt der Formen und Farben, des Verhaltens und der Leistungen im Schlage und in der Luft immer wieder faszinieren. Die weiße Taube gilt als das Symbol des Friedens. Und auch in der Literatur und der Kunst spielen die Tauben von alters her eine wichtige Rolle.
Die Liebe zu den Tauben treffen wir bei allen Völkern an, und ihre Zucht und Haltung wird überall dort praktiziert, wo die entsprechenden Grundvoraussetzungen gegeben sind. Die Taubenhaltung muß von den Menschen bereits seit Jahrtausenden betrieben worden sein, und es hat lange gedauert, bis sich aus der Ursprungsrasse, der Felsentaube, die heutigen Spezialrassen in ihrer Vollendung herausgebildet haben.
Im Vorderen Orient war die Taubenhaltung von jeher besonders ausgeprägt. Aber auch

Bronze-Taube aus Dodona, Griechenland, 7. Jh. v. Chr. (Staatliche Kunstsammlungen Kassel-Wilhelmshöhe).

in Indien und in China und seit den Kreuzritterzügen auch in Mittel- und Nordeuropa hat sich die Liebe zu diesen Tieren und ihre Haltung mehr und mehr ausgebreitet, so daß heute allein in der Bundesrepublik Deutschland etwa 6 bis 10 Millionen Tauben gehalten werden.

Die Ahnen der Haustauben

Erst in der naturwissenschaftlichen Ära gelang Charles Darwin (1809 bis 1882), der selbst Taubenzüchter war, der Nachweis, daß sämtliche Haustaubenrassen auf eine einzige Wildform, nämlich die Felsentaube *(Columba livia)* zurückzuführen sind. Linné, der etwa 100 Jahre früher (1707 bis 1778) lebte, glaubte noch, daß alle Arten konstant und von Anfang an vorhanden waren. Doch wich er von dieser Theorie mit der Feststellung ab, daß die gewöhnliche Form der Haustaube wohl von der wilden Hohltaube *(Columba oenas)* abstamme. Auch Chr. L. Brehm nahm an, daß die Pfautaube wegen der besonderen Form ihres Schwanzes auf eine bereits ausgestorbene Form der Wildrasse zurückgeführt werden müsse. Heute weiß man, daß auch die Pfautauben von den Felsentauben abstammen. Als Domestikationsgebiet wird von allen Forschern der Mittelmeerraum und der Orient genannt. In Mittel- und Nordeuropa kommen als Wildtauben vor allem die Hohltaube *(Columba oenas)*, die Ringeltaube *(Columba palumba)* und seit etwa 1950 die Türkentaube *(Streptopelia decaocto)* vor. Einige Felsentauben gibt es jedoch auch in Schottland. Hohl- und Ringeltauben sind ausgesprochene Baumbrüter. Sie bringen in der Gefangenschaft zwar Nachzucht, doch läßt sich diese niemals im Freiflug halten. Auch sind keine exakten Berichte über gelungene Einkreuzungen von Haustauben in diese Wildtaubenrassen bekanntgeworden. Allein über die Herkunft der Lachtauben

Türkentaube im Mittelalter, durch Zeichnungen überliefert.

herrscht bis zum heutigen Tage noch keine völlige Klarheit. Es wird angenommen, daß sie ausschließlich von den Turteltauben *(Columba turtur)* abstammen. Möbes hält aber auch die Lachtauben nur für eine Spielart der Felsentauben.

Felsentauben haben im Vergleich zu den auf Bäumen lebenden Tauben andere Lebensgewohnheiten. Sie brüten stets in Höhlungen und Mulden von Gesteinen und bevorzugen während des ganzen Jahres ein geselliges Leben. Letzteres war eine Vorbedingung für die Eignung zur Domestikation, wie ja auch alle Haustiere in der ursprünglichen Wildform Herdentiere waren. Auch heute lassen sich Felsentauben mit den Haustauben jederzeit paaren, wodurch ihre Verwandtschaft bewiesen werden kann.

Nach Dürigen wurden bereits um 3000 v. Chr. halbgezähmte Tauben in Taubentürmen mit vielen Einflugöffnungen gehalten. Dies geschah zunächst zur Gewinnung von Taubendünger.

Felsentauben besitzen ein sehr gutes Orientierungsvermögen. Da die Nahrung nicht immer in unmittelbarer Nähe des Nistplatzes vorhanden ist, werden sie gezwungen, oft größere Strecken zur Nahrungsaufnahme zurückzulegen. Nach Beobachtungen aus dem Vorderen Orient sollen Felsentauben eine Entfernung bis zu 250 km zurücklegen, um zur Trinkstelle zu gelangen. Bei einem Teil der Nachkommen ist dieser Orientierungssinn voll erhalten geblieben oder noch verbessert worden, so daß nach alten Mitteilungen schon vor unserer Zeitrechnung Haustauben zu Botenflügen Verwendung fanden. Die älteste Überlieferung über eine Botentaube finden wir bekanntlich in der Bibel: Noah entsendet eine Taube.

Auch die Phönizier und Ägypter nahmen Botentauben mit auf See, um Nachrichten an die Heimat zu übermitteln. Der Grieche Taurosthenes aus Ägina meldete seinen Sieg bei den Olympischen Spielen durch eine Botentaube seiner Familie. Die Römer unterhielten bereits zu Cäsars Zeiten eine Taubenpost. Plinius (23–79 n. Chr.) berichtet, daß römische Bürger beim Verlassen ihrer Heimatstadt häufig eine Taube mitnahmen, um ihren Angehörigen ihre Ankunft am Reiseziel mitzuteilen. Der Araber Michel Sabbagh (1805) gibt uns ein Bild von der Taubenhaltung zur Zeit der arabischen Herrscher im 12. und 13. Jahrhundert.

Der Sultan Nur-Eddin baute ein Netz von Botentaubenverbindungen aus, das u. a. Aleppo, Damaskus, Emere, Hamat, Basra und Ägypten mit der Hauptstadt Bagdad verband, um in kurzer Zeit aus allen Teilen seines Reiches Nachrichten erhalten zu können.

Nach Bildern, die Möbes von orientalischen Botentauben veröffentlichte, sind schlanke, volle, langschnäblige sowie ausgesprochen kurzschnäblige Tiere verwendet worden. Michel Sabbagh schreibt, daß neben blauen auch gelbrote und schwarzgefärbte Tiere vorgekommen seien. Im Irak dagegen waren wohl weiße Tauben mit Kragen besonders bevorzugt. Es ist wahrscheinlich, daß Bagdetten, die heute in mehreren Variationen vorkommen, auf die Botentauben in Bagdad zurückzuführen sind und noch eine gewisse Ähnlichkeit mit ihnen haben.

Aus dem Mittelmeerraum sind uns weiterhin die Syrischen Wammentauben und die Beiruter Botentauben bekannt. Beide Rassen wurden 1882 erstmalig in Paris gezeigt. Ein weiterer Typ war die weiße Berbertaube, extrem kurzschnäblig und mit Häubchen, die dem modernen Mövchentyp gleichsieht. Ein Bild einer orientalischen Taube aus dem Jahre 1824 zeigt eine gewisse Ähnlichkeit mit den modernen Reisetauben.

In Mittel- und Nordeuropa haben sich die Haustauben wahrscheinlich erst sehr viel später verbreitet. Man nimmt aber an, daß bereits mit den römischen Legionen Tauben eingeführt wurden. So sollen die oberen Turmwinkel in den Wachtürmen der römischen Kastelle als Unterkunft für Tauben gedient haben. Erst über tausend Jahre spä-

ter sind es die Kreuzfahrer gewesen, die auf ihren Kriegszügen die Taubenhaltung kennenlernten und verschiedene Rassen mit in die Heimat nahmen. Außerdem brachten Seefahrer Tauben aus fremden Ländern nach Mittel- und Nordeuropa.
Der Naturforscher Gesner (1575) kennt zu seiner Zeit nur 2 Taubenrassen, während Aldrovandi um das Jahr 1600 eine große Anzahl von Rassen anführt und schon auf die in Belgien und Holland blühende Taubenzucht hinweist.
Der Wiener Arzt Patavino soll schon in der Mitte des 16. Jahrhunderts durch Zeichnungen und lebende Tiere die asiatischen Taubenrassen in Europa bekanntgemacht haben.
Seit dem Mittelalter haben sich die Tauben immer weiter nach Norden ausgebreitet und sind in ganz Europa zu beliebten Haustieren geworden. So hat es in Nürnberg bereits im Jahre 1299 ein Verbot der Taubenhaltung gegeben, das immerhin auf das Vorhandensein von Tauben hinweist. In England kannte man im Jahre 1765 eine Taubenrasse, die aus Nürnberg eingeführt worden war.
Im 18. Jahrhundert gab es in Deutschland Rassetauben, die sich für Botenzwecke eigneten. Hierüber berichtet Rolves, der um das Jahr 1765 Flüge von Hildesheim nach Hannover durchführte.
Diese Hinweise mögen verdeutlichen, daß schon zu Beginn des 19. Jahrhunderts viele Rassen in Westeuropa vorhanden waren. So beschreibt der Engländer Eaton Haager Hohlkröpfer, Groninger Slenkertauben und erwähnt weitere besondere Hochfliegerarten.
Im Laufe des 19. Jahrhunderts hat sich dann die Buntheit der Rassen und Formen durch Importe, Mutationen und neue Kombinationen entwickelt.
Aus Belgien erfahren wir zu dieser Zeit von hellen französischen Mövchen, dunklen Camustauben, Berbertauben und Indianertauben. In Antwerpen verwendet man 1825 kleine Kröpfer für Nachrichtenübermittlungen. Auch werden Tümmler erwähnt, die teilweise nach der Heimkehr noch über eine Stunde über ihrem Schlage kreisten. Kreuzungen zwischen Tümmlern und kurzschnäbligen Tauben werden Smerlen genannt, doch ist die Überlieferung nicht ganz eindeutig. Antwerpener Züchter führten den irischen Carrier ein und kreuzten ihn mit Tümmlern und Smerlen. Auch über die Verpaarung von kleinen Mövchen mit Dragonern wird berichtet. Man kreuzte langgesichtige Bärtchentümmler ebenfalls mit Dragonern und verpaarte die Nachzucht wiederum mit Mövchen. Heute gibt es allein in Deutschland über 200 Taubenrassen mit bis zu 30 Farbenschlägen und Farbnuancierungen.
Die Erfahrung lehrt, daß es möglich ist, aus diesem Vielerlei an Rassen ständig neue Formen und Farben herauszuzüchten. Für viele Taubenhalter liegt hierin ein zusätzlicher Anreiz zur Zucht.

Wildtaubenrassen

Neben den in Europa vorkommenden wildlebenden Felsentauben, Ringeltauben, Hohltauben und Türkentauben gibt es in anderen Erdteilen eine Vielzahl weiterer Wildtaubenrassen.
Mit Ausnahme der arktischen Klimazonen haben sie sich an die unterschiedlichsten Lebensräume im Laufe der Zeit angepaßt. Man begegnet Tauben als Felsenbewohner in bewuchsarmen Gegenden oder in Gebirgen, als Bodenvögel in Wüsten und Steppen sowie als Baum- und Unterholzbewohner in vielen Teilen unserer Erde.
Die meisten Wildtauben sind Baumbewohner. Wahrscheinlich ist der Wald ihr ursprünglicher Lebensraum gewesen, und dies hauptsächlich im asiatisch-australischen Raum. Hier findet man die größte Vielgestaltigkeit. Sie leben hier meist ortsgebunden, während sie auf der nördlichen Halb-

kugel überwiegend als Zugvögel vorkommen. So sind die Hohltauben Teilzieher und die Turteltauben echte Zugvögel.
Man kennt nach Raethel heute über 306 Taubenarten, von denen unsere Haustaubenrassen (ca. 300) zusammengenommen nur eine Art repräsentieren.
Die Vielfalt der Arten und Rassen ist so unendlich groß, daß selbst der Fachmann immer wieder ins Staunen gerät.
Faßt man nach Raethel alle Wildtaubenarten nach gewissen Gemeinsamkeiten in Gruppen zusammen, so läßt deren Aufzählung kaum die tatsächliche Fülle ahnen:

Columba, Turturoena, Nesoenas
Turtel- und Lachtauben
Zimttauben
Kuckucks- und Fasanenschwanztauben
Langschwanztauben
Afrikanische Ganzfleckentauben
Grünflügeltauben
Bronzeflügeltauben
Bongatauben
Kleintauben *(Geopelia)*
Amerikanische Trauertauben
Amerikanische Erdtauben
Schallschwingentauben
Wachteltauben
Mähnentauben
Erdtauben
Indopazifische Fasanentauben
Zahntauben
Krontauben
Grüntauben
Braunfruchttauben
Fruchttauben
Flaumfußtauben
Großfruchttauben

Einige von ihnen sind bereits während des 17. und 18. Jahrhunderts durch holländische und englische Ostindienfahrer nach Europa gebracht worden. Vor etwa 100 Jahren erlebte die Wildtaubenhaltung dann ihre erste Blüte in England, Frankreich und den Niederlanden. Bis zum heutigen Tage werden immer wieder neue Taubenarten aus anderen Erdteilen in europäische Zoos gebracht. Alle Wildtaubenarten lassen sich in entsprechenden Volieren halten. Viele von ihnen sind durch ihre Färbung und Gestalt besonders dekorativ. Die Ernährung bereitet meist keine besonderen Probleme. Bei guter Gesundheitsüberwachung sind sie langlebig und schreiten nach entsprechender Gewöhnung verhältnismäßig leicht zur Fortpflanzung. Die meisten dieser exotischen Wildtaubenarten ernähren sich von Körnern und von grünen Pflanzenteilen, Schnecken, Spinnen, Beeren, Insekten und Würmern. Während sich Fruchttauben ganz auf Beeren und Früchte spezialisiert haben, nehmen Erdtauben in größerem Umfang auch tierische Nahrung auf.
Die Größe der Wildtauben variiert zwischen der Größe eines Huhnes und einer Amsel. Mit den Wildtaubenarten befaßt sich eine eigene Spezialliteratur.
Die private Haltung vieler Wildtaubenarten hat in den letzten Jahren zugenommen. Sie ist nicht aufwendiger als die Haltung unserer Rassetauben, obwohl viele dieser zum Teil exotischen Arten andere Lebensgewohnheiten besitzen und grundsätzlich in Volieren gehalten werden müssen. Auf Ausstellungen sieht man diese in grellen Farben oft buntschillernden Exoten jedoch nur sehr selten, und ein Konkurrieren solcher Tauben ist bisher weitgehend unbekannt. Auch Raethel hat in seinem Buch über Wildtauben auf die bisher erstaunlich geringe Haltung hingewiesen, obwohl bei sehr vielen dieser Rassen alle Voraussetzungen dazu gegeben sind.
Das Zusammenstellen von Zuchtpaaren der Wildtauben ist manchmal schwierig, da sich bei vielen Arten Täuber und Täubinnen in der Gefiederfarbe nicht unterscheiden. Viele dieser Arten legen wenig Wert auf einen Nestbau, nehmen aber Nestunterlagen wie Bast- und Weidenkörbe, Holzkisten, Schüsseln und Nistschalen aus der Haustaubenzucht an. Wenn das Brutgeschäft unge-

stört abläuft, werden meist auch die Jungen aufgezogen. Bei Störungen während der Brut haben sich Lachtauben, die vorher an eine bestimmte Ernährung aus gekochtem Ei, Schabefleisch, Quark und Insekten gewöhnt werden, als Ammen für die Aufzucht von Jungen zahlreicher Wildtaubenarten bewährt. Für viele Arten und Rassen müssen entsprechende Erfahrungen noch gesammelt werden.

Gemeinsame Eigenschaften aller Taubenarten

Alle Taubenarten, einschließlich unserer zahlreichen Haustauben haben viele gemeinsame Eigenschaften:

– Beim Fressen führen sie gern mit dem Schnabel seitwärts schlagende Bewegungen aus. Bei Standfutter führt dies unweigerlich zu einem erheblichen Futterverlust, wenn die Futterbehälter keine Freßlöcher, Freßgitter und Abweisleisten besitzen, damit die zur Seite geschleuderten Körner oder Früchte nicht herausfallen können. Entsprechende Futtergeräte werden angeboten.

– Fast alle Tauben trinken erst dann, wenn sie Futter aufgenommen haben, nur bei der Australischen Schopftaube ist es umgekehrt.

– Alle Tauben haben ihre eigene, gemeinsame Trinkweise: Sie tauchen den Schnabel ins Wasser und trinken mit saugenden Bewegungen, ohne dabei den Kopf anzuheben. Dies unterscheidet sie von den meisten anderen Vogelarten.

– Alle Taubenarten baden regelmäßig und gern; einige bevorzugen es, sich im Regen berieseln zu lassen, andere gehen gern in flaches Wasser. Beim Regenbaden nehmen sie alle die gleiche Stellung ein. Sie legen sich auf eine Körperseite, strecken den anderen Flügel teilweise und plustern ihr Gefieder, so daß der Regen möglichst gut eindringen kann. Beim Wasserbaden gehen sie an einer flachen Stelle ins Wasser, plustern ihr Gefieder auf und machen mit dem Schnabel pickende Bewegungen ins Wasser, bleiben dann mit einem gelüfteten Flügel einen Augenblick still stehen, um danach Kopf und Hals heftig einzutauchen und mit den nur etwas geöffneten Flügeln zu schlagen. Dies wiederholt sich mehrfach. Oft liegen einige Tiere danach minutenlang still im Wasser. Nachdem die Tauben das Wasser verlassen haben, schlagen sie kräftig mit den Flügeln, suchen sich einen ruhigen, sonnigen Platz, damit das Gefieder trocknet, wobei es gleichzeitig intensiv geputzt wird. Läßt man die Tauben in einer geeigneten Wanne baden, so empfiehlt es sich, dem Badewasser ein Badesalz mit Insektenmittel zuzugeben, so daß alle Insekten, wie Milben und Federlinge abgetötet werden und das Gefieder einen ausgeprägten Glanz bekommt. Insektenfreies Gefieder ist voll von Federstaub und im Regen wasserabstoßend, so daß die Tauben auch im Regen fast trocken oder flugfähig bleiben.

– Auch das Sonnenbaden ist bei allen Tauben sehr beliebt. Sie suchen sich einen warmen, sonnigen Platz, legen sich auf die Seite und strecken den anderen Flügel teilweise aus und spreizen dabei gleichzeitig die Schwanzfedern zur Sonnenseite hin. Anschließend wird das Gefieder ausgiebig geputzt.

– Wenn auch Paarungen zwischen den verschiedenen Taubenarten nicht bekannt sind, so zeigt sich doch bei den meisten Arten auch ein gleiches oder ähnliches Paarungsverhalten, wie wir es von den Haustauben her kennen.

Körperbau

Allgemeines

Das Flugvermögen ist eine der wichtigsten Eigenschaften der Tauben und hat die Gestaltung der Körperform entscheidend geprägt.
Betrachtet man eine Taube mit ausgebreiteten Flügeln, so zeigt ihr Rumpf eine Tropfenform mit ovalem Vorderteil und langauslaufender Spitze. Physikalische Versuche zeigen immer wieder, daß die Tropfenform bei der Vorwärtsbewegung den geringsten Luftwiderstand verursacht. Mit dem Flugvermögen hängen alle anderen Gegebenheiten der äußeren Gestalt und des inneren Baues eng zusammen. So sind fast alle Knochen der Taube hohl und mit Luft gefüllt. Hierdurch wird das spezifische Körpergewicht vermindert. Die großen, schweren inneren Organe liegen alle dicht am Schwerpunkt. Alle peripheren Organe sind dagegen leicht gebaut. Innere Organe haben bei den Vögeln die Aufgaben peripherer Organe teilweise mitübernommen, wie z. B. der Muskelmagen, der, nahe am Schwerpunkt gelegen, Zähne im Schnabel überflüssig macht. Somit ist der Kopf ohne Zähne und Kaumuskeln sehr leicht konstruiert. Auch die Kieferknochen sind leicht gebaut. Außerdem füllt sich ein Teil der Kopfknochen während des Fluges mit Luft. Das Fehlen einer Harnblase wirkt sich ebenfalls gewichtsmindernd aus. Die Brustmuskeln müssen beim Flug ihre Energie auf die Flügel übertragen. Sie sind daher im Verhältnis zum Gesamtkörper besonders kräftig ausgebildet.

Skelett

Das Skelett besteht aus den Knochen von Kopf, Hals, Rumpf, Schwanz, Flügeln und den Beckengliedmaßen. Am Kopf werden Stirn, Scheitel, Nacken, Ohrgegend, Augengegend und Schnabel unterschieden. Der Schnabel besteht aus einem Ober- und Unterschnabel, die beide unabhängig voneinander beweglich sind. Der Hals gliedert sich in Kehle, eigentlichen Hals und Halsbasis. Die Länge und Form des Halses ist von Rasse zu Rasse unterschiedlich, jedoch ist die Zahl der Halswirbel immer gleich. Man wird bei jeder Taubenrasse immer 8 Halswirbel zählen. Die Bestandteile des Rückens sind die Brust-, Lenden- und Kreuzwirbel. Sie sind fest miteinander verbunden und machen aus dem gesamten Brustkorb ein festes Gefüge als Widerlager für die hier ansetzenden Flugmuskeln. Bestandteile der Brust sind das Brustbein und die 7 paarigen Rippen. Länge und Höhe des Brustbeinkammes können auch innerhalb einer Rasse unterschiedlich sein, so daß zwischen tiefen und flachen Tauben unterschieden wird. Die Schwanzwirbel sind untereinander beweglich, da sie im Flug zum Steuern benötigt werden. Sie sind abgeplattet und durch Scheiben aus Bindegewebe miteinander verbunden. Auf ihnen sitzt die Bürzeldrüse. Die Flügelknochen bestehen im Prinzip aus den gleichen Abschnitten wie die Knochen der Säugetiere, nämlich Schulter, Oberarm, Unterarm mit Elle und Speiche, der Hand mit Handwurzelknochen, Mittelhandknochen und Fingern. Die hinteren Knochen

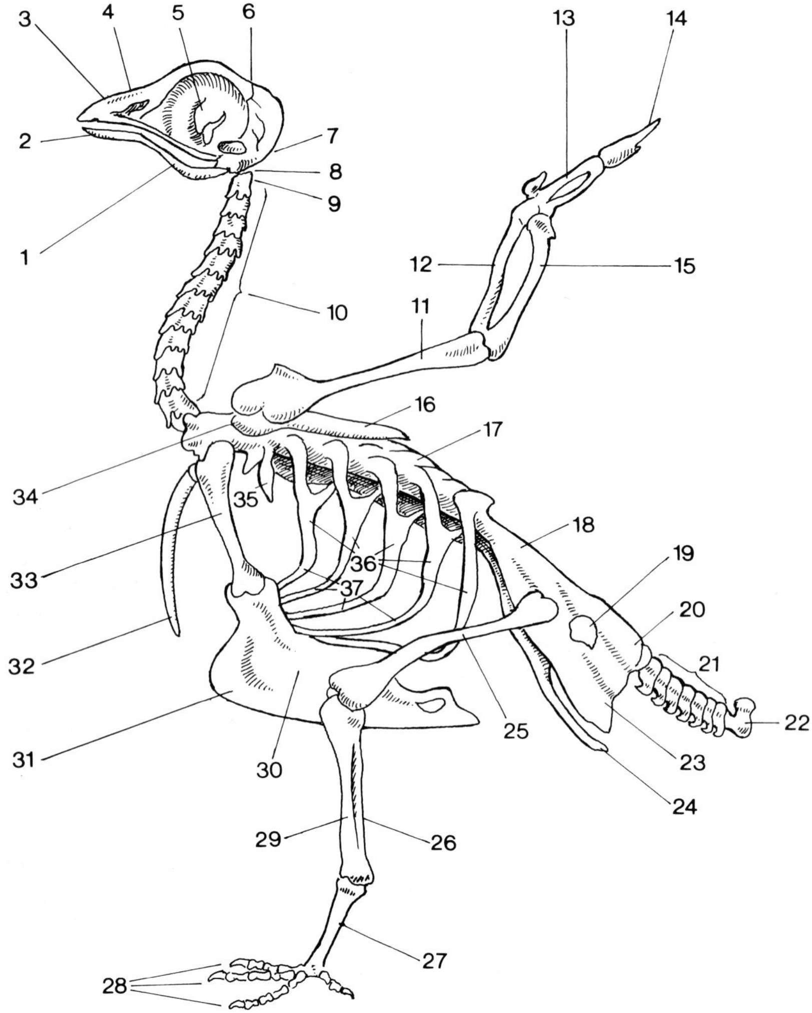

3
4
5
6
13
14
2
7
8
9
1
12
15
10
11
16
17
34
35
18
33
36
19
37
20
32
21
22
25
31
30
23
24
29
26
27
28

bestehen aus Becken, Oberschenkel, Unterschenkel, Fuß mit Fußwurzel und Zehen. Der für uns erkennbare rotgefärbte Lauf ist anatomisch der Mittelfußknochen, dem sich die mehrgliedrigen Zehen anschließen.
Eine besondere Eigenschaft des Taubenskelettes ist seine Lufthaltigkeit (Pneumatizität). Alle Knochen der Tauben mit Ausnahme der Knochen des Brustkorbes, des Beckens und der Läufe sind mit Luft gefüllt, so daß das spezifische Gewicht der Knochenmasse beim Flug verringert wird. Außerdem sind die lufthaltigen Knochen frei von Knochenmark und von Fett. Durch starke Kalkeinlagerungen besitzen sie eine besondere Festigkeit und sind daher wenig elastisch.

Muskelsystem

Die Muskeln der Tauben besitzen eine große Faserdichte. Sie sind fest gefügt und werden nur durch ein nicht sehr ausgeprägtes Bindegewebe voneinander getrennt. Daher enthalten die Muskeln auch nur wenig interzellulares Fett, so daß Taubenfleisch als sehr eiweißreich und fettarm bekannt ist, und seit Jahrhunderten als kalorienarme, leichtbekömmliche Krankenkost gilt.
Besonders stark sind die für den Flügelschlag benötigten Brustmuskeln, die Aufwärts- und Abwärtszieher, ausgebildet. Der Anteil der zum Fliegen wichtigen Brust- und Armmuskeln macht etwa $^2/_3$ der Gesamtmuskelmasse aus. Auch sind die Halsmuskeln sowie die Becken- und Oberschenkelmuskeln, die zum Laufen benötigt werden, relativ gut ausgebildet.
Die Rücken- und Bauchmuskeln sind nur schwach entwickelt. Damit ist eine Einsparung an Gewicht bei den entfernteren Körperteilen, aber eine Konzentration der Muskelmasse in Schwerpunktnähe gegeben.

Blut und Blutkreislauf

Das Blut besteht hauptsächlich aus Blutplasma und Blutkörperchen. Sein Anteil nimmt im Verhältnis zum Körpergewicht mit dem Wachstum der Tauben ab. In der 1. Lebenswoche nach dem Schlupf beträgt sein Anteil etwa 12% der Körpermasse, bei ausgewachsenen Tauben noch ca. 9,1% des Körpergewichtes.
Im Blutplasma sind u. a. Eiweißkörper, Lipide (Fette), Glucose sowie Mineralstoffe und Spurenelemente enthalten. Außerdem werden mit dem Blut zahlreiche Abbauprodukte, Gase und Wirkstoffe transportiert. Das Blut dient u. a. dem Nährstoff- und Wärmetransport im Körper. Es hat viele weitere Aufgaben, wie die Abpufferung gegen saure und alkalische Verschiebungen und die

Knochengerüst der Taube (nach Engelmann).

1 = Trommelhöhle,
2 = Unterschnabel,
3 = Oberschnabel,
4 = Nasenhöhle,
5 = Augenhöhle,
6 = Schädel,
7 = Hinterhauptbein,
8 = Atlas; 1. Halswirbel,
9 = Dreher; 2. Halswirbel,
10 = Halswirbel,
11 = Oberarm,
12 = Speiche,
13 = Mittelhandknochen,
14 = Fingerknochen,
15 = Elle,
16 = Schulterblatt,
17 = Brustwirbel,
18 = Hüftbein,
19 = Hüftloch,
20 = Darmbein,
21 = Schwanzwirbel,
22 = Schwanzende,
23 = Sitzbein,
24 = Schambein,
25 = Oberschenkel,
26 = Wadenbein,
27 = Lauf,
28 = Zehen,
29 = Schienbein,
30 = Brustbein,
31 = Brustbeinkamm,
32 = Schlüsselbein,
33 = Rabenschnabelbein,
34 = Schulterblatt,
35 = falsche Rippen,
36 = echte Rippen,
37 = echte Brustrippen.

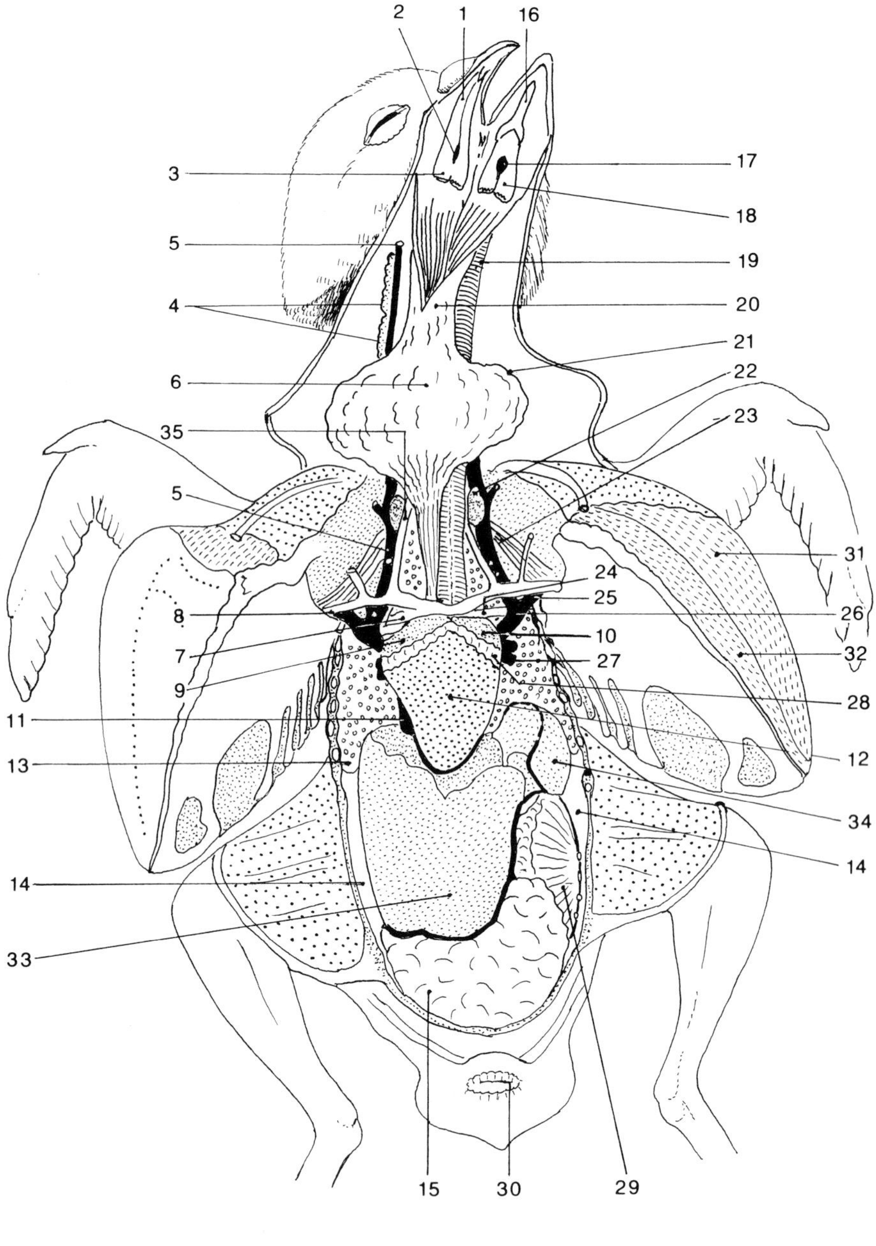
2
1
16
3
17
18
5
19
4
20
21
6
22
35
23
5
31
24
25
8
26
7
10
32
27
9
28
11
12
13
34
14
14
33
15
30
29

Regelung des osmotischen Drucks der Blutbahnen. Der Gehalt an Glykogen (Blutzukker) ist mit 0,15% bei Tauben höher als bei Säugetieren (0,10%). Der Glykogenspiegel im Blut wird durch ständige Abgabe aus der Leber hormonell gesteuert. Bei den Tauben gibt es verschiedene Blutgruppen. Es ist noch nicht geklärt, ob sie zur Identität und zur Elterntierbestimmung herangezogen werden können (Vaterschaftsnachweis).
Das Gewicht des Herzens der Taube ist im Verhältnis zum Körpergewicht größer als bei Huhn, Truthuhn, Ente und Gans. Es beträgt ca. 1,1–1,4%. Das Herz enthält 4 Herzkammern. Der Herzmuskel der linken Kammerwand ist doppelt so stark wie der der rechten. Aus der linken Herzkammer entspringt die Körperschlagader und aus der rechten Kammer die Lungenschlagader. Die Herzschläge pro Minute betragen bei den Tauben etwa 150–250; bei Ente und Gans ca. 200, aber beim Huhn 350–450.

Atmung und Stimmbildung

Bei der Atmung wird die Luft durch die Luftröhre (Trachea) in das Lungengewebe gebracht. Dieses ist breitflächig mit der Brustwand verwachsen. An die Lungenflügel sind paarige Luftsäcke angeschlossen, die auch die Knochen mit Luft anfüllen. Der Gasaustausch erfolgt nicht in Lungenbläschen wie beim Säugetier, sondern in Luftkapillaren. Das Vorhandensein der Luftsäcke und die Art des Durchströmens ermöglichen eine besonders gute Ausnutzung der Atemluft.
Ein Stimmkopf dient der Stimmbildung der Tauben. Der Stimmkopf sitzt zwischen dem Endabschnitt der Luftröhre und dem Anfangsabschnitt der beiden Hauptbronchien. Hier befinden sich elastische Membranen, die durch die Atemluft in Schwingungen versetzt werden können und so das Gurren hervorrufen.
Die Luftsäcke dienen als Blasebälge zum Transport der Atemluft durch die Lunge. Auch werden sie zur Wärmeregulation im Körper benötigt, da sie bei heißem Wetter erwärmte Luft halten können. Der Schlüsselbein-Luftsack beeinflußt die Stimmbildung. Von ihm gehen ebenfalls Verbindungen in die Hohlräume der Knochen. Die Halsluftsäcke ragen bis zum 2. Halswirbel hinauf. Die Brustluftsäcke liegen in der Rippengegend, 2 kleine Luftsäcke reichen bis in den Bauch, während 2 weitere große Luftsäcke sich vom Lungenrand bis in die Kloakengegend erstrecken.
Trotz kleiner Lunge ist das Atmungsvolumen der Tauben durch die Mitbenutzung der Luftsäcke besonders groß. Ca. 83% des gesamten Luftvolumens im Körper entfällt auf alle Luftsäcke. Die Luft wird besonders intensiv ausgenutzt, da Tauben ca. 6% vom

Anatomie der Taube

1 = Gaumenplatte
2 = Luftdurchlaßöffnung für Nasenluft
3 = Rachenabschluß
4 = Thymusdrüse
5 = Halsvene
6 = Kropf
7 = Schlagader (Aorta)
8 = Brustarterie
9 = Rechter Herzvorhof
10 = Linker Herzvorhof
11 = Hohlvene
12 = Herzkammern
13 = Lunge
14 = Luftsack
15 = Hinterleibfett
16 = Zunge
17 = Stimmritze
18 = Membrane
19 = Luftröhre
20 = Speiseröhre
21 = Kropfhaut
22 = Schilddrüse
23 = Nervenbahnen
24 = Linke Lungenarterie
25 = Brustvene
26 = Bauchvene
27 = Linke Lungenvene
28 = Herzklappe
29 = Magen
30 = After
31 = Großer Brustmuskel
32 = Kleiner Brustmuskel
33 = Rechter Leberlappen
34 = Linker Leberlappen
35 = Halsschlagader

vorhandenen Sauerstoff der Atmungsluft aufnehmen können, Säugetiere dagegen nur 4%.
Die Häufigkeit des Atmens (Atmungsfrequenz) ist bei den Tauben nur etwa 1/3 so groß wie bei den Säugetieren. Während des Fluges ist der Sauerstoffverbrauch 8- bis 15mal höher als in der Ruhepause.

Verdauungsapparat

Die Nahrung wird von der Taube mit dem Schnabel in die Mundhöhle aufgenommen. Papillen an Zunge und Gaumen können Geschmacksunterschiede feststellen, was man sehr deutlich beobachten kann, wenn unterschiedliche Tränkflüssigkeiten verabreicht werden.
Außerdem entscheidet das Auge über die Aufnahme der Futterteile. Am Mundhöhlenboden und im Mundhöhlendach liegen Speicheldrüsen, die beim Fressen schleimigen Gleitspeichel absondern.
Schlund und Speiseröhre schließen sich der Mundhöhle an. Von der Speiseröhre gelangt das Futter in den Kropf, der bei der Taube aus zwei miteinander verbundenen Säcken besteht und zur Speicherung der Nahrung dient. Durch Sekrete aus Drüsen der Kropfwand und rückgestautem Magensaft wird die Nahrung hier bereits eingeweicht und die Verdauung eingeleitet.
Während der Aufzucht dient die in der Kropfwand erzeugte Kropfmilch zur Ernährung der Jungen. Der Magen besteht aus einem Vormagen, dem Drüsenmagen und dem Muskelmagen. Der Drüsenmagen ist mit einer Schleimhaut ausgekleidet, die schlauchförmige Drüsen enthält. Diese Drüsen sondern Pepsin und Salzsäure zur Eiweißverdauung ab.
Der Muskelmagen dient der mechanischen Zerkleinerung und innigen Vermengung des aufgenommenen Futters. Er liegt hinter den Leberlappen und ist mit der Leibeshöhlenwand bindegewebig verbunden. Sein Gewicht beträgt etwa 3–4% vom Körpergewicht. Sein Hohlraum ist ein schlauchartiger Blindsack, bei dem sowohl der Eingang aus dem Drüsenmagen als auch der Ausgang in den Zwölffingerdarm liegen. Den Hauptanteil der Magenwand bilden zwei bläulichrote kräftige Muskelpaare, die an einer glänzenden Sehnenhaut, dem Sehnenspiegel, entspringen. Mit ihnen können durch ständige Bewegung die härtesten Futtermittel zerrieben werden, sie haben eine pressende, mahlende und reibende Wirkung, die noch durch die im Magen vorhandenen kleinen Steine (Grit) verstärkt wird. An der Innenwand der Magenhöhle befindet sich zum Schutze der Muskeln eine aus Sekret erstarrte Magenhornhaut. Neben der Nahrungsaufbereitung hat der Magen die

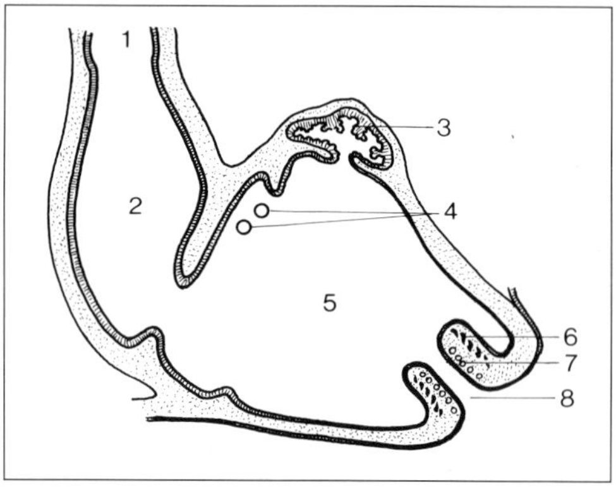

Längsschnitt durch Kloake und Enddarm. Über die Harnleiter gelangt der Urin in die Kloake. Dort wird der Harnsäure über die Kloakenwand Wasser entzogen. Eine weißlich gefärbte, feste Harnsäure bleibt zurück. Beim Durchgang des Kotes durch die Kloake erscheint die Harnsäure als weißer Überzug auf dem dunklen Kot.

1 = Enddarm, 2 = Kotteil, 3 = Fabriciussche Tasche, 4 = Mündungen des Harnleiters und des Samen- bzw. Eileiters, 5 = Harn- und Geschlechtsteil, 6 = Schließmuskel, 7 = Schleimdrüsen, 8 = After.

Aufgabe als Regulator des Futternachschubes in den Darm zu dienen. Der Darm der Taube ist verhältnismäßig kurz. Hinter dem Magen befinden sich Zwölffingerdarm, Leerdarm und Hüftdarm. In einer Schleife des Zwölffingerdarms ist die Bauchspeicheldrüse eingebettet, die mit 2–3 Gängen in ihn mündet. Auch die Gallengänge der Leber münden in diesen Darmabschnitt, wobei den Tauben eine Gallenblase fehlt. Im Leerdarm werden große Teile der aufgeschlossenen Nahrung resorbiert. Blinddärme sind nur rudimentär angelegt. Der Dickdarm ist sehr kurz und endet an der Kloake. In die Kloake münden der Dickdarm, der Harnleiter und der Geschlechtsapparat. Die Kloake dient als Harnsäure- und Kotspeicher. Ein penisartiges Gebilde fehlt beim Täuber völlig, so daß eine Begattung von Kloake zu Kloake erfolgt.

Federn

Das Federkleid dient der Taube zur Erhaltung der Körpertemperatur, zum Fliegen, um die Feuchtigkeit (Regen) abzuhalten und zum Imponieren während des Liebesspieles. In der Rassetaubenzucht spielt außerdem die Farbe der Federn und die gewünschte Verteilung der Farbe für die Qualität einer Taube eine entscheidende Rolle.
Jede Feder ist durch einen regelmäßigen Aufbau ihrer Strukturen gekennzeichnet. Wir unterscheiden mehrere Federarten. Der größte Teil der Federn einer Taube besteht aus Körper- und Flugfedern. Sie formen die Oberfläche des Körpers. Wir bezeichnen sie als Konturfedern. Die Flugfedern bestehen aus den meistens 10 Schwungfedern erster Ordnung und den Schwungfedern zweiter Ordnung, die an den Federn der Mittelhand und am Unterarm sitzen, außerdem aus den Steuerfedern des Schwanzes und den Deckfedern, welche die Schwung- und Steuerfedern von oben und von unten bedecken. Die flächendeckenden Federn nennen wir Körperfedern. Häufig werden die Ohrdeckfedern noch besonders hervorgehoben.

Konturfedern

Die Struktur aller Konturfedern ist nach dem gleichen Schema aufgebaut. Der in den Federnfollikeln der Haut eingelassene Teil der Feder wird Federkiel oder Spule genannt. Die Spule ist hohl, also eine Röhre mit ovalem Querschnitt. Ihre Spitze besitzt eine runde Öffnung, den unteren Nabel. Bei einer ausgewachsenen festsitzenden Feder drängt ein Teil des Federfollikels der Haut durch den unteren Nabel in die Spule ein und bildet hier einen kleinen Markhügel. Dieser wird von einer Schicht lebender Zellen bedeckt, aus denen bei der Mauser wiederum eine neue Feder entsteht. Nach oben setzt sich die Spule in den nicht mehr hohlen Federschaft fort. Der Federschaft trägt zwei Reihen steifer Federäste, die im Winkel von etwa 45° zum Federschaft stehen. Jeder Federast wiederum trägt zwei Reihen feiner Federstrahlen, ebenfalls im Winkel von etwa 45°. Die Federstrahlen nebeneinanderliegender Federäste kreuzen sich daher im rechten Winkel. Diese kleinen Federstrahlen besitzen kleine Haken, durch die die sich kreuzenden Federstrahlen miteinander verbunden werden. So entsteht die Federfahne aus Hakenstrahlen und hakenfreien Bogenstrahlen. Werden durch äußere Einflüsse die Hakenstrahlen von den Bogenstrahlen getrennt, so erfolgt beim Putzen der Federn ein rasches Wiedereinhaken nach dem Reißverschlußprinzip. Auf der unteren Seite des Federschaftes befindet sich eine Rinne, die beim Übergang vom Federschaft in die Spule endet. Hier befindet sich in der Feder eine kleine Öffnung, die der obere Nabel genannt wird. Gepflegte Konturfedern werden mit Hilfe der Bürzeldrüse eingefettet und sind wasserabstoßend.

Dunenfedern und Halbdunenfedern

Die Dunenfedern oder Daunen sind sehr viel flauschiger aufgebaut. Im Verhältnis zur

Länge der Federn sind die Federstrahlen länger als bei den Konturfedern. Dunenfedern dienen in erster Linie der Wärmeisolierung. Auch die Halbdunen mit längerem Schaft und einer weichen, flaumigen Fahne, die sich unter den Konturfedern befinden, dienen in erster Linie der Wärmeisolierung. Von bestimmten Dunenfedern wird ein zum Schutze gegen Regen feines weißes Puder abgesondert. Es handelt sich um sehr kleine Keratinstücke von etwa 1/1000 mm Durchmesser. Starke Puderentwicklung führt zu einer wasserabweisenden Schicht auf den Konturfedern, wenn die Tauben ausreichend Gelegenheit haben, sich zu putzen. Milben und Federlinge fressen diesen Federstaub. Befallene Tiere bekommen daher ein stumpfes Gefieder, während gesunde, insektenfreie Tauben ein glattes, schlüpfriges, wasserabweisendes Gefieder aufweisen. In der Nähe von Follikeln der Konturfedern befinden sich einzelne Fadenfedern, die einen langen, feinen Schaft mit kurzer Spule haben. Oft haben Fadenfedern am Ende mehrere Federäste. Die Follikeln der Fadenfedern in der Haut sind mit vielen Nervenenden versehen. Wahrscheinlich dienen die Fadenfedern der Empfindung äußerer Einflüsse auf das Federkleid. Auch nimmt man an, daß diese nervösen Stationen den Sitz oder die Lage der Konturfedern mit beeinflussen. In der Mauser wird in jedem Jahr das Federkleid vollständig gewechselt. Bei Flugvögeln, wie den Tauben, erfolgt ein Federwechsel fast während des ganzen Jahres, jedoch mit einem ganz entscheidenden Schwerpunkt in den Herbstmonaten. Das Abstoßen der Federn geschieht unter ganz bestimmten Voraussetzungen. Die Steuerung der Mauser erfolgt durch das Schilddrüsenhormon. Bei zu ersetzenden Federn erhält die Federpapille einen neuen Blutzufluß, und es entwickelt sich aus kleinsten Anfängen heraus eine neue Feder, die durch ihr Anwachsen die Spule der alten Feder aus der Papille herausdrängt und zum Abfallen bringt. Taubenzüchter wissen, daß die Mauser keine Krankheit ist, daß sie aber den Organismus der Tiere ganz erheblich belasten kann, so daß in dieser Zeit das Wohlbefinden mancher Tiere leidet. Die Mauser beginnt bereits im Winter, und zwar Ende Januar/Anfang Februar mit dem Beginn der Daunenmauser. Jeden Morgen können auf den Sitzplätzen die herausgefallenen Daunen erkannt werden. Am genauesten wird die Mauser der Handschwingen erster Ordnung beobachtet. Sie erfolgt auf beiden Flügeln gleichzeitig von innen nach außen, beginnend mit der zehnten Feder, die einige Tage nach dem Bebrüten des zweiten Geleges fällt. Erst wenn die neue Feder fast ausgewachsen ist, fällt die nächste. Die Hauptmauser setzt nach der Zuchtperiode in den Herbstmonaten ein.

Man sollte die Tauben in dieser Zeit nicht unbedingt zum Freiflug zwingen, sie vor besonderer Kälte schützen und sie durch ausreichende Fütterung mit genügend Energie und Eiweiß für die Federnbildung versorgen. Über die Mauser der einzelnen Federarten an verschiedenen Körperteilen liegen zahlreiche Beobachtungen vor, über die in der Spezialliteratur berichtet wird.

Gepflegte Tauben haben immer ein sauberes, heiles, glattes Gefieder. Dies erreicht man durch eine geeignete Schlageinrichtung, geringe Besatzdichte, wöchentliches Baden der Tauben, Bekämpfung von Federlingen und -milben und die Fütterung kleiner Mengen Ölsämereien. So wird man immer Tauben mit einem vollbefriedigenden Federwerk besitzen.

Vererbung

Wenn man mit Erfolg Tauben züchten will, ist es unerläßlich, sich die wesentlichen Kenntnisse über die Vererbungsgesetze anzueignen. Komplizierte Spezialkenntnisse sind dazu nicht notwendig, wesentlich kommt es nur auf einige Grundlagen an. Anhand dieser Vererbungsregeln lassen sich viele Faktoren, die bei der Zucht von Formen oder Farben eine wichtige Rolle spielen, bereits vor Zuchtbeginn erkennen, so daß durch eine entsprechende Zuchtplanung der Zuchterfolg erheblich vergrößert werden kann.

Körperzellen

Die gesamte Körpersubstanz besteht aus Zellen und Zwischensubstanz. Die Zellen sind von einer Zellmembran umgeben. In den Zellen befindet sich Protoplasma. Das Protoplasma besteht aus dem Zytoplasma und dem Zellkern. Im Zellkern befinden sich ein oder mehrere Kernkörper sowie zahlreiche kleine Körper, die Chromosomen. Die Form und Größe der Chromosomen ist sehr unterschiedlich. In den Chromosomen liegen aneinandergereiht die Gene. In ihnen sind sämtliche Erbanlagen eines Lebewesens bis in die kleinste Einzelheit genau festgelegt. Jede Körperzelle hat zwei Chromosomensätze, einen vom Vater und einen von der Mutter. Die Zahl der Chromosomen ist artspezifisch.
Sie beträgt z. B. beim Menschen 46, Rind 60, Kaninchen 44, Hund 78, Huhn 78, bei der Ente 80, Pute 82 und Taube 80.

Manchmal erfolgt bei zwei allelen Chromosomen ein nicht immer erkennbarer Genaustausch (s. Seite 35).
Eine Taube hat je nach Größe ungefähr 5–10 Milliarden Körperzellen. Jede Zelle einer Taube besitzt in ihrem Zellkern 80 Chromosomen. Ein Chromosom hat ungefähr 100 000 Gene. Ein Gen hat viele Millionen DNS-(Desoxyribonukleinsäuren) Moleküle. Ein DNS-Molekül hat über 300 000 Nucleotidpaare (Basenpaare), die wir als genetisch aktive Substanz bezeichnen. Im befruchteten Ei sollen etwa 50 Millionen Nucleotidpaare, über die alle Eigenschaften vererbt werden, vorhanden sein.

Geschlechtschromosomen

Die das Geschlecht vererbenden Chromosomen bezeichnet man als Geschlechtschromosomen. Bei Säugetieren besitzt das weibliche Tier zwei gleiche Geschlechtschromosomen, die man mit XX-Chromosomen bezeichnet, während die männlichen Säugetiere ein X- und ein Y-Chromosom besitzen. Bei allen Vögeln ist dies umgekehrt. Hier hat das Weibchen nur ein X-Chromosom, während das Männchen zwei X-Chromosomen besitzt. Betrachtet man den Aufbau der einzelnen Chromosomen, so stellt man fest, daß sich in ihnen an immer gleich liegender Stelle die Träger der einzelnen Erbanlagen, die Gene, als kleinste Einheit befinden.
Damit es zwischen einer männlichen und einer weiblichen Taube während der Paarungszeit zur Befruchtung kommen kann,

werden bei beiden Partnern Geschlechtszellen gebildet. Dies sind das im Eierstock gebildete Ei des Weibchens und die in den Keimdrüsen (Hoden) gebildeten Spermien des Täubers. Beide enthalten nur einen einfachen Satz Chromosomen, denn bei der Bildung der Geschlechtszellen wird die An-

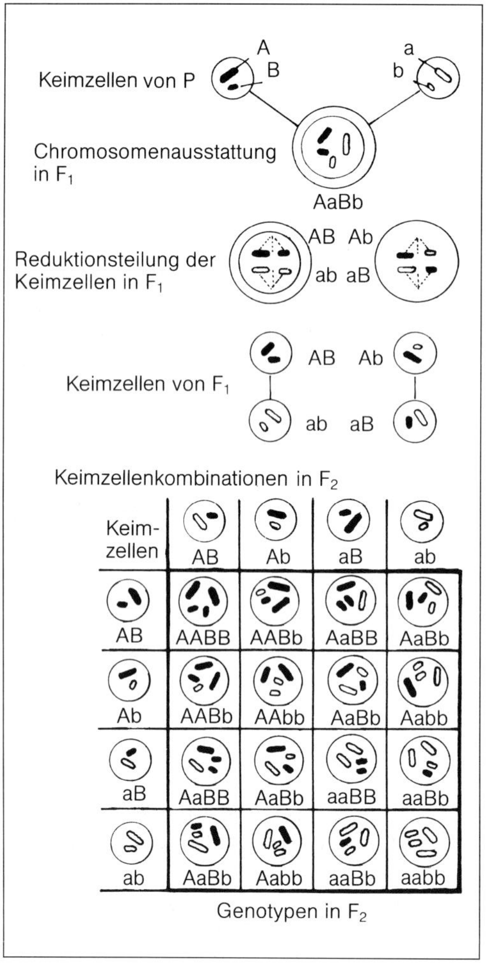

Verteilung der Gene bei einer Kreuzung (Gameten = Keimzellen), schematisch dargestellt an zwei verschiedenen Merkmalspaaren an der Verteilung der Chromosomen (nach Kühn).

Vererbung des Geschlechtes. Weibliche Tauben besitzen nur ein vollausgebildetes X-Chromosom, das zweite ist zurückgebildet und funktionslos. Bei der Reduktionsteilung entstehen Eizellen mit einem und keinem X-Chromosom im Verhältnis 1:1. Männliche Tauben haben in den Geschlechtszellen (Samenfäden) jeweils ein X-Chromosom. Bei der Befruchtung (Verschmelzung der Eizelle des weiblichen mit der Samenzelle des männlichen Tieres zur Zygote) vereinigen sich die stets ein X-Chromosom enthaltenden Spermien des Männchens mit den Eizellen des Weibchens. Enthalten diese ein X-Chromosom, entwickeln sich männliche Tiere (XX), während aus befruchteten Eizellen ohne X-Chromosom (XO) weibliche entstehen.

zahl der Chromosomen durch eine besondere Zellteilung, die Reduktionsteilung, halbiert. Bei der Befruchtung wird nun das Ei des Weibchens mit dem halben Chromosomensatz und ein Spermium des Männchens, auch mit einem halben Chromosomensatz, zu einer befruchteten Zelle, der Zygote, vereinigt. Die befruchtete Eizelle hat somit wieder den doppelten Chromosomensatz.
Bei der Bildung von Geschlechtszellen können sowohl bei weiblichen als auch bei männlichen Tieren Anlagen, die einerseits

vom Vater und andererseits von der Mutter übernommen wurden, in einem halben Chromosomen-Satz enthalten sein. Diese Aufteilung ist zufällig, so daß es Unsinn ist, wenn behauptet wird, daß das eine Geschlecht sich stärker vererbe als das andere.

Dominante und rezessive Vererbung

Das vom Vater und von der Mutter stammende, nach der Befruchtung zusammengehörende Genpaar kann in seiner Wirkung unterschiedlich sein. Ist die Eigenschaft des einen Gens vorherrschend, so wird es als dominant bezeichnet. Die Eigenschaft des anderen Gens wird somit unterdrückt und als rezessiv bezeichnet.

Paart man zum Beispiel ein blaues Weibchen, welches reinerbig ist, da es von beiden Elternteilen nur die Farbanlage Blau mitbekommen hat, mit einem reinerbigen roten Täuber, der von seinen beiden Eltern die Farbanlage Rot mitbekommen hat, dann werden alle Nachkommen rot, da die Farbe Rot über die Farbe Blau dominiert.

	Täuber	Täubin
P	dominant reinerbig rot	rezessiv reinerbig blau
	RR	**bb**
F_1	**Rb**	**Rb**
	rot mischerbig	rot mischerbig

P = Eltern
F_1 = 1. Nachkommengeneration = Kinder
F_2 = 2. Nachkommengeneration = Enkel

Paart man mischerbige rote Tauben mit der rezessiven Veranlagung für blau miteinander, so werden alle Jungtiere aus diesem roten Paar, die von beiden Elternteilen nur die Veranlagung für blau mitbekommen haben, diese rezessive blaue Farbe haben. Die Veranlagung für rot ist in ihnen nicht mehr vorhanden. Sie können also niemals wieder rote Jungtiere ziehen, wenn nicht ein roter Partner an der Zeugung beteiligt ist (siehe auch das Schema unter Spaltungsregel).

Intermediäre Vererbung

Ist keines der beiden Gene dominant oder sind viele Gene an der Ausbildung einer Eigenschaft beteiligt, so kommt im Erbgang eine Mischeigenschaft heraus. Wir können annehmen, daß die Körpergröße intermediär vererbt wird. Paart man ein besonders großes Tier mit einem besonders kleinen Tier, so weisen die Nachkommen eine mittlere Größe auf:

	Täuber		Täubin
P	reinerbig groß **gg**	×	reinerbig klein **kk**
F_1	**gk** mittelgroß		**gk** mittelgroß

Bei den Nachkommen ergeben sich sehr viele Kombinationsmöglichkeiten der einzelnen Erbanlagen, so daß die Züchtung neuer Formen und Farbenschläge immer unübersehbar groß bleibt. Andererseits ist es nicht selbstverständlich, daß hochbewertete Elterntiere züchterisch erwünschte äußere Eigenschaften weitervererben. Da die Körpergröße polygen vererbt wird, werden die Nachkommen immer unterschiedlich groß sein.

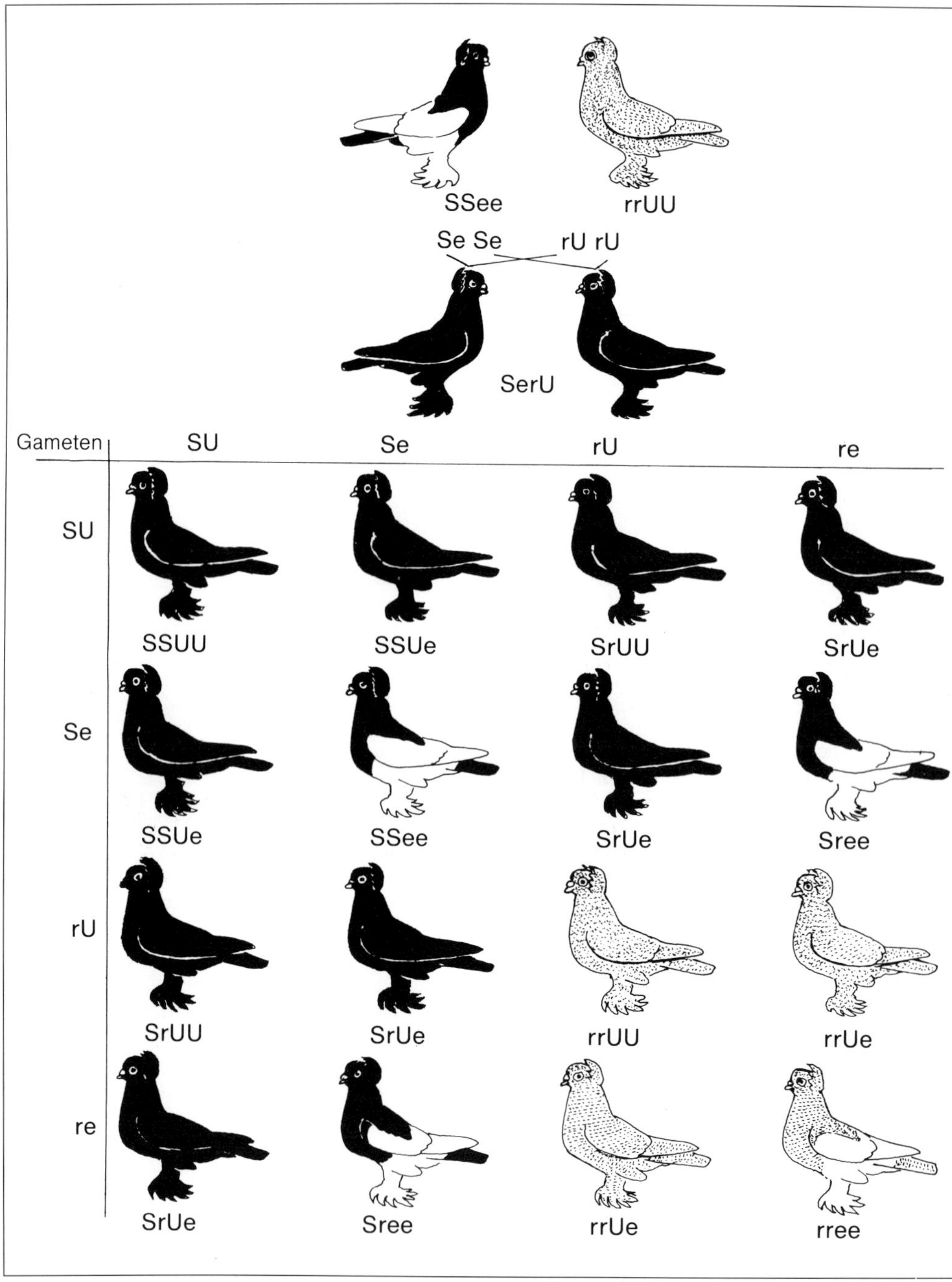
SSee
rrUU
Se Se
rU rU
SerU
Gameten
SU
Se
rU
re
SU
SSUU
SSUe
SrUU
SrUe
Se
SSUe
SSee
SrUe
Sree
rU
SrUU
SrUe
rrUU
rrUe
re
SrUe
Sree
rrUe
rree

Reinerbige Veranlagung (Homozygotie)

Hat eine Taube von ihren Eltern für eine bestimmte Anlage ein Genpaar mit jeweils gleichen Eigenschaften erworben (z. B. A = Anlage für einen schwarzen Schnabel vom Vater und A = Anlage für einen schwarzen Schnabel von der Mutter), so spricht man von einem homozygoten Genbestand, wie es folgende Darstellung zeigt:

	Täuber		Täubin
P	**AA**	×	**AA**
	schwarzer Schnabel		schwarzer Schnabel
	reinerbig		reinerbig
F_1	**AA**	×	**AA**
	schwarzer Schnabel		schwarzer Schnabel
	reinerbig		reinerbig

Beispiel für die Vererbung von zwei Merkmalspaaren (difaktorielle Vererbung) bei homozygoten, dominant schwarzen (SS) und rezessiv elsternscheckigen (ee) × homozygoten, rezessiv roten (rr) und dominant einfarbigen (UU) Tauben einer Rasse. Das eine Allelenpaar wird jeweils dominant (Gen-Symbol mit großen Buchstaben), das andere rezessiv (Gen-Symbol mit kleinen Buchstaben) vererbt. SS = schwarz, rr = rot, UU = (uni-)einfarbig, ee = elsternscheckig. Aus 16 möglichen Kombinationen der Geschlechtszellen (auch Gameten genannt oder Eizellen und Samenzellen) der unter sich gepaarten F_1-Generation, ergeben sich in der F_2-Generation folgende Varianten im äußeren Erscheinungsbild: einfarbig schwarz = 9, schwarz mit Elsternscheckung = 3, einfarbig rot = 3, rot mit Elsternscheckung = 1 (Zeichnung nach Engelmann). Züchterisch neu entstanden sind rote Tauben mit Elsterscheckung.

Mischerbige Veranlagung (Heterozygotie)

Sind Gene von unterschiedlicher Wirkung miteinander vereint (A = Veranlagung für einen schwarzen Schnabel von einem Elternteil und a = Veranlagung für einen weißen Schnabel vom anderen Elternteil), so ist die Erbanlage verschiedenartig oder heterozygot.

	Täuber		Täubin
P	**AA**	×	**aa**
	schwarzer Schnabel dominant		weißer Schnabel rezessiv
	reinerbig		reinerbig
F_1	**Aa**		**Aa**
	schwarzer Schnabel		schwarzer Schnabel
	mischerbig		mischerbig

Da die Veranlagung für einen schwarzen Schnabel über die Veranlagung für einen weißen Schnabel dominiert, wird das Jungtier äußerlich sichtbar einen schwarzen Schnabel besitzen. Es kann aber die Veranlagung für einen schwarzen und für einen weißen Schnabel weitervererben. Dominierende Erbeigenschaften bezeichnet man mit großen Buchstaben, nichtdominierende, also rezessive Erbeigenschaften mit kleinen Buchstaben.

Die drei Mendelschen Regeln

Mendel arbeitete mit reinerbigen (homozygoten) Erbsen. Dabei fand er drei Regeln heraus, die bei jeglicher Vererbung Gültigkeit haben:

Uniformitätsregel
Paart man Eltern mit reinerbigen verschiedenen Eigenschaften miteinander, so sind alle Nachkommen in diesen Eigenschaften gleich (uniform).
Hierfür gibt es einfache Beispiele:

Ist die zu betrachtende Eigenschaft reinerbig dominant, z. B. farbige Augen bei einem Elterntier (AA) und reinerbig rezessiv, z. B. helle Perlaugen beim anderen Elterntier (aa), so werden alle aufgezogenen Jungtiere aus diesem Paar immer mischerbig farbige Augen haben.

	Täuber		Täubin	
P	farbige Augen dominant		helle Perlaugen rezessiv	
	AA	×	**aa**	
F_1	**Aa**	**Aa**	**Aa**	**Aa**
	alle Jungtiere: farbige Augen, mischerbig			

Spaltungsregel
Paart man die Nachkommen (F_1-Generation) mit mischerbigen Eigenschaften miteinander, so spalten sie im Verhältnis 1:2:1 auf.
Folgendes Beispiel soll dies erläutern:

Glattköpfig ist eine dominante Eigenschaft, kappig ist eine rezessive Eigenschaft.
Paart man einen glattköpfigen, reinerbigen (homozygoten) Elternteil (KK) mit einem kappigen, reinerbigen Elternteil (kk), so sind alle Nachkommen nach der Uniformitätsregel glattköpfig, aber nicht mehr reinerbig, sondern mischerbig (heterozygot). Werden diese heterozygoten (mischerbigen) Nachkommen miteinander gepaart, so spalten sie im Verhältnis 1:2:1 auf:

	Täuber glattköpfig			Täubin kappig
P	dominant			rezessiv
	KK		×	**kk**
F_1	**Kk** glattköpfig mischerbig		×	**Kk** glattköpfig mischerbig
F_2	**KK**	**Kk**	**Kk**	**kk**
	reinerbig glattköpfig	mischerbig glattköpfig	mischerbig glattköpfig	reinerbig kappig
	dominant			rezessiv
	1	: 2	:	1

Ca. 3/4 der Nachkommen sind glattköpfig und nur 1/4 kappig. Anschließende Verpaarung von reinerbig glattköpfigen mit mischerbig glattköpfigen Tieren ergibt nur glattköpfige Nachkommen, von denen die Hälfte reinerbig und die andere Hälfte mischerbig ist.

Dazu folgendes Beispiel:

	Täuber		Täubin
P	glattköpfig reinerbig dominant		glattköpfig mischerbig
	KK	×	**Kk**
F_1	**KK**		**Kk**
	50	:	50

Paart man die mischerbigen Nachkommen miteinander, spalten sie wieder, wie zuvor dargestellt, im Verhältnis 1:2:1 auf.

Unabhängigkeitsregel
Alle Erbanlagen eines Lebewesens werden unabhängig voneinander vererbt.
Für die praktische Zuchtarbeit bedeutet dies, daß sich durch intensive Züchtung verschiedene Eigenschaften unterschiedlicher Ausgangstiere auf ein Tier vereinigen lassen. Sind z. B. weißer Brustfleck, langer Schwanz und gehämmerte Flügelfarbe als Einzelmerkmal bei drei Ausgangstieren vorhanden, so lassen sich diese durch zielstrebige Züchtung in jeweils einem Individuum bei den späteren Nachkommen vereinen.
Alle gezeigten Beispiele beziehen sich auf jeweils ein Merkmal. Tauben haben jedoch 40 Chromosomenpaare mit vielen tausend Genen. Die Chromosomenpaare werden bei der Heranreifung der Geschlechtszellen durch die Reduktionsteilung halbiert, so daß jede Geschlechtszelle, also das noch nicht befruchtete Ei der Täubin und die

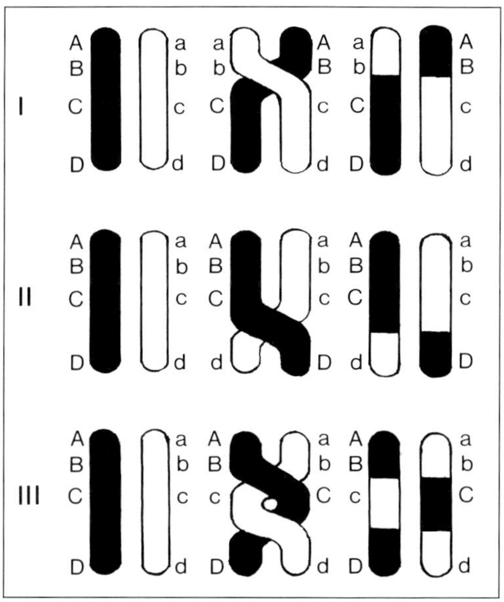

Schema eines Genaustausches.
I und II: einfacher Austausch an verschiedenen Orten,
III: doppelter Austausch.

Spermien des Täubers, jeweils nur den halben Chromosomensatz besitzt. Nach der Befruchtung werden sie im neuen Lebewesen wiederum zu 40 Chromosomenpaaren vereinigt. Die Aufteilung der Chromosomen bei der Bildung der Geschlechtszellen ist völlig zufällig. Es können mehr Chromosomen vom Vater oder mehr von der Mutter in der neuen Geschlechtszelle miteinander kombiniert sein. Daher ist keines der neuen Lebewesen, außer bei eineiigen Zwillingen, mit dem anderen identisch.

Vererbung des Geschlechtes

Die Vererbung des Geschlechtes erfolgt im Verhältnis 50:50. Kommt es hier in Einzelfällen bei kleineren Tierbeständen zu Abweichungen, so sind sie rein zufällig.
Da das Weibchen bei allen Vögeln nur ein X-Chromosom besitzt, ist auch nur die Hälfte der von ihm erzeugten Eier mit einem X-Chromosom versehen. Der Täuber besitzt zwei X-Chromosomen, so daß in allen Spermien jeweils ein X-Chromosom enthalten ist. Nachkommen mit zwei X-Chromosomen sind männlich und solche mit nur einem X-Chromosom weiblich.
Den Erbgang zeigt folgendes Schema:

	Täuber		Täubin
P	**XX**	×	**XO**
F_1	**XX**		**XO**
	50	:	50
	männlich		weiblich

Geschlechtsgebundene Vererbung

Da in einem Chromosom die Anlagen für viele verschiedene Eigenschaften enthalten sind, sind mit der Vererbung des Geschlechtes im selben Chromosom bestimmte andere Eigenschaften gekoppelt. Zu diesen geschlechtsgebundenen Eigenschaften gehört bei den Tauben die rote dominante Gefiederfarbe. Da dieses Rot dominant über Blau ist, gehen aus der Paarung eines reinerbig roten Täubers mit einem reinerbig blauen Weibchen nur rote, spalterbige Nachkommen hervor, wie es folgende Darstellung zeigt:

	Chromosomen des Täubers		Chromosomen der Täubin	
P	**XR** rot dominant	**XR** rot dominant	**Xb** blau rezessiv	**Ob** blau rezessiv
F_1	**XR Xb**	**XR Xb**	**XR Ob**	**XR Ob**
	Täuber spalterbig rot		Täubin spalterbig rot	
F_2	**XR XR** Täuber reinerbig rot	**Xb XR** Täuber spalterbig rot	**XR ob** Täubin spalterbig rot	**Xb ob** Täubin reinerbig blau

Alle F_1-Nachkommen aus dieser Paarung sind spalterbig rot, und zwar 50% rote Täuber und 50% rote Weibchen. Züchtet man mit dieser rot-spalterbigen F_1-Nachkommenschaft weiter, so erhält man in der F_2-Generation 50% rote Täuber, 25% rote Täubinnen und 25% blaue Täubinnen.
Die roten Täuber der F_2-Generation sind zu 50% reinerbig und zu 50% spalterbig. Die roten Weibchen sind immer spalterbig und die blauen Weibchen immer reinerbig blau, enthalten also niemals den Rotfaktor.
Nimmt man die umgekehrte Paarung vor und paart einen blauen Täuber an ein spalterbig rotes Weibchen, so ergibt sich folgendes Erbbild:

	männlich		weiblich	
P	**Xb**	**Sb**	**XR**	**Ob**
	Täuber reinerbig blau		Täubin spalterbig rot	
F_1	**XB XR**	**Xb XR**	**Xb Ob**	**Xb Ob**
	Täuber spalterbig rot	Täuber spalterbig rot	Täubin reinerbig blau	Täubin reinerbig blau
	50	:	50	

Diese Anpaarung ergibt also immer 50% spalterbig rote Täuber und 50% reinerbig blaue Weibchen. Hieraus kann man folgern, daß in allen Fällen, in denen Jungtiere, die aus einem roten Weibchen und einem blauen Täuber oder aber einem spalterbig roten Täuber gezogen werden, die roten Nachkommen immer männlich und die blauen Nachkommen stets weiblich sind.

Mutationen

Unter Mutation im weitesten Sinne versteht man jede Veränderung der Erbsubstanz, die nicht durch Aufspaltung oder Umkombination der vorhandenen Gene bedingt ist. Mutationen sind selten, aber sie treten immer wieder auf und führen zu neuen, bis dahin unbekannten Eigenschaften. Die mei-

1 2 Formentauben
3 4 1) Lahore, silber. 2) Cauchois, rotgeschuppt. 3) Strasser, schwarz. 4) Römer,
5 6 blau. 5) Coburger Lerche, silber ohne Binden. 6) Damascener, eisfarbig mit schwarzen Binden.

sten Mutanten bringen keine Vorteile, oder sie sind sogar nicht einmal lebensfähig (z. B. Mißbildungen). Nur wenige Mutationen erscheinen den Tierhaltern oder Züchtern als Vorteil und führen zu entsprechenden Neuerungen oder Veränderungen.

Wissenschaftlich unterscheidet man zwischen Genmutationen (Punktmutation) und Mutationen ganzer Chromosomen. In den genannten Fällen können ein oder mehrere dicht beieinander liegende Gene verlorengehen oder so verändert werden, daß ein winziges Stück des Chromosoms bei der Zellteilung entfällt.

Eine Punktmutation kann z. B. eingetreten sein, wenn ein Gen zur Bildung von Pigment in den Federn eines bestimmten Körperteiles von der Dominanz zur Rezessivität verändert wurde. Nachfolgende Individuen, die dieses Gen von beiden Elternteilen erhalten, werden nunmehr an dieser Stelle weiße Federn aufweisen. Werden ganze Chromosomenabschnitte verändert, so kommt es meistens zum Letaldefekt, d. h., die Nachkommen mit diesem veränderten Chromosomensatz sind nicht lebensfähig. So hat man z. B. bei Tauben Doppelköpfigkeit, Veranlagung für vier Füße, doppelten After, Flügellosigkeit u. a. festgestellt. Alle diese Nachkommen sterben bereits im Ei ab oder können sich nach dem Schlupf nicht entwickeln. Andere Mutanten sind lebensfähig, aber nicht fortpflanzungsfähig. Doch kommt dies so selten vor, daß der praktische Beweis hierfür nicht erbracht werden kann.

---

7 8 Brieftaubenähnliche Formentauben
9 10 7) Giant Homer, indigo. 8) Show Homer,
11 12 blau. 9) Exhibition Homer, blaugehämmert. 10) Show Antwerp, blaugehämmert.
11) Deutsche Schautaube, weiß.
12) Genuine Homer, rotfahl.

Zuchtmethoden

Zur Verbesserung der positiven Zuchteigenschaften kann man mehrere Zuchtverfahren anwenden.
Steht dem Züchter das notwendige Glück zur Seite, so lassen sich selbstverständlich mit allen Zuchtmethoden Einzelerfolge erzielen. Soll sich aber der Zuchterfolg planmäßig wiederholen und auf weitere Nachkommen übertragen, muß systematisch vorgegangen werden.

Zufällige Paarung

Sie wird durchgeführt, wenn man in den Wintermonaten die Geschlechter trennt und im Frühjahr Täuber und Täubinnen wieder zusammenläßt, so daß sie sich zufällig paaren.
Die genetischen Anlagen der so gezüchteten Tiere bleiben auf diese Weise erhalten, und durch Zufall können sich auch Spitzentiere ergeben. Werden solche sehr guten Einzeltiere jedoch mit weniger guten Tieren gepaart, so ergibt sich aus der Nachzucht nur selten Spitzenqualität, da der Prozentsatz mittelmäßiger Nachkommen zwangsläufig immer höher sein muß.

Zucht auf vermehrte Erbreinheit

Viele Züchter stellen Überlegungen an, wie sie die guten Eigenschaften mehrerer Tiere über die Zucht festigen können, so daß sie über Generationen hinweg bei der Nachzucht immer wieder in Erscheinung treten. Man versucht dies durch Inzucht und Linienzucht zu erreichen.

Inzucht
Inzucht ist die Paarung von Tieren, die näher miteinander verwandt sind. Dies kann die Verpaarung unter Geschwistern oder eines Elternteiles mit einem Nachkommen sein. Auch die Verpaarung von Vettern mit Cousinen oder Onkeln und Tanten mit Neffen und Nichten gelten als Inzucht. Hierbei erhöht sich die Zahl der erbreinen (homozygoten) Vererbungsanlagen. Diese Zuchtmethode kann große Vorteile bringen, solange sich nicht auch negative Eigenschaften mitvererben. Die Inzucht kann konsequent über mehrere Generationen fortgesetzt werden. Die engste Form der Inzucht ist die nahe Verwandtschaftszucht zwischen Geschwistern oder mit Eltern und ihren direkten Nachkommen.
Wenn keine weiteren negativen Eigenschaften auftreten, wird nach 10 Generationen erreicht, daß von der Anzahl der heterozygoten Eigenschaften nur noch 12% vorhanden sind. Da sich aber genausogut negative Eigenschaften festigen können, ist diese Methode nur mit viel Umsicht anzuwenden. Die genetischen Unterschiede zwischen einer Inzuchtlinie und den übrigen Tieren der Rasse können sich vergrößern.

Linienzucht
Bei der Linienzucht hat man die Festigung der Vererbung bestimmter positiver Eigenschaften im Auge. Die Linienzucht ist nicht so eng wie die nahe Verwandtschaftszucht.

So paart man z. B. Enkel mit Großelternteilen oder Großneffen mit der Großtante und umgekehrt, um die gleichen Ziele wie bei der Inzucht in weniger krasser Form zu erreichen. Alle bei der Linienzucht verpaarten Tiere sind jedoch stets miteinander verwandt.

Paarung nach äußerlicher Ähnlichkeit

Diese Form der Zucht wird am häufigsten angewandt. Man spricht bei der Auswahl der Tiere von Passerpaarungen, wenn der Züchter vermutet, daß zwei Elterntiere mit guten Eigenschaften zumindest einen Teil Nachzucht mit gleichguten oder besseren Eigenschaften haben könnten.
Während man bei der Inzucht Tauben mit identischen Genen zusammenpaart, führt man bei der Paarung nach äußerer Ähnlichkeit Gene zusammen, von denen man hofft, daß sie den gleichen Effekt haben werden. Durch dieses Zuchtsystem ergibt sich ein wesentlich geringerer Grad von Homozygotie als bei der Inzucht. Bei einem hohen Erblichkeitsgrad der gewünschten Eigenschaften kann die Paarung äußerlich gleichwertiger Tiere sehr gute Zuchterfolge ergeben.
Die Zucht nach äußeren Merkmalen bringt den größten Erfolg, wenn die gewünschten Eigenschaften intermediär vererbt werden.

Fremdzucht

Sie ist das Gegenteil der Inzucht. Hier hofft man, daß fremdes Zuchtmaterial Eigenschaften mitbringt, die bei dem eigenen Tiermaterial nicht im gleichen Maß vorhanden sind, so daß nur über die Fremdzucht eine entsprechende Verbesserung dieser Eigenschaften erreicht werden kann. Diese Methode ist aber mit sehr viel Vorsicht anzuwenden, da zur Blutauffrischung herangezogene Tiere auch genausogut negative Eigenschaften mitbringen und den bisherigen Zuchterfolg des eigenen Stammes negativ beeinflussen können.
Bei der Auswahl fremder Tiere zur Blutauffrischung sollte man daher immer sehr sorgfältig alle Möglichkeiten gegeneinander abwägen.
Da die Tauben in einer Einehe züchten, ist der Fehler allerdings nicht so gravierend wie in der Hühnerzucht, wo ein zugekaufter Zuchthahn sämtliche Hennen des Bestandes befruchtet und unter Umständen eine jahrelange züchterische Arbeit zunichte machen kann.

Luxurieren der Bastarde

Kreuzt man zwei genetisch weit auseinanderstehende Tiere miteinander, so sind ihre Nachkommen meistens besonders leistungsfähig. So gibt es Beispiele dafür, daß Tiere, die aus zwei verschiedenen Inzuchtlinien stammen, besonders gute Gebrauchstiere werden. Sie zeigen eine erhöhte Kreuzungsvitalität, können aber sehr bei ihrer eigenen Nachzucht streuen.
Nach Regenstein (1970) können wir die Vererbung einzelner Eigenschaften wie in der nachfolgenden Tabelle auf Seite 38 eingruppieren.

Zuchtpraxis
In der Praxis sieht alles Züchten sehr viel einfacher aus, da zunächst nicht erkennbar ist, mit wieviel Wissen, Erfahrung und Überlegung der einzelne Züchter an die Paarung seiner Tiere herangehen muß. Sehr oft werden ganz einfach erfolgreiche Tiere miteinander verpaart. Wer jedoch die eine oder andere bestimmte Eigenschaft von einem Tier auf eine vorhandene Population übertragen möchte, kann dies nur unter Anwendung der Vererbungsgesetze erfolgreich verwirklichen.

dominant		rezessiv
Glattköpfigkeit	–	Hauben, Kappen
normale Halsbefiederung	–	Federkrause (Jabot)
10 Hauptschwingen	–	11 Hauptschwingen
glattes Gefieder	–	Locken
breiter Bürzel	–	schmaler Bürzel
12 Schwanzfeder	–	mehr als 12 Schwanzfedern
volle Flügelfarbe	–	weiße Binden
Binden	–	ohne Binden (hohlig)
Bindenrost	–	saubere Binden
orangefarbige Augen	–	Perlaugen
Zitterhals	–	Normalhals
Trommelstimme	–	Normalstimme
dominant rote Gefiederfarbe	–	blaue und schwarze Gefiederfarbe
federfüßig	–	glattfüßig
normale Halsbefiederung	–	Nackthalsigkeit
schwarze, blaue, rote Gefiederfarbe	–	rezessiv-rot (Tümmlerrot) (aber dominant gegenüber gelb)
blaue Gefiederfarbe	–	silberne Gefiederfarbe (geschlechtsgebunden)

Dazu einige dieser wichtigen Gesetzmäßigkeiten: **Es gibt Eigenschaften, die dominant und solche, die rezessiv vererbt werden.**
Die **dominante Eigenschaft** unterdrückt die rezessive Eigenschaft. Paart man einen dominant roten reinerbigen Täuber mit einer gegen rot rezessiv veranlagten blauen Täubin, so sind alle aus diesem Paar fallenden Jungtiere rot. Da sie die rote Farbe nur vom Vater, aber die Veranlagung für die blaue Farbe von der Mutter erhalten haben, spalten ihre Nachkommen in 25% reinerbig rote, 50% spalterbig rote und in 25% reinerbig blaue Tiere auf. Dies geschieht jedoch nur, wenn man eine genügend große Anzahl an Tieren, z. B. 1000 Nachkommen betrachtet. Hat man aus solch einer Anpaarung nur 10 Jungtiere, so ist das Ergebnis bei den drei Gegebenheiten nahezu zufällig. Eindeutig ist jedoch z. B., daß blaue Tiere, die aus roten Eltern stammen, die Veranlagung rot nicht mehr in ihren Erbanlagen besitzen und somit keine roten Nachkommen haben können. Andererseits können rote Tiere, die bei spalterbiger Veranlagung auch noch die Eigenschaft für blau in ihrer Erbanlage besitzen, wiederum die blaue Farbe an ihre Nachkommen weitergeben. Da die rote Farbe stets geschlechtsgebunden vererbt wird, sind bei einer Paarung eines roten Weibchens mit einem andersfarbigen Täuber alle roten Nachkommen Täuber. Rote Jungtiere von roten Täubern können dagegen männlich oder weiblich sein. Dominante Anlagen sind also immer sichtbar. Dieses Beispiel für die dominante Vererbung gilt in gleicher Weise auch für alle anderen dominanten Eigenschaften, wie z. B. Glattköpfigkeit, Federfüßigkeit u. a.
Anders ist es bei den **rezessiven Anlagen**. Sie können u. U. über Generationen in den Erbanlagen schlummern, bis sie eines Tages wieder zutage treten. Möglich ist dies z. B. bei der Vererbung des rezessiven Rot. Diese Farbe tritt nur in Erscheinung, wenn das betreffende Jungtier die Veranlagung für Rezessivrot von beiden Elterntieren mitbekommen hat. Rezessive Anlagen – sofern sie

erkennbar auftreten – sind immer reinerbig vorhanden. Ein rezessivrotes Paar kann abgesehen von der Scheckung (Farbverteilung) niemals andere Jungtiere als Rezessivrote ziehen. Wenn aber blaue Tauben über Generationen hinweg die Veranlagung für Rezessivrot mit sich führen, wird dieses Rot erst wieder sichtbar, wenn von beiden blauen Eltern die Veranlagung für Rezessivrot an ein Jungtier weitergegeben wird. Dies ist nach der Wahrscheinlichkeit bei jedem vierten Tier der Fall. Die rezessivroten Tiere besitzen dann aber auch keine Veranlagung mehr für die blaue Farbe. Dieser Erbgang gilt auch für alle anderen rezessiven Veranlagungen, wie z. B. Hauben, Halskrause, Locken, weiße Binden, Glattfüßigkeit u. a. Ein anderes bekanntes Beispiel ist die Vermehrung der Körpergröße, wie wir sie bei verschiedenen Rassen in den letzten Jahrzehnten erlebt haben. Die Körpergröße wird multigen vererbt, d. h. viele Gene beeinflussen die Ausbildung der Lebendmasse. Dies wirkt sich überwiegend wie eine intermediäre Vererbung aus. In jedem Jahrgang befinden sich bei einer ausreichenden Tierzahl immer Jungtauben, welche größer und welche kleiner sind als ihre Eltern. Wählt man immer wieder die größeren aus, kommt man allmählich zu einer Erhöhung der durchschnittlichen Lebendmasse.

Eine bekannte Zuchtmethode, um eine in einer Rasse nicht vorhandene Eigenschaft herauszuzüchten, ist die Einkreuzung eines Tieres einer ähnlichen Rasse, das diese Eigenschaft gut ausgeprägt zeigt. Wenn man anschließend über sechs Generationen lang Verdrängungskreuzung betreibt, kann man Glück haben und das gesteckte Zuchtziel erreichen, denn auf diese Weise bleibt schließlich von der ursprünglichen Einkreuzung nicht viel mehr übrig, als die eingekreuzte, sich dominant vererbende Farbe. Dagegen ist die Einkreuzung sich rezessiv vererbender Eigenschaften sehr viel schwieriger, sofern nicht eine genügend große Anzahl von Tieren zur Einkreuzung zur Verfügung steht (vergl. Beispiel Seite 28 von der Übertragung der Farbverteilungseigenschaft geelstert von schwarz/geelstert auf rot/einfarbig, um rot/geelstert zu erhalten). In jedem Fall bietet die fast unendliche Vielfalt der erblichen Veranlagungen in unseren Rassetauben auch für die Zukunft unzählige Möglichkeiten, um neue Farben, Formen und Eigenschaften, wie auch deren Verbesserungen, durch geeignete Einkreuzung mit anschließender Verdrängungskreuzung herauszuzüchten. Aber Vorsicht bei allen Zuchtexperimenten! Schon manche gute Zucht wurde durch ungeeignete Versuche ruiniert.

Ernährung

Bei der Ernährung gibt es im allgemeinen keine Probleme, und doch gilt es im Detail eine ganze Menge von Feinheiten zu beachten.
Haustauben sind in erster Linie Körnerfresser. Die große Masse der Haustauben wird mit Mischungen aus verschiedenen Getreidearten und Leguminosen ernährt. Diese Nahrung enthält aber nicht alle lebensnotwendigen Futterinhaltsstoffe in ausreichenden Mengen, so daß eine Ergänzung des Körnergemisches erforderlich ist. Daher werden alle Futtermittel auf ihre einzelnen Bestandteile nach einem seit Jahrzehnten bewährten Schema untersucht.

Rohnährstoffe und Futtermitteluntersuchung

Alle Futtermittel enthalten einen gewissen Wasseranteil, der bei einem Körnerfutter etwa zwischen 8% und 14% liegt. Bei einer Untersuchung wird dieser Prozentsatz an Wasser nach mehrstündigem Trocknen einer gemahlenen und abgewogenen Futtermittelprobe bei 105 °C im Trockenschrank aus der entstandenen Gewichtsdifferenz ermittelt.
Mit Rohasche bezeichnet man alle Stoffe, die nach 90minütigem Ausglühen einer Futtermittelprobe bei 600 °C noch verblieben sind. In der Rohasche sind die Mineralstoffe aus den Pflanzenzellen, aber auch Mineralstoffzusätze zu Futtermitteln enthalten. Ebenso wird der eventuell vorhandene Gehalt an Sand beim Ausglühen ermittelt.
Roheiweiß nennt man die gesamte stickstoffhaltige Stoffgruppe eines Futtermittels. Zu ihrer Bestimmung wird eine Probe des Futtermittels auf ihren Gehalt an Stickstoff untersucht und die gefundene Menge mit dem Faktor 6,25 multipliziert, da die meisten Futtermittel im Eiweiß durchschnittlich ca. 16% Stickstoff enthalten. Die Roheiweißmenge kann in den einzelnen Futtermitteln sehr unterschiedlich sein. Getreidearten enthalten ca. 9–14%, Leguminosen ca. 22–34% Roheiweiß.
Unter Rohfett versteht man Fette und fettähnliche Substanzen, die nach mehrstündiger Extraktion in Äthyläther löslich sind. Neben dem verwertbaren Futterfett werden auch andere Substanzen, wie Harze oder Wachse, mit erfaßt.
Die Rohfaser besteht aus Substanzen, die beim Kochen in Säure und Lauge nicht in Lösung gehen. Es handelt sich um Gerüstsubstanzen, die sich bei Getreidekörnern hauptsächlich in der äußeren Schale befinden. Der Rohfasergehalt von Taubenkörnerfutter ist sehr niedrig.
Die Gruppe der stickstofffreien Extraktstoffe enthält die besonders wertvollen Nährstoffe Stärke und Zucker. Auch unverdauliche Inhaltsstoffe, wie Zellulose und Pentosane, werden dieser Gruppe zugeordnet. Die Menge an stickstofffreien Extraktstoffen wird als Differenz zu 100 von der Summe aller übrigen zuvor ermittelten Inhaltsstoffe errechnet.

Die Bedeutung der einzelnen Inhaltsstoffe

Wasser

Wasser ist einer der wichtigsten Stoffe, die den Tauben ständig zugeführt werden müssen. Alle Verdauungs- und Stoffwechselvorgänge sind nur bei ausreichendem Vorhandensein von Wasser möglich. Die gesamte Körpersubstanz besteht zu über 50% aus Wasser. So enthält reines Muskelfleisch ca. 25% Eiweiß, 1% Mineralstoffe, 2% Fett und 72% Wasser.

Schon wenige Stunden Wasserentzug führen zu Durstgefühl und bei den sehr schnell wachsenden Jungtieren zu einer Verlangsamung des Wachstums. Eine Taube kann bis zum Eintritt des Todes ca. 14 Tage ohne Nahrungszufuhr leben, aber nur wenige qualvolle Tage, wenn ihr das Wasser entzogen wird.

Frisches Trinkwasser sollte den Tauben daher ständig in sauberen Gefäßen zur Verfügung stehen. Bei vielen Taubenzüchtern wird dem Trinkwasser ständig ein Desinfektionsmittel zugesetzt, um Übertragungen von Keimen von einem Tier zum anderen über das Wasser zu vermeiden. Als Desinfektionsmittel werden u. a. Jodverbindungen und quarternäre Ammonium-Verbindungen verwendet.

Besteht im Winter die Gefahr, daß das Trinkwasser gefriert, so sollte man die Tränke auf eine Tränkenheizplatte stellen, die gerade so viel Wärme abgibt, daß sich kein Eis bildet.

Als Tränkgefäße haben sich 3- bis 5-l-Tränken aus Plastik, Ton oder Glas bewährt. Bei größeren Beständen können auch Schwimmertränken eingesetzt werden, die direkt an eine Wasserleitung angeschlossen sind. Der Zulauf wird über einen Schwimmer reguliert. Diese Tränken müssen allerdings täglich gereinigt werden, da sonst die Gefahr der Verschmutzung und der Vermehrung von Keimen über das Trinkwasser besonders groß ist.

Eiweiß

Eiweißverbindungen verschiedenster Art haben einen recht großen Anteil an der Körpersubstanz der Tauben.

Muskelfleisch, innere Organe, Haut und Federn sowie das Blut bestehen überwiegend aus Eiweißstoffen. Eine ausreichende Zufuhr von Eiweiß über die Nahrung ist daher besonders in der Wachstumsperiode und in den Zeiten starker Körperbeanspruchung unerläßlich.

Wachsende Jungtauben, fütternde Elterntiere und Wettflugtauben haben einen höheren Eiweißbedarf als Tauben, die nur ihren Erhaltungsbedarf decken müssen.

Im Gegensatz zu den anderen vier Nährstoffen Fett, Rohfaser, Stärke und Zucker kann das Eiweiß weder ausgetauscht noch ersetzt werden. Der Körper kann wohl aus Eiweiß Fett herstellen oder Fett zur Verbrennung in Blutzucker verwandeln, und er kann auch Eiweiß wie Zucker, Stärke und Fett zur Verbrennung abbauen, doch ist der Organismus niemals in der Lage, das Eiweiß aus anderen Stoffen aufzubauen. Das benötigte Eiweiß muß also ständig über die Nahrung direkt zugeführt werden. Da es tausende verschiedener Eiweißverbindungen gibt, ist auch der Futterwert des Eiweißes in den einzelnen Futtermitteln unterschiedlich.

Dies kommt in der biologischen Wertigkeit (BW) des Eiweißes zum Ausdruck. Die im Taubenkörnerfutter enthaltenen Eiweißmengen und Eiweißqualitäten reichen offensichtlich zur Bedarfsdeckung aus, da die erwarteten Leistungen mit diesen Futtermischungen erreicht werden. Diese Feststellung schließt aber nicht aus, daß es in Zukunft gelingen könnte, die Eiweißqualität in der Nahrung zu verbessern und noch spezieller einer noch höheren Leistungsbeanspruchung anzupassen. Solche Möglichkeiten sind z. B. mit Pelletfutter gegeben. Bei einem Pelletfutter werden geeignete mehlige Futtermittel verschiedener Art, die die gewünschten Futterinhaltsstoffe enthalten, vermischt und zu Pellets gepreßt.

Ursache der verschiedenen Wertigkeit des Eiweißes ist seine unterschiedliche Zusammensetzung aus einzelnen Eiweißbausteinen, den Aminosäuren. Es gibt über dreißig verschiedene Aminosäuren, die in unterschiedlichen Anteilen am Aufbau eines Eiweißkörpers beteiligt sind. Die meisten Aminosäuren können im Organismus aus anderen Aminosäuren umgebildet werden. Zehn dieser Aminosäuren sind jedoch essentiell, d. h., sie müssen über die Nahrung zugeführt werden. Ist nur eine von ihnen nicht in ausreichender Menge vorhanden, so sinkt insgesamt die Leistungshöhe entsprechend ab. Darüber hinaus können in Leguminosen verdauungshemmende Stoffe für Eiweiß vorhanden sein. Bei der Herstellung von Pelletfutter ist es aber möglich, sonst nicht übliche Futtermittel für eine optimale Mischung zu verwenden. Auch können begrenzende essentielle Aminosäuren wie Methionin und Lysin diesem Futter bei der Herstellung gesondert zugegeben werden.

Fett

In den üblichen Körnerfuttermischungen sind etwa 3% Fett enthalten. Fett ist ein Nährstoff, der ca. 2,4mal mehr Energie enthält als andere Nährstoffe. Über fettreiche Nahrung kann man daher einem Tier bei gleicher Futtermenge mehr Energie zuführen. Andererseits gibt es für die Verträglichkeit von Nahrungsfett eine obere Grenze. Eine Erhöhung oder Verdoppelung des Fettgehaltes in einem Pelletfutter auf ca. 4–6% könnte bei Verwendung geeigneter Fette für bestimmte spezielle Fütterungsverhältnisse Vorteile bringen. Beim Abbau und der Verbrennung von Fetten im Organismus wird mehr Sauerstoff verbraucht als beim Abbau von Kohlenhydraten. Die im Stoffwechsel entstehende Wassermenge, die im Körper genutzt werden kann, ist beim Abbau von Fett größer als beim Abbau der übrigen Nährstoffe. Ob dies eine praktische Bedeutung hat, ist bisher nicht bekannt.

Neben dem normalen Fett als chemischer Verbindung von Glyzerin mit verschiedenen Fettsäuren spielen in der Ernährung und im Stoffwechsel des Organismus Verbindungen von Fetten mit Kohlenhydraten, Eiweißen und Phosphor eine besondere Rolle. Solche Verbindungen finden sich in allen Einzelzellen. Komplexe Fettverbindungen kommen in großen Mengen in den Nerven, im Gehirn und auch im Blut vor. Außerdem legt der Körper zwischen den Organen, Muskeln und unter der Haut Energiereserven in Form von Fett an. In einer Hungerperiode oder auf langen Flügen kann der Organismus auf diese Fettreserven zurückgreifen, sie abbauen und damit als Energiequelle nutzen.

Leichtverdauliche Kohlenhydrate

Zu dieser Gruppe gehören die Nährstoffe Stärke und Zucker. Die Stärke steht von allen Nährstoffen in der Nahrung mengenmäßig an erster Stelle. Während der Verdauung werden alle Kohlenhydrate zu Traubenzucker und Fruchtzucker abgebaut. Sie werden in dieser Form resorbiert und gelangen über die Blutbahn in die Leber. Hier wird auch Fruchtzucker in Traubenzucker umgewandelt. Von der Leber aus wird der Traubenzucker über den Blutkreislauf im ganzen Körper verteilt. Bei den Tauben beträgt sein Anteil im Blut ca. 0,15% und liegt damit höher als bei den Säugetieren, deren Blut 0,1% Traubenzucker enthält. In den Muskelzellen wird der Traubenzucker oxidiert und liefert hier Energie für Wärme und Bewegung. Die Leber kann vorübergehend Traubenzucker in Glykogen (tierische Stärke) umwandeln und diese speichern,

---

13 14 Warzentauben
15 16 13) Indianer, rot. 14) Nürnberger
17 18 Bagdette, rotgeherzt. 15) Dragoner, blau. 16) Carrier, gelb. 17) Steinheimer Bagdette, schwarzgescheckt. 18) Spaniertaube, schwarzgetigert.

damit bei Bedarf eine kontinuierliche Versorgung des Blutes mit Traubenzucker durch Rückverwandlung gewährleistet ist. Die Leber ist daher ein sehr wichtiges Energiedepot und Energielieferorgan.
Eine gesunde Leber ist die Voraussetzung für die Gesundheit und Leistungsfähigkeit eines Tieres.

Mineralstoffe

Es gibt im Stoffwechsel kaum Umsetzungen, an denen nicht Mineralstoffe beteiligt sind. Im Laufe der letzten Jahrzehnte hat man festgestellt, welche Mineralstoffe im Körper der Taube überhaupt vorkommen und welche von ihnen lebensnotwendig sind. Es handelt sich um die Mineralstoffe Calcium, Phosphor, Natrium, Kalium und Magnesium.
Das Calcium (Ca) wird in verhältnismäßig großen Mengen benötigt. Über 98% des Calciumanteils werden im Skelett gefunden und nur weniger als 2% im gesamten übrigen Körper. Außerdem benötigen Weibchen zusätzliches Calcium zur Bildung der Eischalen. Ist die Calciumversorgung sehr gering, so kann der Organismus eines Weibchens Calcium aus den Skelett herausziehen, um die Eischalenbildung zu unterstützen. Somit dient das Skelett auch als Puffer, um eine unregelmäßige Zufuhr auszugleichen. Eine ausreichende Calciumversorgung der Tauben ist immer sichergestellt, wenn man ihnen Muschelschalen, Grit und calciumreiche Taubensteine zur beliebigen Aufnahme anbietet.
Vom vorhandenen Phosphor befinden sich etwa 80% im Skelett. Die restlichen 20% befinden sich in der gesamten organischen Körpersubstanz. Man findet Phosphorverbindungen im Blut, als Bestandteil der Körperzellen, in Fermenten, Hormonen, Vitaminen und als Bestandteil der Muskeln und Nerven. Der Phosphor ist an sämtlichen biologischen Umwandlungs- und Umsetzungsprozessen im Stoffwechsel beteiligt. Eine ausreichende Phosphorversorgung ist unerläßlich. Der Bedarf liegt bei 0,4–0,6% Phosphor von der Gesamtnahrungsmenge. Da Samenkörner sehr phosphorreich sind, und Tauben sich praktisch nur von Samenkörnern ernähren, ist die Phosphorversorgung nach heutigem Wissensstand als gut zu bezeichnen.
Phosphor wird als Katalysator oder Initialzünder für viele Stoffwechselvorgänge angesehen. Ein erheblicher Teil des in pflanzlicher Nahrung enthaltenen Phosphors liegt als Phytin-Phosphor vor. Diese Phosphorverbindung kann nicht so gut verwertet werden. Doch reicht die verwertbare Menge zur Bedarfsdeckung aus.
Natrium findet sich in geringen Mengen in allen Körperteilen. So läßt es sich z. B. im Blut nachweisen, wo es zur Regulierung des osmotischen Drucks beiträgt.
Wird das Natrium als Natriumchlorid oder Kochsalz angeboten, so führen bereits kleinere Gaben zu einer Verdünnung des Kotes, was aber keine nachteiligen Folgen hat. Bei ständiger Kochsalzzufuhr wird eine entsprechende Menge mit dem Kot wieder ausgeschieden. Chlor ist nach den bisherigen Feststellungen in der notwendigen Menge immer ausreichend vorhanden. Es wird zur Bildung von Salzsäure benötigt, die ein wichtiger Bestandteil des Magensaftes ist.
Kalium ist in pflanzlichen Futtermitteln reichlich vorhanden. Es kommt in allen Körperzellen vor, ist meist an Eiweißverbindungen gebunden und dient der Regulierung des osmotischen Druckes. Bei einer Steigerung der Kaliumzufuhr erhöht sich auch die Ausscheidung an Kalium im Kot. Ein Kaliummangel ist praktisch unbekannt.

19 20 Huhntauben
21 22 19) Deutsche Modeneser Gazzi, braunschildig angesäumt. 20) Huhnschecke, blaugehämmert. 21) Kingtaube, weiß. 22) Malteser, weiß.
23 24 23) Englische Modena, blau-sulfurgehämmert. 24) Florentiner, schwarz.

Spurenelemente
Alle benötigten Spurenelemente werden über die übliche Nahrung zugeführt. Die wichtigsten sind Eisen, Kupfer, Kobalt, Mangan und Jod.
Eine zusätzliche Zufuhr über Taubensteine kann sinnvoll sein; Untersuchungen hierüber liegen nicht vor. Alle Spurenelemente sind lebensnotwendig. Sie sind in Mengen zwischen 1–50 mg/kg im Futter enthalten.
Das Eisen ist ein Hauptbestandteil der roten Blutkörperchen. Es wird in allen Körperzellen angetroffen. Bei Eisenmangel kommt es zur Blutarmut oder Anämie, die bei Tauben jedoch keine Rolle spielt.
Auch Kupfer ist zur Bildung roter Blutkörperchen nötig. Kupferverbindungen sind außerdem an Oxidationsvorgängen im Gewebe beteiligt. Kobalt ist ein Bestandteil des Vitamin B_{12}. Vitamin B_{12} wird entweder über die Nahrung zugeführt oder von Bakterien mit Hilfe des Kobalts im Darm gebildet. Die benötigten Mengen werden in millionstel Gramm gemessen.
Die Bedeutung des Mangans kennen wir aus der Hühnerfütterung. Bereits ein etwas zu niedriger Mangangehalt im Futter bewirkt eine Verringerung des Wachstums, Verschlechterung der Schlupfergebnisse, Absinken der Legeleistung, Beinschäden wachsender Jungtiere und eine Verringerung der Eischalenqualität.
Ein Mangel wurde bei Tauben bisher nicht beobachtet. Jod wird in winzigen Mengen in allen Körperteilen gefunden. Es ist vor allem Bestandteil der Schilddrüse und von Hormonen. Ein Mangel führt zur Verminderung des Stoffwechsels und zwangsläufig zu Leistungseinbußen.
Da Jodverbindungen auch eine desinfizierende Wirkung haben, werden sie gleichzeitig zur Trinkwasserdesinfektion verwendet. Die Fähigkeit zur Leistungssteigerung konnte bei der Aufnahme von jodhaltigen Trinkwasserzusätzen bei Tauben festgestellt werden.

Vitamine
Vitamine sind lebensnotwendige organische Stoffe, die für alle Stoffwechselvorgänge im Körper erforderlich sind und vom Organismus nicht selbst aufgebaut werden können. Die benötigten Vitaminmengen werden in tausendstel Gramm (mg) oder in millionstel Gramm (mcg) gemessen. Über 30 verschiedene Vitamine sind bekannt. Davon werden bis zu 13 Vitamine der Nahrung von Haustieren zugesetzt.
Fettlöslich sind die Vitamine A, D, E und K; wasserlöslich die Vitamine B_1, B_2, B_6, B_{12}, C, Nikotinsäure, Pantothensäure, Folsäure, Biotin und Cholin. Auch die fettlöslichen Vitamine können in eine wasserlösliche Form gebracht werden. Viele Taubenzüchter verabreichen ihren Tieren zusätzlich zum Körnerfutter Vitamine. In vielen Fällen erfolgt die Zugabe über das Trinkwasser. Auf diese Weise wird der Vitaminbedarf der Tauben zur Erhaltung der Gesundheit und zur Erhöhung der Leistung abgesichert. In einem Pelletfutter sind alle Vitamine durch gezielten Zusatz in ausreichenden Mengen enthalten.

Futtermittel

Werden Tauben mit Körnerfuttergemischen ernährt, so ist die Zahl der Einzelfuttermittel, die hierfür Verwendung finden können, begrenzt. Es sind hauptsächlich die Getreide- und Leguminosenarten sowie Kleinsämereien. Da die Tauben aber ebenso gern und ohne Gewöhnung pelletiertes Futter aufnehmen, besteht die Möglichkeit sehr viele andere, reichlich zur Verfügung stehende Futtermittel in eine Mischung einzuarbeiten, wenn es vom Preis und von ihrem Gehalt an Futterinhaltsstoffen her zweckmäßig erscheint.

Getreide
Die verwendeten Getreidearten sind Weizen, Mais, Gerste, Hafer, Hirse und Reis.

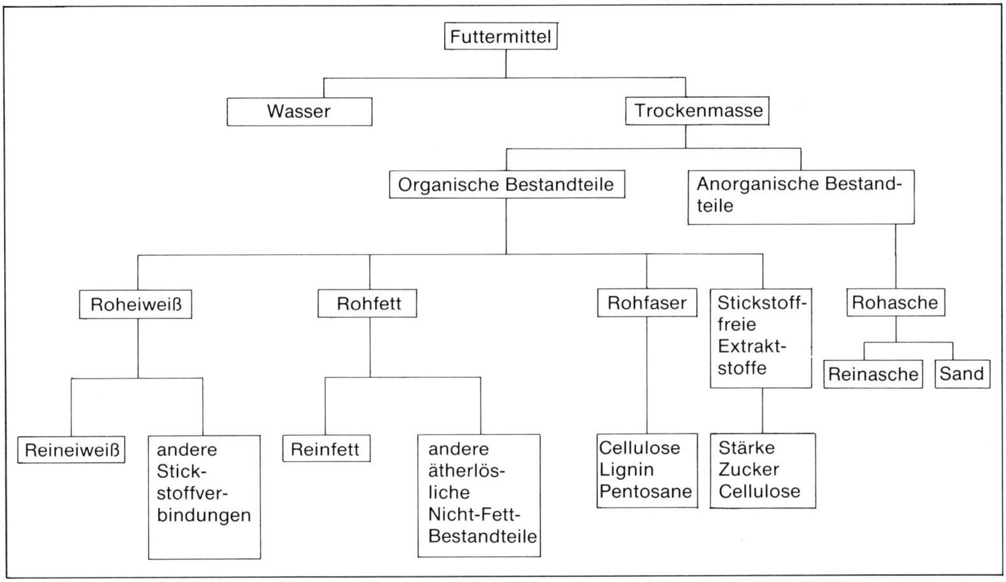

Inhaltsstoffe eines Futtermittels.

Ihnen gemeinsam ist ein fast gleichwertiger Nährstoffgehalt, der in nachstehender Futterwerttabelle angeführt ist. Alle Getreidesorten haben ca. 10–14% Roheiweiß, 2–6% Mineralstoffe und 50–60% Stärke. Der Fettgehalt schwankt etwa zwischen 1,5–4,5%.
Weizen ist als Futterbestandteil sehr gut geeignet. Man sollte möglichst großkörnige, goldgelbe Partien auswählen. Sein Roheiweißgehalt liegt mit 11–14% über dem Durchschnitt. Er wird von den Tauben sehr gern gefressen. Wenn der Hunger nicht allzu groß ist, bleiben Schrumpfkörner liegen.
Mais besitzt von allen Getreidearten mit ca. 4,5% Fettgehalt den höchsten Energiegehalt. Er wird daher gern in der kalten Jahreszeit zur Verbesserung der Energieversorgung eingesetzt. Maiskörner können je nach Art und Herkunft sehr unterschiedliche Formen haben. Für die Tauben ist lediglich der Rundmais und nicht der Pferdezahnmais geeignet. Häufig sind die Körner für die Tauben reichlich groß. Soweit möglich und wirtschaftlich vertretbar, werden daher Maiskörner abgesiebt, damit nur die kleineren Körner in der Taubenfütterung Verwendung finden. Nach Gewöhnung sind die meisten Tauben in der Lage, auch die großen Rundmaiskörner zu fressen. Lassen die Tauben einige Körner liegen, so sollte mengenmäßig etwas weniger gefüttert werden. Am beliebtesten ist der südamerikanische Cinquantino-Mais. Er ist sehr kleinkörnig, aber auch sehr teuer und in den letzten Jahren recht rar geworden. Gelber Rundmais kann bis zu 40% in einer Mischung verwendet werden. Große Maiskörner werden aber auch grob geschrotet, abgesiebt als Maisbruch verfüttert.
Gerste wird mit einem Anteil von 5–10% in einem Körnerfuttergemisch von vielen Taubenzüchtern sehr geschätzt. Periodenweise wird sie auch als alleinige Nahrung verabreicht. Dies ist sicherlich nicht richtig, da Gerste als Alleinfutter nicht alle Stoffe bietet, die für die Erhaltung der Gesundheit und Leistungsfähigkeit von Vorteil sind. Für die Fütterung kommt nur kurze, dicke Som-

mergerste in Frage. Manche Sorten sind sehr hart und spitz, so daß ein Stutzen der Gerstenkörner vor der Verarbeitung vorteilhaft sein kann. Gerste enthält bedeutend mehr Rohfaser als Weizen und Mais, so daß bei Verfütterung von Gerste der Anteil der Ballaststoffe im Darm erhöht wird. Gerste guter Qualität wird gern gefressen. Spitze und kleine Körner werden von den Tauben vernachlässigt.

Hafer hat einen höheren Rohfasergehalt als Gerste, er liegt etwa bei 10%. Kurzer, dicker Hafer mit goldgelber Farbe und mit einem Fettgehalt von ca. 4,5% kann mit einem Anteil von 5–10% eine wertvolle Ergänzung einer Körnermischung sein. Hafer wird periodenweise von einigen Züchtern als alleinige Nahrung gegeben. Jede einseitige Ernährung bringt aber eher Nachteile als Vorteile. Aus der Erfahrung bei der Ernährung junger Tiere wissen wir, daß Hafer eine ganz besonders günstige physiologische Wirkung besitzt. Geschälte Haferkerne sind leicht verdaulich und werden Flugtauben nach dem Flug verabfolgt. Hirse besteht aus runden Körnern, die in der Färbung sehr unterschiedlich sein können. In der Taubenfütterung wird zumeist die großkörnige, weiße Hirse mit der Bezeichnung ‚Dari' bevorzugt. Sie ist mit Anteilen von 5–10% an Mischungen beteiligt. Die rötliche Form ist unter der US-amerikanischen Bezeichnung ‚Milocorn' bekannt. Anteile bis zu 20% von diesen kleinen, rötlichen Körnern sind ohne weiteres möglich.

Reis wird geschält und ungeschält mit 2–4% in Körnerfuttermischungen mit hineingenommen. Reis ist nicht besser und nicht schlechter als andere Getreidearten. In Reisanbaugebieten mag seine Bedeutung größer sein.

Leguminosen

Zu den Leguminosen zählen Erbsen, Wikken und Bohnen. Im Vergleich zum Getreide haben sie einen deutlich höheren Eiweißgehalt. Ihr Anteil in einem Körnerfuttergemisch trägt in erheblichem Maße zur Eiweißversorgung bei. Bei den Erbsen werden runde Formen den größeren, schrumpeligen Formen vorgezogen. Es gibt gelbe, grüne und braune Erbsen, von denen vielfach alle drei Arten in einer Futtermischung vorhanden sind, damit das Futter möglichst vielgestaltig aussieht.

Manchmal haben Erbsen Insektenfraßlöcher, was die Taubenhalter nur ungern sehen. Erbsen werden von den Tauben besonders gern gefressen, so daß der Erbsenanteil an einer Körnerfuttermischung häufig als qualitätsbestimmend angesehen wird.

Sommerwicken sind kleinkörnig und schwarz. Sie werden mit Anteilen bis zu 35% verfüttert. Auch kommt reine Wickenfütterung vor. Ihr Nährstoffgehalt entspricht dem der Erbsen. Für kurzschnäblige und kleine Rassen besitzen sie wegen ihrer geringen Korngröße Vorteile.

Ackerbohnen *(Vicia faba)* sind von Natur aus größer im Korn als andere Leguminosen, so daß nur immer die kleinsten Siebfraktionen oder spezielle kleine Bohnensorten als Taubenfutter geeignet sind. Mit einem Roheiweißgehalt von 24% können auch sie den Eiweißgehalt des gesamten Körnerfutters aufbessern. Die Meinungen über die Eignung der Bohnen gehen innerhalb der Züchter weit auseinander. Während die einen sagen, gerade diese großkörnigen Bohnen seien für die Aufzucht besonders geeignet, da sie lange im Kropf liegen und noch nach Stunden für Nährstoffnachschub sorgen, sind die Bohnen nach Meinung anderer Züchter während der Aufzucht einfach zu groß für die Jungtauben. Es wird daher immer Futtermischungen mit und ohne Bohnen geben, wobei der Bohnenanteil zwischen 5 und 20% schwanken kann. Die besten Futtermischungen für Flugtauben enthalten 5–10% Bohnen. Bohnen bereichern das Angebot und sind im Vergleich zu Erbsen und Wicken oftmals recht preiswert. Schon aus diesem Grunde gehören sie in eine Mischung hinein.

Tab. 1. Inhaltsstoffe.

Inhaltsstoffe in %	Weizen	Gerste	Mais	Milo-corn, Dari	Erbsen	Wicken	Bohnen	Hafer	Cardisaat	Reis, ungeschält
Wasser	13,0	13,0	15,5	13,0	15,0	12,0	13,2	11,3	10,0	11,7
Rohprotein	11,4	10,2	9,4	10,5	22,2	29,1	26,9	12,0	22,0	8,6
Rohfett	1,8	1,9	4,1	2,9	1,2	1,6	1,2	4,7	30,0	2,2
Rohfaser	2,5	4,7	2,4	1,9	5,8	5,7	7,7	9,5	30,0	8,7
Rohasche	1,8	2,5	1,5	1,7	3,0	3,2	3,6	2,9	3,3	5,3
NFE**	69,5	67,7	67,1	70,0	52,8	48,4	47,4	59,6	4,7	63,5
Stärke	57,20	52,70	63,26	50,17	42,20	28,40	45,24	38,60	1,50	76,5
Zucker	3,3	2,4	1,4	1,0	5,7	3,7	3,4	1,6	2,2	5,3
umsetzbare Energie/kg										
MJ*	12,3	11,3	13,6	11,1	12,3	10,3	12,6	10,1	14,2	15,8
Ca g/kg	0,9	0,8	0,3	1,0	0,8	1,4	1,4	1,5	0,9	0,4
P g/kg	3,5	3,8	3,6	2,7	4,2	4,5	4,0	3,5	2,8	1,2
Na g/kg	0,2	0,2	0,06	0.3	0,23	0,2	0,03	0,3	0,16	0,1

**) stickstofffreie Extraktstoffe, * Mega-Joule

Neben den Ackerbohnen wird seit einigen Jahren auch über Sojabohnen als Taubenfutter gesprochen. Sojabohnen sind gelb und rund. Sie sind vergleichbar mit gelben Erbsen, aber doch etwas größer im Korn. Nimmt man Sojabohnen in eine Körnerfuttermischung mit hinein, so werden sie von den Tauben gemieden. Man muß die Tiere durch Hunger an Sojabohnen gewöhnen. Dies geschieht am besten, wenn Sojabohnen 50% der Gesamttagesration ausmachen. Haben die Tauben erst einmal die Sojabohnen angenommen, sind sie ein sehr wichtiges, wertvolles Futter. Sojabohnen haben etwa 38% Roheiweiß und 18% Fett und übertreffen damit im Eiweiß- und Energiegehalt alle anderen Futtermittel. Da in den Sojabohnen die Eiweißverdaulichkeit durch einen Begleitstoff etwas vermindert wird, ist es auch möglich, getoastete Sojabohnen zu verfüttern, bei denen dieser Begleitstoff durch Erhitzung zerstört wurde. Weitere Erfahrungen mit Sojabohnen müssen abgewartet werden. Dagegen sind getoastete, entfettete, gemahlene Sojabohnen (Sojaschrot) in einem Pelletfutter für Tauben eine Selbstverständlichkeit, da sie das benötigte Eiweiß preiswert liefern.

Die in Jahrzehnten entwickelten, bewährten Futtermischungen für Zuchttauben, Jungtierfütterung, Mauserzeit und Winterfütterung und die entsprechende Ernährung von Flugtauben und Wettflugtauben sind in den beiden nachfolgenden Übersichten zusammengefaßt. Cardisaat paßt in die genannten Gruppen nicht hinein. Es handelt sich hier um Samenkörner einer Distelart aus dem Mittelmeerraum. Auch diese Samen sind eiweißreich und sehr ölhaltig, so daß man sie mit 2–4% den Körnermischungen zusetzt. Cardisaat wird als Sesam in der menschlichen Ernährung verwendet. Sein Öl ist als gutes Speiseöl bekannt, und die Ölmühlenrückstände sind als Sesamschrot ein wertvolles Kälberfutter.

Wenn Cardisaat preiswert ist, wird dieses Futtermittel, von dem keinerlei Nachteile bekannt sind und dessen hoher Nährstoff-

Tab. 2. Futtermischungen

		Witwer-futter	Reise- und Witwer-futter	Zucht- und Reise-futter	klein-körnige Mischung ohne Mais	Diätfut-ter nach dem Flug	Mauser-futter	Winter-futter	Preß-futter, vollvit-aminiert
Mais	%	33	33	32	–	–	25	21	–
Milocorn	%	3	–	8	25	10	10	10	–
Dari	%	10	12	5	20	25	–	–	–
Weizen	%	15	15	22	30	30	27	16	–
Erbsen	%	21	25	25	15	–	22	13	–
Wicken	%	3	3	3	10	–	5	–	–
Bohnen	%	10	6	–	–	–	–	10	–
Hafer	%	34	2	3	–	15	–	–	–
Cadisaat	%	2	2	2	–	10	–	–	–
Reis, ungesch.	%	–	2	–	–	10	–	–	–
Gerste	%	–	–	–	–	–	11	30	–
Errechnete Inhaltstoffe:	%								
Rohprotein		15,45	15,22	14,39	4,30	11,98	14,20	13,70	19,40
Rohfett	%	3,14	3,11	3,15	2,22	5,44	2,32	2,26	5,30
Rohfaser	%	4,47	4,45	4,09	3,04	6,80	3,34	4,02	3,75
Rohasche	%	2,20	2,24	2,07	2,16	2,40	2,09	2,25	6,15
Stärke	%	53,0	53,7	54,00	49,50	53,40	54,13	55,80	39,50
Zucker	%	1,4	1,37	1,55	2,71	1,70	1,57	1,54	2,30
umsetzbare Energie	%								
MJ/kg*		11,5	12,6	12,5	11,5	12,8	12,2	13,4	11,7
Ca	%	0,072	0,069	0,067	0,072	0,082	0,070	0,075	1,08
P	%	0,31	0,31	0,31	0,26	0,25	0,32	0,32	0,64
Na	%	0,026	0,026	0,029	0,037	0,042	0,030	0,024	0,11

* Mega-Joule

gehalt sehr geschätzt wird, mit in eine Mischung hineingenommen.

Kleinsämereien, Ölsaaten

Sämereienmischungen verschiedener Zusammensetzungen werden von Spezialisten unter den Taubenzüchtern für verschiedene Zwecke gern eingesetzt. So sollen sie während oder nach der Mauser zu einem besonders guten, leuchtenden Federwerk führen. Vor den Wettflügen sollen sie das Temperament und die Leistungsbereitschaft anheizen, nach Wettflügen verlorengegangene Nährstoffe und Energie rasch wieder ersetzen. Oft dienen sie auch nur als Lockfutter und als Mittel, um die Zutraulichkeit dem Züchter gegenüber zu erhöhen.

Eine bewährte Sämereienmischung kann folgende Zusammensetzung haben:

20% Hirse
20% Raps
12% Haferkerne
10% Hanfsaat
10% Kanariensaat
15% Leinsaat
10% Cardisaat
3% Rohreis
= 100%

Ihr Gehalt an Inhaltsstoffen sieht folgendermaßen aus:

10,9%	Wasser
3,5%	Rohasche
15,2%	Roheiweiß
16,2%	Rohfett
8,0%	Rohfaser
46,2%	N-freie Extraktstoffe

Allgemeine praktische Fütterung

Bei der täglichen Fütterung kann der Taubenhalter seine Tiere am besten beobachten. Erfolge in der Taubenhaltung hängen weitgehend von der regelmäßigen Bestandskontrolle und von der Überwachung des Gesundheitszustandes der einzelnen Tiere ab. Die Tauben nehmen das Futter in den Kropf auf, wo es stundenlang eingeweicht und von dort kontinuierlich in den Magen abgegeben wird, so daß eine gleichmäßige Verdauung über Stunden hinweg sichergestellt ist. Es ist daher üblich, die Tauben entweder einmal oder zweimal am Tag zu füttern, wobei sie je nach Futtermenge alles gleich aufnehmen oder den verbliebenen Rest im Laufe des Tages fressen. Füttert man während der Zuchtruhe in der kalten Jahreszeit einmal täglich, so wird in der Regel das Futter sofort restlos aufgefressen.
Füttert man in der Zuchtzeit zur Mitversorgung der Jungen größere Mengen, so wird das Futter, welches morgens oder abends verabreicht wird, im Laufe längerer Zeit nach und nach aufgenommen. Die Wahrscheinlichkeit, daß schnelle Fresser zu stark verfetten und andere Tiere zu wenig Futter bekommen, ist nicht ganz auszuschließen. Eine gleichmäßige Versorgung des gesamten Bestandes ist bei zweimaliger Fütterung eher gegeben, da die Tiere bei jeder Mahlzeit das ihnen angebotene Futter sofort auffressen. Außerdem hat es sich bewährt, Restmengen nach der Fütterung sofort wieder zu entfernen.
Aus hygienischen Gründen, um unnötige Ansteckung durch Krankheitserreger zu vermeiden, ist es immer ratsam, in geeigneten Futtertrögen zu füttern. Damit die Tiere besonders zutraulich werden, empfiehlt sich die individuelle, paarweise Fütterung in der Zelle als die beste Methode. Jedes Zuchtpaar bekommt einen Futternapf in seine Nistzelle gestellt, so daß man die geeignete Futtermenge für jede Mahlzeit individuell zuteilen kann. Ein weiterer Vorteil liegt darin, daß die heranwachsenden Jungtauben sehr frühzeitig von ihren Eltern das Fressen lernen und schon mit 21 bis 24 Lebenstagen an den Futternapf herangehen. Auch noch frühzeitigeres Zufressen wurde in einigen Fällen beobachtet.
Auf diese Weise läßt sich das Futter am genauesten zuteilen; diese Methode wird bei Wettflugtauben am häufigsten angewandt.

Fütterung in der Zuchtruhe

Wenn im Herbst die Auslese erfolgt ist und nach der Mauser der endgültige Winterbestand feststeht, müssen die Tauben ein knappes halbes Jahr lang in Zuchtruhe gehalten werden. In diese Zeit fällt für den Rassetaubenzüchter die wichtigste Periode, in der viele Ausstellungstermine stattfinden. Die Fütterung muß so erfolgen, daß die Tiere sich stets in bester Ausstellungskondition befinden. Sie dürfen nicht zu fett und nicht zu mager sein, so daß je nach Rasse der tägliche Futterverbrauch etwa zwischen 25 und 35 g schwanken sollte. Da die Tauben in dieser Zeit weder neue Federn bilden noch zusätzlich durch die Zucht beansprucht werden, müssen sie lediglich ihren Erhaltungsbedarf decken, daher kann das Futter eiweißärmer sein als während der Zuchtzeit.
Man verwendet ein „Mischfutter für Zuchtruhe“ oder ein „Winterfutter“, welches in jedem Taubenfutterprogramm enthalten ist. Zweimalige Fütterung am Tag ist immer richtig. Man gibt den Tauben nach der Schlagsäuberung am Morgen die halbe Fut-

termenge und dazu frisches Trinkwasser. Die Futtermenge soll immer so groß sein, daß auch die langsam fressenden Tiere sich ausreichend versorgen können. Danach sollte aber niemals Futter im Trog übrigbleiben. Daneben wird ständig Grit und Taubenkuchen angeboten. Am späten Nachmittag oder gegen Abend wird die zweite Hälfte der Tagesration verfüttert, so daß die Tiere mit einem gefüllten Kropf in die kalte Nacht hineinkommen. Zur zusätzlichen Vitaminversorgung sollte mindestens einmal pro Woche ein Vitamin-Vollkonzentrat ins Trinkwasser gegeben werden. Man kann aber auch eine vollwertige Ernährung der Tauben erreichen, wenn man ein mit Mineralstoffen und Vitaminen versehenes Taubenpreßfutter einsetzt. Es hat sich gut bewährt, je zur Hälfte Preßfutter und Körner zu geben. Viele Züchter verfüttern in dieser Zeit Gerste, Hafer oder Weizen. Diese Ernährung ist für die Tiere nicht vollwertig; sie reicht aber aus, wenn diese Getreidearten in Verbindung mit Preßfutter verabreicht werden. Bei kälterem Wetter zeigen die Tauben verstärktes Hungergefühl. Bei längeren Kälteperioden sollte man die Futtermenge vergrößern. Wenn man öfter Tiere in die Hand nimmt, merkt man sehr schnell, ob sie zu leicht oder zu schwer geworden sind. Nur Tauben in einem guten Futterzustand, die nicht mager und auch nicht fett sind, können auf den Ausstellungen Preise machen. Zu starke Fütterung und vor allem ein ständiges Futterangebot aus einem Vorratsbehälter führt bei gesunden Tauben zu einer Verfettung. Sie macht die Tauben schwerfällig und faul, so daß alle temperamentvollen Eigenschaften wie Fluglust, das Blasen der Kröpfer und das Imponiergurren vermindert werden. Wenn bei starkem Frost das Tränkwasser einfriert, sollte man es bei jeder Fütterung erneuern. Es genügt, wenn die Tauben in der ersten halben Stunde nach der Fütterung Wasser aufnehmen können. Auch die einmalige Fütterung pro Tag hat sich bewährt. Da die Temperaturen in den Nachtstunden am niedrigsten sind, sollte man bei einmaliger Fütterung die Tauben am Nachmittag oder am Abend versorgen, damit sie mit vollem Kropf während der kalten Nächte, in denen es dunkel ist, und die Tiere sich nicht anderweitig bewegen können, das Futter in Ruhe verdauen können. Es gibt jedoch viele Bestände, die auch bei einmaliger Fütterung nur am frühen Morgen ihre Tagesration erhalten und sich dabei in einem hervorragenden Zustand befinden.

Fütterung während der Zucht

Da die Dauer des Tageslichtes einen Einfluß auf die Entwicklung von Geschlechtshormonen ausübt, werden die Tauben etwa 3 Wochen nach der Wintersonnenwende zusehends munterer. Man sollte sie daher ab Anfang Januar nach Geschlechtern trennen, aber die Winterfütterung noch beibehalten. Erst mit der Anpaarung im Monat März wird auch gleichzeitig auf das eiweißreichere „Taubenmischfutter für die Zucht" umgestellt.

Sind sich die Tauben, die man als Zuchtpaare zusammensetzen möchte, fremd und ist ihnen auch das zugedachte Nest noch ungewohnt, so ist es richtig, die Zuchtpaare einige Tage in ihrem Nest einzusperren. Nur bei Tauben mit besonders empfindlichem Federwerk nimmt man hiervon Abstand, und läßt die Paare sich ihre Nester selber suchen, bekommt sie dann aber schwer in den Griff. Solange die Tauben eingesperrt sind, müssen sie auch im Nest gefüttert werden. Man gibt ihnen in einem Futternapf Mischfutter und in einem anderen Napf Tränkwasser. Sehr gut haben sich für

---

25 26 Kropftauben
27 28 25) Altdeutscher Kröpfer, rot.
29 30 26) Verkehrtflügelkröpfer, schwarz. 27) Altdeutscher Kröpfer, schwarz. 28) Englischer Zwergkröpfer, schwarzgescheckt. 29) Genter Kröpfer, weiß. 30) Amsterdamer Kröpfer, rotfahl.

diesen Zweck 0,5-Liter-Plastiktränken bewährt, die eine ausreichende Wasserversorgung sicherstellen, sie können auch nicht umgestoßen oder ihr Inhalt durch die Füße der Tauben verschmutzt werden.
Zeigt ein zusammengesetztes Paar gegenseitig Sympathie, und hat es die Nistschale angenommen, so kann man mehrere möglichst weit auseinanderliegende Nester öffnen, um die Tiere an das Anfliegen des Nestes zu gewöhnen. Soll die Zellenfütterung beibehalten werden, muß man täglich die Futternäpfe nachfüllen und das Tränkwasser erneuern. Sollen die Zuchttauben aber alle gemeinsam gefüttert werden, so kommt das Zuchtfutter in einen Trog und man gibt den Tieren daneben Tränkwasser, Grit, Taubensteine und Vitamine. Es ist kein Problem, Pelletfutter im Zuchtschlag einzusetzen und die Zuchttiere mit reinem Pelletfutter während der Aufzucht zu ernähren. So hat man die beste Garantie, daß in diesem Futter alle Nährstoffe, Vitamine, Mineralstoffe und Spurenelemente im richtigen Verhältnis zueinander vorhanden sind. Optimaler können Tauben nicht ernährt werden!
Befürchtungen, daß das weiche Pelletfutter eine anschließende Körnerfutterernährung erschwert, haben sich in der Praxis als unbegründet erwiesen. Es hat sich seit Jahrzehnten gezeigt, daß es den Elterntieren keine Mühe macht, das im feuchten Kropf zu einem Brei zerfallene Preßfutter während der Fütterung auf die Jungtiere zu übertragen. Wir konnten keinen Nachteil darin finden, daß Jungtauben in den vier Wochen während der Aufzucht Pelletfutter bekamen und anschließend mit Körnerfutter ernährt wurden. Wenn man während der Aufzucht immer einen Teil heiler Körner mitverabreicht, kommt es auch zu keinem plötzlichen Übergang.
Da kurzschnäblige Tauben von Ammen aufgezogen werden, muß natürlich auch das Ammenfutter den kurzschnäbligen Jungtieren angepaßt sein. Daß ein Futter für die Aufzucht besonders eiweiß- und energiereich sein muß, ist eine Selbstverständlichkeit. Früher hat man bei großen Rassen vielfach noch Fischmehl angefeuchtet und in kleinen Klumpen zusätzlich von Hand verfüttert. All dieses zusätzliche Füttern ist nicht nötig, wenn in einem Preßfutter alle notwendigen Futterinhaltsstoffe in ausreichenden Mengen vorhanden sind.
Der Futterbedarf während der Zuchtzeit ist bei brütenden und fütternden Zuchttauben sehr unterschiedlich. Damit die enorm schnellwachsenden Jungtauben genügend Nahrung erhalten, muß reichlich gefüttert werden. Dagegen bekommen brütende Tauben während dieser Zeit leicht zuviel Futter und werden zu fett. Daher hat es sich im Zuchtschlag gut bewährt, im Trog, der für alle Tauben bestimmt ist, die Futtermengen auf die brütenden Tauben abzustimmen und den fütternden Tauben zusätzlich einen Futternapf ins Nest zu stellen. Dies hat außerdem den Vorteil, daß die Jungtiere das Fressen früher erlernen. Beim Absetzen mit 4 Wochen sind sie dann bereits schon einige Tage an die Aufnahme des Futters gewöhnt und beginnen im Jungtierschlag sofort aktiv mit dem Fressen.
Bei mittelgroßen und großen Rassen ist es egal, ob man ein Körnerfutter mit oder ohne Bohnen wählt, wenn das Futter von den Tieren vollständig aufgenommen wird.
Für kleine und kurzschnäblige Rassen ist es selbstverständlich, ein Körnermischfutter mit extra kleinkörnigen Bestandteilen zu wählen. Alle Tiere können dann ohne weiteres die ihnen angebotene Nahrung abschlucken.

---

31 32 Farbentauben
33 34 31) Bernhardiner Schecke, silber.
35 36 32) Startaube, schwarz. 33) Böhmische Flügelschecke, rot. 34) Eistaube, porzellanfarbig. 35) Gimpeltaube (Kupfergimpel), schwarzflügelig. 36) Mondtaube, gelb.

Extra kleinkörniges Zuchtfutter muß dem anderen Zuchtfutter im Nährstoffgehalt voll angepaßt sein, damit ebenso gute Zuchterfolge erzielt werden können.
Zur Erhaltung von Bruttrieb und Leistungsfähigkeit wird zusätzlich ein Vitaminvollkonzentrat über das Trinkwasser verabreicht. Eine Vitamingabe pro Woche genügt durchaus. Diese Maßnahme entfällt, wenn vitaminiertes Pelletfutter eingesetzt wird.

Fütterung der Jungtauben

Bei richtiger Ernährung und Fütterung der Elterntiere können Jungtauben im Alter von 24 bis 28 Tagen abgesetzt werden. Nach dem Absetzen muß sich der Züchter mit der größten Sorgfalt und Aufmerksamkeit um die Jungtiere kümmern, da der Wechsel von der Fütterung durch die Eltern zur eigenen Futteraufnahme eine gewaltige Umstellung bedeutet. Viele Jungtiere verlieren erheblich an Körpergewicht, wenn man sie nicht an die Nahrungsaufnahme heranführt. Manche Jungtiere leiden auch unter Durst, da sie keine Tränke kennen und diese auch oft noch erhöht angebracht ist und nicht gefunden wird. Abgesetzten Jungtauben soll man daher das Futter leicht zugänglich in der Nähe der Tränke anbieten, eventuell in mehreren Futtertrögen oder Futternäpfen. Und ebenso gewöhnen sie sich durch das Aufstellen offener Trinkgefäße oder Trinknäpfe leichter an das Trinken. So können sie das Wasser sehen und es leichter finden als in geschlossenen Tränken, in die sie erst den Kopf hineinstecken müssen. Haben die Jungtiere einmal Fressen und Saufen gelernt, so braucht man sich um ihr Wohlergehen kaum noch Sorge zu machen. Da ihr Körper noch wächst und sie bald mit der Mauser beginnen werden, empfiehlt es sich, ihnen weiterhin Zuchtfutter zu geben, wobei selbstverständlich für kleinere Rassen das kleinkörnige Futter vorzuziehen ist.
Sauberes Trinkwasser und saubere Futtertröge sind wichtig, um Ansteckungen zu vermeiden. Jungtauben sind für Infektionskrankheiten viel empfänglicher als Alttauben, da sie noch nicht genügend Abwehrstoffe aufgebaut haben. Im Jungtierschlag soll, wie bei den Zuchttauben, ein Gritnapf und ein Taubenstein zur Verfügung stehen. Zusätzliche Vitamingaben über das Trinkwasser sind für die Entwicklung der Tauben und für den Verlauf der Mauser nur förderlich.
All diese Faktoren erfordern eine Fütterung, die deutlich über dem Erhaltungsbedarf liegt. So bekommt ihr Körper genügend Nährstoffe, um weiterhin auszuwachsen, um genügend Energie für die Flugübungen zu besitzen und noch ausreichende Mengen an Eiweiß für die Bildung neuer Federn bereitstellen zu können. Auch hier wird eine vollwertige Ernährung durch Pelletfutter erreicht. Es kann allein oder in Verbindung mit 50% Körnerfutter verfüttert werden. Auf jeden Fall wird die etwas eiweißreichere Ernährung bis zum Ende der Mauser durchgeführt, damit auf keinen Fall zu irgendeinem Zeitpunkt der Entwicklung eine Mangelsituation eintritt.
Wenn man darauf achtet, daß die Jungtiere nicht zu fett werden, so kommen sie im Herbst in eine hervorragende Ausstellungskondition. Sie zeigen ihr ganzes Temperament und sind, wenn alle erblichen Anlagen dem Zuchtziel entsprechen, in der Lage auf allen Ausstellungen durch Sauberkeit, einwandfreie Beschaffenheit des Gefieders und beste Kondition die Konkurrenz zu schlagen.

Künstliche Aufzucht

Bei der hohen Vermehrungsrate der Tauben fragt man sich, ob eine künstliche Aufzucht überhaupt erforderlich ist. Dennoch wird immer wieder der Fall eintreten, daß von wertvollem Zuchtmaterial Eier oder kleine Tauben vorhanden sind, ohne daß gleichzeitig geeignete Zuchttiere für die Aufzucht zur Verfügung stehen. Nach Levi ist es ohne weiteres möglich, die Tauben künstlich zu erbrüten; die Schlupfergebnisse sind gut.

Die geschlüpften Küken müssen in den ersten Lebenstagen unter einer Wärmequelle so gehalten werden, daß die Temperatur etwa 36°–38 °C beträgt. Meines Wissens liegen bisher keine Versuche vor, bei denen mit anderen Anfangstemperaturen bessere Ergebnisse erzielt wurden. Die Möglichkeit, daß die optimale Temperatur noch um 2–3 °C höher liegen könnte, ist jedoch nicht ganz auszuschließen.

Levi hat als Kropfbreiersatz Eidotter verwendet. Dieses muß im Wasserbad erwärmt werden, wobei die Wassertemperatur nicht zu hoch liegen darf, damit sich das Dottereiweiß nicht verfestigt.

Die erwärmte Dotterflüssigkeit wird mit Hilfe einer Injektionsspritze und einem Schlauch von etwa 1–1,2 mm lichter Weite vorsichtig in den Kropf der Jungtiere hineingegeben. Haben die Taubenküken die ersten 3 Lebenstage gut überstanden, so besteht große Hoffnung, daß man sie gesund aufziehen kann. Vom 6. Tage an verwendet man die am Markt befindlichen Fütterungsspritzen und gibt zur Erstnahrung Pelletfutter hinzu. Das Pelletfutter muß sehr fein gemahlen sein, damit es zu einem Brei angerührt über die Fütterungsspritze über einen ca. 5 mm starken Schlauch vorsichtig in den Kropf der Jungtiere eingeführt werden kann.

Die Fütterung kann nunmehr auf zweimal pro Tag beschränkt werden. Bei 8 Tage alten Jungtieren wird die Umgebungstemperatur bis auf etwa 20 °C gesenkt, da die Jungen nun bereits genügend eigene Körperwärme entwickeln. Zieht man mehrere Jungtauben auf diese Weise auf, so ist es gut, wenn man sie zusammensetzt, damit sie sich gegenseitig wärmen.

Es muß noch einmal betont werden, daß bei uns über die Aufzucht in der ersten Lebenswoche keine erfolgreichen praktischen Erfahrungen vorliegen, so daß wir uns auf die amerikanischen Erfahrungen von Levi stützen müssen.

Während der Aufzucht ist darauf zu achten, daß die Jungtauben immer genügend Wasser bekommen. Als Anhaltswert kann man damit rechnen, daß auf ein Teil Futtertrokkenmasse etwa 3 Teile Wasser benötigt werden. Bei warmer Temperatur ist der Wasserbedarf größer als bei niedrigen Temperaturen. Das Verhalten der Jungtauben und die Kotbeschaffenheit geben darüber Auskunft, ob sie sich bei der jeweiligen Ernährung wohl fühlen.

Fütterung in der Mauser

Als Mauserzeit bezeichnet man die Periode nach der Zuchtzeit, in der die Tauben im Herbst verstärkt die Federn wechseln. Manches Tier macht während der Mauser einen kranken Eindruck. In der Tat werden die Tauben von diesem Federwechsel stark in Mitleidenschaft gezogen, zumal ihnen in kälteren Nächten teilweise auch der Wärmeschutz fehlt. Die Mauser erfolgt um so schneller und besser, je besser der Gesundheitszustand des Körpers ist. Da die Federn aus Eiweißstoffen gebildet werden (Federn enthalten 92% Eiweiß in der Trockenmasse), ist es sinnvoll, auch in dieser Zeit bei der Fütterung die gewohnten Eiweißmengen aus der Zuchtzeit beizubehalten. Viele Züchter füttern daher das Zuchtfutter auch in der Mauserzeit, und ihre Erfahrungen geben ihnen dabei recht. Andere Züchter möchten ein Futter mit einem etwas geringeren Energiegehalt, so daß spezielle Mauserfutter mit geringerem Mais-, aber erhöhtem Weizen- und Gersteanteil hergestellt werden. Auf jeden Fall ist es während der Mauserzeit besser, die Tiere zweimal am Tag zu füttern. Da die Tauben nun nicht mehr züchten und in diesem Stadium wenig Neigung zum Flug zeigen, ist die Gefahr der Verfettung bei Standfutter besonders groß. Daher ist die Futterrationierung in dieser Periode von Vorteil, um alle Tiere in guter Kondition zu halten.

Fütterung der Wettflugtauben

Wettflugtauben sind Reisebrieftauben verschiedenen Alters, die während einer Flugsaison an den Flügen einer Reisevereinigung teilnehmen. Man unterscheidet Wettflüge für Alttiere und für Jungtiere des betreffenden Jahrganges. Die Alttiere sind als Wettflugtauben etwa 1 bis 8 Jahre alt. Sie müssen das ganze Jahr über so gehalten werden, daß sie bei den Wettflügen möglichst schnell in den Heimatschlag zurückkehren. Das bedingt eine gesunde, kräftige Ernährung während des ganzen Jahres, ohne daß die Tiere jedoch verfetten. Zusätzlich wird im Herbst, wenn die Tauben nach der Reisesaison noch züchten, ein Zuchtfutter verabreicht, und zwar reichlich während der gesamten Fütterungsperiode der Jungen. Anschließend wird auf ein Mauserfutter umgestellt, damit die Tiere in der nun folgenden Hauptmauser ihre Federn voll ausbilden können (Hungerperioden sind an der unvollständigen Ausbildung einzelner Federn zu erkennen). In den Wintertagen nimmt dann mit den zurückgehenden Temperaturen die Freßlust der Tiere zu. In dieser Zeit wird eine Wintermischung verfüttert, die aber auf 30–35 g pro Tier und Tag begrenzt werden muß, da die Tiere sonst zu schwer werden, was zu verminderter Fluglust führt. Manche Wettflugtauben erhalten in den Wintermonaten gar keinen oder nur selten Freiflug, um sie vor Greifvögeln zu schützen; auch dann darf nur äußerst knapp gefüttert werden.

Vor der Anpaarung wird auf Zucht- und Reisefutter umgestellt, etwa 35 g pro Tier und Tag. Wenn sich Junge im Nest befinden, ist reichlich zu füttern., damit sie möglichst schnell heranwachsen und mit etwa 22–25 Tagen abgesetzt werden können. Nachdem das zweite Gelege 10 Tage lang bebrütet wurde, werden Männchen und Weibchen getrennt und erhalten Reisefutter.

Über die Fütterung der nun folgenden Wettflugsaison gehen die Meinungen erfolgreicher Züchter auseinander, da die meisten auf ihr eigenes Rezept schwören, mit dem sie gute Flugerfolge erzielt haben. Einigkeit besteht darin, daß die Wettflugtauben den Substanzverlust zwischen den Flügen wieder aufholen müssen, um flugfreudig und mit voller Kraft den nächsten Wettflug wieder antreten zu können.

Kommen die Tauben vom Flug zurück, so sollen sie schnellverdauliche Kost aufnehmen. Man gibt ihnen eine Sämereienmischung, Taubenpreßfutter oder eine weiche Körnermischung, z. B. ohne Mais (Diätfutter) und ins Trinkwasser Traubenzucker mit Elektrolytlösung, damit die Regeneration des Körpers sofort einsetzt. Auch andere vitaminhaltige Futtermittel (Hefe) und wasserlösliche Vitaminmischungen werden dazu verwendet.

Die Gesamtfuttermenge in der Regenerationsphase beträgt 20–25 g. Am zweiten Tag erhalten die Tauben morgens 10 g Diätfutter und abends 20 g halb Diätfutter und halb Reisefutter (auch Witwerfutter genannt). Vom dritten Tage bis zum Einsatztag gibt es morgens 10 g Reisefutter und abends dasselbe bis zur Sättigung. Um eine gleichmäßige Versorgung zu erreichen, wird das Futter den einzelnen Tieren in ihren Nistzellen in Zellennäpfchen gereicht.

Nach dem Absetzen werden die Jungtauben mit kleinkörnigem Jungtierfutter ernährt; sie lernen schnell selbständig zu sein. Teilweise läßt man auch die Mütter noch einige Tage im Jungtierschlag, damit sie noch zufüttern können.

Mit etwa 30 Lebenstagen beginnen die Jungtiere dann den Schlag zu verlassen und bald folgen auch die ersten Flugübungen. Man muß die Jungvögel nun kurz halten, damit sie nicht verfetten und flugmüde werden, wenn sie an den Jungtierflügen teilnehmen sollen. Bei älteren Jungtauben wird die Fütterung bis zum Ende der Wettflugsaison auf Reisefutter umgestellt, wobei anschließend wie bei den Alttieren weitergefüttert wird.

Krankheiten und ihre Erreger

Tierhaltung ohne Krankheiten oder ohne Infektionen gibt es nicht. Tauben sind im allgemeinen nicht sehr anfällig für Krankheiten, doch sind bei ihnen oft leistungsmindernde Erreger vorhanden, ohne daß sich dies äußerlich feststellen läßt. Neben den ständig auftretenden Infektionen (z. B. Verwurmung und Kokzidiose), die immer wieder auch bei gesund aussehenden Beständen behandelt werden müssen, gibt es Erkrankungen, die sporadisch auftreten (z. B. Schnupfen, Mycoplasmose), und den Gesundheitszustand der Tiere einige Wochen lang erheblich beeinträchtigen.

Es ist von Vorteil, über Krankheiten und Infektionen Bescheid zu wissen, um dann auch die entsprechenden Behandlungsmethoden erfolgreich anwenden zu können. Alle Infektionskrankheiten sowie der Befall mit Ungeziefer können um so häufiger auftreten, je größer der Bestand und je höher die Besatzdichte ist.

Je mehr Tiere auf einem Raum zusammenleben, um so größer ist die Wahrscheinlichkeit einer Ansteckung. Dies gilt nicht nur für Tauben, sondern auch für alle anderen Tiere.

Bei hoher Besatzdichte ist die Infektionsgefahr um so geringer, je häufiger die Schläge gereinigt und desinfiziert werden, und je weniger die Tauben mit dem Kot in Berührung kommen. Das gleiche gilt für die Aufnahme von Trinkwasser. Sauberes, frisches Trinkwasser, welches mit einem Desinfektionsmittel angereichert wird, bietet viel weniger die Möglichkeit zur Übertragung von Infektionen, als z. B. altes, schmutziges, abgestandenes Wasser, das die Tauben häufig aus Regenrinnen trinken.

Gute Schlaghygiene ist daher eine Grundvoraussetzung für Gesundheit und Leistungsfähigkeit aller Tiere. Gesundheit und Leistungsfähigkeit kommen im Flugvermögen, in der Flugfreude, in der Zuchthäufigkeit, in der Qualität von Körper und Gefieder und im Benehmen im Schlage zum Ausdruck. Spitzentiere wird man nur besitzen, wenn alle Haltungsfaktoren die Voraussetzungen zur Verwirklichung einwandfreier Umweltverhältnisse bilden.

Taubenschlagstaubsauger haben in den letzten Jahren erheblich zur Verbesserung der Hygiene beigetragen. Sie nehmen besser als jedes andere Reinigungsgerät Kot und Staub und mit dem Staub die Krankheitserreger auf, so daß sich die Ansteckungsgefahr vermindert.

Dauerinfektionen

Es gibt keinen Taubenschlag, in dem nicht Erreger von Trichomoniasis („Gelber Knopf“), Kokzidose, Verwurmung und Salmonellose irgendwann vorkommen. Deshalb muß sich jeder Taubenhalter mit diesen vier Krankheiten ständig auseinandersetzen. Der Wissenschaft ist es in den letzten Jahrzehnten gelungen, für alle diese Infektionskrankheiten wirksame Medikamente zu entwickeln. Dem einzelnen Taubenhalter kann man nur wünschen, in Verbindung mit seinem Tierarzt in allen Fragen der Behandlung und Medikamentenauswahl die richtige Entscheidung zu treffen. Man sollte dies nicht dem glücklichen Zufall überlassen, sondern den Erfolg einer Behandlung durch die entsprechenden Fachkenntnisse untermauern. Die regelmäßige Untersuchung von Kotproben (2mal pro Jahr oder vierteljährlich) ist der erste Schritt zur gezielten Krankheitsüberwachung.

Gelber Knopf oder Trichomoniasis

Die Krankheit, die man auch als Flagellaten-Diphtherie bezeichnet *(Trichomonas columbae),* wird durch kleine Geißeltierchen hervorgerufen. Die Erreger verursachen insbesondere bei jungen Tauben große, gelbe, knopfförmige Gebilde im Rachen und im Schlundraum, die so groß werden, daß die befallenen Tiere innerhalb weniger Tage ersticken.

Erwachsene Tauben verfügen über eine gewisse Resistenz und tragen häufig die Erreger in ihrem Körper, ohne selbst krank zu sein. Doch kommen vermehrt auch Erkrankungen (Knopfbildung im Schnabelraum) bei Alttieren vor.

Die mikroskopisch kleinen Einzeller können sich in den Flüssigkeiten des Schnabel- und Rachenraumes fortbewegen, sich in kleinsten Wunden festsetzen und dort die Knopfbildung hervorrufen. Die Infektion erfolgt häufig durch schmutziges Trinkwasser (z. B. aus Regenrinnen).

In der Zuchtzeit werden Erreger mit der Kropfmilch von den Eltern auf die Jungen übertragen. Sie können sich aber nur dann festsetzen, wenn eine durch das Futter bedingte kleine Verletzung im Rachenraum aufgetreten ist. Auch ist eine Infektion am Nabel möglich, so daß sich dort ein großer, käsiger Fremdkörper bilden kann. Am häufigsten tritt die Erkrankung in der 2. bis 5. Lebenswoche auf. Für die befallenen Tiere gibt es meist keine Rettung. Vom Rachen sowie vom Nabel können die Trichomonaden in die inneren Organe vordringen, so daß auch die Leber mit gelbkäsigen Flecken behaftet sein kann. Glücklicherweise gibt es zur Behandlung des Gelben Knopfes nachhaltig wirkende Medikamente. Dies sind unter anderem Aminonitrothiazol (Enheptin), Dimetridazol (Emtryl), Gabbrocol und Carniolazol.

Gabbrocol ist die Kombination von Dimetridazol mit dem Antibiotikum Aminosidin, welches bei Sekundärinfektionen angewandt eine außerordentlich gute Wirkung besitzt. Nach jahrzehntelangen Erfahrungen genügt es zumeist, im Frühjahr vor Zuchtbeginn eine Kur über das Trinkwasser oder eine Einzelbehandlung mit Tabletten gegen den Gelben Knopf durchzuführen, damit es zu keinen Erkrankungen bei den Jungtieren kommt.

Da das Angebot an Medikamenten schnell wechselt, sollte man sich beim örtlichen Tierarzt jeweils nach dem wirksamsten Mittel erkundigen. Wenn sich die Zuchttauben jedoch durch stehendes Wasser immer wieder infizieren, sind erneute Erkrankungen erst dann auszuschließen, wenn dieser Infektionsherd beseitigt ist.

Kokzidiose

Gleichfalls einzellige Lebewesen (Protozoen) sind die Kokzidien. Sie leben im Darm aller Tauben als Schmarotzer und rufen die Kokzidiose hervor. Selbst gesunde Tauben sind fast immer Kokzidienträger und scheiden deren Oozysten aus. Ältere Tauben entwickeln gegen die Kokzidien eine Altersimmunität. Bei Jungtieren kann es bei massiver Infektion zur schnellen Vermehrung der Kokzidien im Darm kommen, die Erkrankung ist dann auch äußerlich erkennbar. Schwere Fälle führen zum Tode. Im Darm der Tauben entwickeln sich andere Kokzidien als im Darm der Hühner. Es handelt sich bei Tauben nur um zwei Kokzidien-Arten, nämlich *Eimeria columbarum* und *Eimeria labbeana.*

Die mit dem Kot ausgeschiedenen Oozysten sind die Träger der Kokzidien. Sie besitzen eine widerstandsfähige Hülle, so daß sie nicht von jedem Desinfektionsmittel angegriffen werden. Die Oozysten machen außerhalb des Körpers einen Sporulationsprozeß durch, zu dem Wärme, Feuchtigkeit und Sauerstoff erforderlich sind. Erst 1–2 Tage nach der Ausscheidung können sich in der Oozyste Sporozoiten bilden, die bei Aufnahme mit dem Futter oder beim Kontakt mit dem Schnabel aufgenommen werden und eine neue Infektion auslösen. Häufige Entfernung des Kotes vermindert die Infektionsmöglichkeit ganz wesentlich.

Frisch ausgeschiedene Oozysten führen zu keiner Neuinfektion.

Nach der Aufnahme der Sporozoiten mit Futter oder Trinkwasser lösen sich ihre Hüllen im Darm auf, und die Sporozoiten dringen in die Dünndarmwand ein. Hier teilen sich die Sporozoiten etliche Male und vermehren sich schnell, wobei die entstehenden Merozoiten in immer neue Darmzellen eindringen und diese zerstören.

Aus den Merozoiten bilden sich männliche Mikrogameten und weibliche Makrogameten; durch geschlechtliche Vereinigung entsteht eine neue Oozyste, die wiederum mit dem Kot ausgeschieden wird. Der gesamte Kreislauf dauert 4–5 Tage. Da es unendlich viele Infektionsquellen gibt, sind immer und überall Kokzidien vorhanden. Mit der Zerstörung der Darmwand erfolgt auch eine erhebliche Störung der Verdauung. Als Folge tritt meist Durchfall auf. Auch ist der Kot oft schleimig und wäßrig. Zerstörte Darmzellen bieten außerdem Bakterien die Möglichkeit, hier einzudringen und die Entzündung des Darms noch zu verstärken. An den Wundstellen dringen dann auch Salmonellen in den Körper ein.

Vorbeugende Maßnahmen und Infektionsimmunität. Jede Taube ist von Kokzidien befallen. Jedoch nehmen Tauben, die bei täglicher Schlagreinigung in hygienisch einwandfreiem Zustand gehalten werden, nur wenige reife Oozysten auf. Taubenschlagstaubsauger tun ein übriges, um auch feinste Bestandteile im Schlage abzusaugen, wodurch die Gefahr einer Neuinfektion verringert wird. Andererseits werden durch das ständige, wenn auch geringfügige Vorkommen von Kokzidien die Abwehrstoffe im Körper der Taube so stark ausgebildet, daß es allmählich zu einer Infektionsimmunität kommt, die den Ausbruch einer Krankheit verhindert.

Behandlung der Kokzidiose. Sie tritt bei den Tauben meist in den ersten Lebensmonaten auf. Nach starker Infektion kommt es bei den Jungtieren zu Durchfall mit schleimigem, wäßrigem Kot (beim Sezieren kann man sehr deutlich den entzündeten und blutigen Darm erkennen). Die verdauten Nährstoffe können nicht mehr in der erforderlichen Menge resorbiert werden. Die Folgen sind Abmagerung, Mattigkeit und geducktes Herumsitzen. Erkrankte Tiere müssen so schnell wie möglich behandelt werden, um die Erreger zum Absterben zu bringen. Danach erholen sich die Tauben sehr schnell, und der geschädigte Darm regeneriert sich wieder. Doch bleiben viele Narben zurück, durch deren Gewebe keine Resorption von Nährstoffen in die Blutbahn mehr stattfindet.

Zur wirksamen Behandlung der Kokzidiose gibt es entsprechende Medikamente vom Tierarzt, die nach Vorschrift über das Trinkwasser verabreicht werden müssen. Bewährt haben sich u. a. Monensin, Amprolium, Sulfaquinoxalin und Sulfamethazin plus. Im Einzelfall kann nur der Tierarzt über die richtige Wahl des wirksamsten Medikamentes entscheiden, da Kokzidien gegen bestimmte Medikamente eine Immunität entwickeln.

Wurmbefall

Würmer sind in fast jeder Taube vorhanden. Es kommen vor allem vier verschiedene Wurmarten vor: die Bandwürmer und Rundwürmer im Darm, die Haarwürmer in der Speiseröhre und die Luftröhrenwürmer in der Luftröhre. Von diesen Würmern kommen drei Arten bei hygienischer Haltung nur selten vor. Haarwürmer (Capellarien) sind dagegen ständige Begleiter der Tauben. Alle Tauben können gegen Würmer eine gewisse Immunität entwickeln. Besonders anfällig sind Jungtauben, die bei Wurmbefall bald kümmern, abmagern, größere Wassermengen saufen und eingehen können. Die Würmer schaden der Taube nicht so sehr dadurch, daß sie ihnen Nährstoffe aus der Nahrung entziehen, vielmehr wirken die Ausscheidungen der Würmer als Gift, das zu diesen Krankheitserscheinungen führt.

Wurmbefall läßt sich durch eine Kotuntersuchung leicht feststellen. Es ist ratsam, 3- bis 4mal im Jahr eine Kotprobe zur Untersuchung einzuschicken, um über den Gesundheitszustand der Tauben einen Überblick zu bekommen. Auch bei Jungtieren sollte stets eine Kotprobe darüber entscheiden, ob eine Kur durchgeführt werden muß.

Gut wirksame Wurmmittel können über das Trinkwasser verabreicht werden. Dies geschieht am besten im Frühjahr noch vor der Anpaarung und im Herbst nach der Zuchtzeit (in der Zuchtzeit sollten Wurmkuren nicht unbedingt durchgeführt werden).

Gut bewährt hat sich die Einzeltierbehandlung mit Kapseln. So läßt sich erreichen, daß jedes Tier zuverlässig die notwendige Menge des Wurmmittels bekommt. Moderne Medikamente sind verträglicher als die früheren Mittel. Eine vollständige Entwurmung kann heute schnell und einfach durchgeführt werden. Entsprechende Medikamente gibt es bei jedem Tierarzt. Mindestens zweimalige Entwurmung pro Jahr bei gleichzeitiger gründlicher Schlagreinigung sollte eine Selbstverständlichkeit sein.

Salmonellose (Paratyphus)

Die Salmonellose ist eine bakterielle Erkrankung der Tauben, bei der die Erreger Durchfall, Störungen im Nervensystem und Gelenkveränderungen hervorrufen können. Die Salmonellen gehören zu den Enterobakterien, die vor allem im Darm vorgefunden werden. Sie besitzen eine Geißel und können sich selbst vorwärtsbewegen. Die Ansteckung erfolgt durch Aufnahme von Salmonellen im Futter und Trinkwasser, wie auch bei jeder anderen Berührung, wie beim Schnäbeln und Füttern der Jungtauben und durch das Einatmen von Staub. Außerdem können Salmonellen auch über das Ei auf das Jungtier übertragen werden. Man unterscheidet vier verschiedene Krankheitsbilder.

Darmsalmonellose. Stellt man auf dem Schlage breiige, mit Schleim umhüllte, wäßrige, grünlich verfärbte Kothäufchen fest, so ist der Darm mit diesen Krankheitserregern infiziert worden. Die Salmonellen dringen in die Zellen der Darmwand ein und verursachen hier eine Entzündung, die zu einer entsprechenden Veränderung des Kotes führt. Die grünliche Verfärbung stammt meist von der Gallenflüssigkeit, die bei verminderter Futteraufnahme nicht voll verbraucht und somit unverändert ausgeschieden wird.

Durch die Entzündung des Darmes wird die Resorption der Nährstoffe durch die Darmwand in die Blutbahn stark vermindert, so daß es zu schneller Abmagerung kommen kann. Der Verseuchungsgrad kann sehr unterschiedlich sein. Bei schweren Infektionen und ungünstigen äußeren Umständen können sogar alle Tiere befallen werden. Daß einzelne Jungtiere eingehen, wird nie ganz zu vermeiden sein, wenn nicht rechtzeitig eine Bekämpfung mit Medikamenten vorgenommen wird.

Gelenksalmonellose. Vom entzündeten Darm gelangen Salmonellen in die Blutbahn und damit in das gesamte Körpergewebe. Sie setzen sich nunmehr in den Ge-

---

37 38 Fränkische Farbentauben
39 40 37) Fränkisches Samtschild, rot.
41 42 38) Nürnberger Schwalbe, schwarz.
39) Nürnberger Lerche, gelercht.
40) Fränkische Feldtaube, rot.
41) Bernhardiner Schecke, gelb.
42) Fränkische Herzschecke, blau.

Frischer Sand schützt vor Infektionen durch Darmparasiten.

lenken fest und können hier starke Entzündungen hervorrufen, die zu einer Anschwellung der Gelenke und einer Vermehrung der Gelenkflüssigkeit führen. Das befallene Tier empfindet erhebliche Schmerzen und läßt den befallenen Flügel hängen, oder es entlastet das Beingelenk durch Anziehen des Laufes.

Salmonellose in den Organen. Über das Blut können die Salmonellen nicht nur in die Gelenke, sondern in alle Organe gelangen, wobei auch Leber, Herz, Bauchspeicheldrüse, Milz und Nieren befallen werden können. In diesen Organen entwickeln sich gelblich-graue kleine Geschwüre mit ca. 1–10 mm Durchmesser. Intensiv befallene Tiere stellen die Futteraufnahme ein, werden teilnahmslos und verenden innerhalb weniger Tage.

Die nervöse Form der Salmonellose. Ist über die Blutbahn eine Verteilung der Salmonellen im gesamten Körper erfolgt, dringen sie auch in die Nervenbahnen ein und tauchen selbst im Rückenmark und sogar im Gehirn auf. Im Nervensystem entstehen Entzündungsherde, die zu Fehlentwicklungen wie Gleichgewichtsstörungen, Verdrehen des Halses und Lähmungserscheinungen an verschiedenen Körperstellen führen können. Bei der Infektion eines gesunden Bestandes kann die Krankheit einen heftigen Verlauf nehmen und innerhalb von 1–2 Wochen, je nach Form der Salmonellose,

---

43 44 Süddeutsche Farbentauben
45 46 43) Süddeutsche Kohllerche, dunkel.
47 48 44) Süddeutsche Mönchtaube, belatscht, blau, mit weißer Schuppung. 45) Süddeutsche Schnippe, rot. 46) Süddeutsche Blasse, rot. 47) Süddeutsche Schildtaube, rot. 48) Süddeutscher Mohrenkopf, schwarz.

allgemein zu starken Entzündungen führen. Befallene Tiere entwickeln eine Immunität gegen die Salmonellen, wobei die äußerlich gesund erscheinenden Tiere sich mit den im Körper befindlichen Salmonellen durch die Antikörper im Gleichgewicht befinden und zu Dauerausscheidern werden; sie können jederzeit andere Tauben infizieren. Einer vorbeugenden Kontrolle dient die bakteriologische Kotuntersuchung. Ein negativer Bescheid gibt noch nicht die endgültige Gewißheit, daß keine Salmonellen vorhanden sind, da die Bakterien nicht ständig ausgeschieden werden. Hat die Kotuntersuchung einen Befall mit Salmonellen ergeben, so bewährt sich nach Anweisung des Tierarztes eine Furazolidon- und Chlortetracyclin-Kur über das Trinkwasser. Auch kann man beide Medikamente über Kapseln einzeln eingeben, wodurch eine genaue Dosierung für jedes Tier gewährleistet ist.

Für sehr stark befallene Tiere wird von den Tierärzten eine dreimalige Injektion von Oxytetracyclin im Abstand von jeweils 24 Stunden empfohlen.

Bei ganz schweren Erkrankungen hat sich die viermalige Injektion von Spectinomycin im Abstand von 6 Stunden recht gut bewährt. Es wirkt sofort, ist gut verträglich und wird vom Körper schnell wieder ausgeschieden.

Die Trinkwasserbehandlung muß, wenn sie durchschlagend wirken soll, dreimal 5 Tage lang mit jeweils 2 Tagen Pause erfolgen. In den Pausen ist eine gründliche Schlagdesinfektion vorzunehmen. Während einer Behandlung mit Chlortetracyclin sollen die Tauben kein Calcium in Form von Grit, Kalkpräparaten oder mit Mineralstoffen angereicherte Futtermittel aufnehmen, da dieses Antibiotikum im Darm von Calcium-Verbindungen gebunden werden kann und dann nicht voll wirksam ist.

Nach Beendigung der Kuren wird eine erneute Kotuntersuchung empfohlen.

Die bei den Tauben gefundenen Salmonellen gehören zu der Art Salmonella Typhimurium ‚Typ Kopenhagen'. Sie werden bei anderen Tieren nie gefunden und gelten als absolut ungefährlich für den Menschen.

Sporadische Infektionserkrankungen

In diese Gruppe gehört ein Krankheitskomplex von Virus- und Bakterieninfektionen, den man im weitesten Sinne mit Schnupfen bezeichnen kann, der im speziellen Falle jedoch verschiedene Erreger als Verursacher und verschiedene Erscheinungsformen hat. Erkrankungen dieser Art treten sporadisch auf, meist im Herbst. Der Organismus bildet Antikörper. Vielleicht sind einige Erreger immer vorhanden. Eine erkennbare Erkrankung erfolgt nur, wenn andere Infektionen oder Streßzustände eine Verbreitung der Erreger begünstigen.

Schnupfen (Mycoplasmose)

Der Schnupfen wird durch sehr kleine, zu den Mycoplasmen zählende Erreger hervorgerufen. Meistens erkrankt der ganze Bestand und dies häufig gerade in der Mauserzeit, in der offensichtlich die Abwehrkräfte des Organismus geschwächt sind.

Die Infektion wird von Taube zu Taube durch verschmutztes Futter, Trinkwasser, Futtergeräte und Tröpfcheninfektion durch direkten Kontakt (Schnäbeln) übertragen und durch Kontakt mit zugekauften Tieren, dichten Tierbesatz, feuchte Luft, mangelnde Sauberkeit sowie durch gleichzeitige Infektion mit Würmern, Kokzidien, Salmonellen und anderen Krankheitserregern noch gefördert. Das erste Anzeichen ist ein kaum erkennbarer wäßriger Nasenausfluß. Im Rachenraum sind graue Beläge zu erkennen, auch kann die Rachenhöhle entzündet und geschwollen sein. Nach einigen Tagen geht der wäßrige Nasenausfluß in einen zähflüssigen, eitrigen Schleim über, wodurch sich Oberschnabel und Nasenwarzen schmutziggrau färben. Bei starker Erkrankung ist die

Atmung in Mitleidenschaft gezogen. In manchen Fällen erkennt man die Krankheit erst durch röchelnde und pfeifende Atemgeräusche, die insbesondere am Abend und in der Nacht deutlich zu hören sind.
Erkrankte Tiere sind unlustig, sie mögen nicht mehr fliegen. Bilden sich außerdem Entzündungsherde an den Luftsäcken, so wird hier ein Sekret ausgeschieden, das eine bakterielle Sekundärinfektion nach sich ziehen kann. Bleibende Schäden an den Luftsäcken führen zu einer dauernden Schädigung der Flugfähigkeit. Stark erkrankte Tiere erhalten eine dreimalige Spectinomycin-Injektion im Abstand von 6 Stunden. Auf jeden Fall sollte man mit dem Gesamtbestand eine Einzeltierbehandlung mit Kapseln und eine Trinkwasserbehandlung mit Oxytetracyclin (Terramycin) oder einem anderen Antibiotikum (z. B. Baytril) nach Anweisung des Tierarztes durchführen.

Ornithose
Sie ist eine Viruserkrankung und wird durch Chlamydien hervorgerufen. Antikörperuntersuchungen haben ergeben, daß jede dritte Taube mit diesen Erregern infiziert ist. Ornithose tritt hauptsächlich in den Monaten September bis November auf. Die Krankheit wirkt sich am stärksten bei Jungtieren aus. Infizierte Alttauben zeigen keine sichtbaren Krankheitserscheinungen. Man erkennt die Krankheit zuerst an einer Lidbindehautentzündung mit Tränenfluß, wobei die Federn in der Kopfgegend verkleben. Die Chlamydien setzen sich auch in inneren Organen wie Leber, Milz und Knochenmark fest und zerstören dort Körperzellen. Die Erreger werden mit dem Kot und durch Tröpfcheninfektion bei direktem Kontakt übertragen. Auch über die Atemluft ist eine Infektion möglich.
Erkrankte Tiere werden teilnahmslos, nehmen weniger Futter auf, und der Verbrauch an Wasser steigt an. Die Bindehautentzündung am Auge ist meistens einseitig. Der anfangs wäßrige Ausfluß wird schleimig und schleimig-eitrig. Oft verkleben im fortgeschrittenen Stadium die Augenlider. Bei Verstopfen des Tränenkanals tritt außerdem der Tränensack deutlich hervor. Tritt eine bakterielle Sekundärinfektion hinzu, so kann es zur Hornhauttrübung und Erblindung kommen. Doch fast immer tritt nach ca. 14 Tagen eine Besserung ein, so daß nach 3 Wochen eine Erkrankung äußerlich kaum noch zu erkennen ist.
Da durch die Erkrankung der Augen ein deutlicher Juckreiz entsteht, versuchen die Tauben die Augen durch Kopfbewegungen an den Flügeln auszuwischen; Verklebungen an den Flügelfedern sind die Folge. Manchmal greift die Krankheit auf die Luftwege über, so daß die Tauben durch den geöffneten Schnabel atmen, besonders, wenn eine Luftsackentzündung und eine Lungenentzündung mit der Infektion verbunden sind. So entsteht der Röchelschnupfen, der deutlich vernommen werden kann. Da die Chlamydien auf antibiotikahaltige Medikamente ansprechen, ist eine wirksame Behandlung möglich.
Schwer erkrankte Tiere erhalten eine zweimalige Injektion mit Oxytetracyclin in einem Abstand von 24 Stunden. Der gesamte Bestand sollte mit Kapseln oder über das Trinkwasser mit Chlortetracyclin behandelt werden. Es hat sich bewährt, die Trinkwasserbehandlung dreimal 5 Tage lang mit je 2 Tagen Pause durchzuführen.

Taubenpocken
Die Taubenpockenerkrankung wird durch Viren hervorgerufen. Erkrankte Tiere zeigen pockenartige, borkige Auflagerungen um den Schnabel, während es im Schnabel- und Rachenraum zu käsigen Belägen kommt. Die Pocken treten verhältnismäßig selten auf. Der Taubenpockenvirus ist spezifisch. Die Erreger leben bei den infizierten Tauben in den Haut- und Schleimhautzellen, wo sie die starken Wucherungen hervorrufen. Sie werden mit dem Speichel, dem Nasensekret und der Tränenflüssigkeit aus-

geschieden. Die Übertragung erfolgt durch direkten Kontakt oder mit infiziertem Futter oder Trinkwasser. Auch eine Übertragung durch die Luft wird nicht ausgeschlossen.
Die Bildung der Pocken erfolgt nicht nur in der Schnabelgegend, sondern auch an den Augenrändern und an den Füßen. Durch Sekundärinfektionen kann es zu sehr unangenehmen Vereiterungen kommen. Jungtiere sind stärker anfällig als Alttauben, zumindest ist der Krankheitsverlauf bei ihnen sehr viel intensiver.
Beschränkt sich die Pockenerkrankung auf die äußeren Hautteile, so klingt sie nach 1–2 Wochen wieder ab, so daß die Tauben sie gut überstehen. Tritt jedoch die Schleimhautform im Inneren des Rachenraumes auf, so kann es in der Gegend von Kehlkopf und Schlund durch starke Wucherungen sogar zum Erstickungs- und Hungertod kommen.
Bei einer Pockenerkrankung wird von der Veterinärmedizin eine viermalige Injektion mit Spectinomycin im Abstand von 6 Stunden bei schwer erkrankten Tieren empfohlen. Der Gesamtbestand sollte zusätzlich durch Eingabe von Kapseln und die gleichzeitige siebentätige Verabfolgung von Chlortetracyclin als Medikament im Trinkwasser behandelt werden. Außerdem wird eine viermalige Nachbehandlung einmal pro Woche ebenfalls mit Chlortetracyclin empfohlen.
Ein Ausbruch einer Erkrankung an Taubenpockenvirus kann durch eine Impfung des Gesamtbestandes mit einem speziellen Impfstoff verhindert werden. Der Impfstoff, der aus abgeschwächten Pockenviren besteht, wird mit einem Pinsel in den Oberschenkel eingerieben.
Auch bei Ausbruch der Erkrankung kann man noch eine entsprechende Schutzimpfung durchführen. Hat eine Taube eine Pockeninfektion überstanden, so bieten die gebildeten Abwehrkräfte zukünftig einen beruhigenden Schutz.

Paramyxovirus-Erkrankung
Diese neue Erkrankung der Tauben wurde zuerst im Jahre 1982 in Italien festgestellt. Sie hat sich sehr schnell über ganz Europa verbreitet. Die ersten uns bekannten Krankheitserscheinungen traten in der Bundesrepublik im Dezember 1982 in einem bayerischen Rassetaubenbestand auf. Danach konnten die Krankheit bzw. Antikörper gegen diese Krankheit überall in Europa bei Rassetauben, Reisebrieftauben und verwilderten Stadttauben festgestellt werden. Befallhäufigkeit und Krankheitsverlauf sind sehr unterschiedlich. Drei Tage bis drei Wochen nach Aufnahme des Paramyxovirus durch die Tauben können erste Krankheitserscheinungen auftreten. Ein großer Teil des Bestandes zeigt meistens eine beträchtlich erhöhte Harnausscheidung infolge von Nierenschäden (Polyurie); die ausgeschiedenen Flüssigkeitsmengen sind mit einer Wasserlache vergleichbar. Die Tiere haben einen entsprechend großen Durst und nehmen bei mangelndem Wohlbefinden nur vermindert Futter auf. Neben der Nierenerkrankung werden auch zentralnervöse Störungen festgestellt. Es gibt aber auch Bestände, in denen ohne die Polyurie Störungen des zentralen Nervensystems beobachtet wurden, die sich in Lähmungserscheinungen von einem oder beiden Beinen oder der Flügel äußern. Alle Krankheitssymptome sind nicht mit dem Durchfall bei starkem Kokzidienbefall und mit der Bein- und Flügellähme bei der Salmonellose zu verwechseln. Die Polyurie kann bereits nach wenigen Tagen wieder abklingen.
Verhängnisvoll kann diese Krankheit wegen der zentralnervösen Symptome bei den Tieren sein. Während in einigen Beständen nur wenige Tiere erkranken, sind es in anderen Beständen etwa 5–30% der Tauben. In Einzelfällen sind aber auch 80% des Bestandes betroffen worden. Geringgradige Nervenschädigungen äußern sich in leichtem Kopfverdrehen in der Längsachse und in der Unfähigkeit, den Kopf in die richtige oder

gewünschte Richtung zu lenken. Solche Tiere fliegen das ausgesuchte Ziel erst nach mehreren Versuchen richtig an oder sie schaffen es überhaupt nicht. Starke Störungen äußern sich in ausgeprägtem Kopfverdrehen bis um 180°, wobei die Kopfoberseite auf der Bodenfläche schleifen kann. Erhöhte Schreckhaftigkeit und vermehrte Drehbewegungen gehen mit diesen Erscheinungen einher. Durch plötzliche äußere Reize, wie das Auffliegen anderer Tauben oder das Öffnen einer Tür, können diese zentralnervösen Störungen erneut oder vermehrt ausgelöst werden. Die Drehbewegungen können sich bis zum unkontrollierten Überschlagen steigern. Während einige Tiere in der Lage sind, aus einem Trog Nahrung aufzunehmen, da sie immer ein Korn treffen, auch wenn sie danebenpiken, sind andere Tiere selbst nach monatelanger Zwangsfütterung nicht mehr in der Lage, von sich aus Körner aufzupicken. Vielfach geht mit der Erkrankung eine geringgradige Schwellung, meist nur des einen Auges, einher. Sie führt zur Verengung der Lidspalte. Alle klinischen Veränderungen zeigen sich in sehr unterschiedlicher Weise. Selbst hochgradig erkrankte Tiere können nach Wochen oder Monaten wieder ausheilen.

Der Erreger ist als Paramyxovirus 3 identifiziert worden. In seine Gruppe gehören die Erreger der Masern beim Menschen, der Staupe des Hundes und der Newcastle-Krankheit des Geflügels. Die Diagnose ist sehr leicht, da aufgrund der beschriebenen schwerwiegenden Symptome sofort ein Befall erkannt wird. Wenn man nicht ganz sicher ist, sollte man zusätzlich eine Kotuntersuchung auf Verwurmung, Kokzidien und Salmonellen einleiten und die Paramyxovirusinfektion zweckmäßig behandeln.

Bekämpfung der Paramyxovirose

Eine direkte Behandlung von Viruserkrankungen mit Medikamenten ist grundsätzlich nicht möglich; Antibiotika sind unwirksam. Dagegen ist es aber sinnvoll, den Organismus der Taube gegen Sekundärerscheinungen zu schützen. Durch die Erkrankung der Nieren geht viel Flüssigkeit verloren. Mit der Flüssigkeit werden auch in erhöhtem Maße Mineralstoffe und Spurenelemente aus dem Körper herausgezogen. Die Verabfolgung einer Elektrolytlösung im Trinkwasser trägt dazu bei, diese verlorengegangenen Stoffe schnell zu ersetzen. Auch die Verabreichung eines Vitaminvollkonzentrates unterstützt die Widerstandskraft des Organismus und hilft ihm, schneller wieder gesund zu werden. Die Desinfektion des Trinkwassers, des Stalles und seiner Geräte ist hilfreich.

Die einzig wirksame Bekämpfung der Paramyxovirus-Erkrankung besteht in einer Schutzimpfung, die grundsätzlich vorbeugend durchgeführt werden sollte. Denn welcher Züchter will schon durch unnötige Unterlassung einer Schutzimpfung wertvolle Zuchttiere einbüßen? Während zunächst nur ein Impfstoff mit halbjährigem Impfschutz zur Verfügung stand, gibt es seit einigen Jahren auch einen Impfstoff mit ganzjähriger Wirkung. Vielfach läßt man die Jungtiere mit halbjährigem Impfschutz impfen, um ein halbes Jahr später den Gesamtbestand für ein ganzes Jahr zu impfen. Wichtig ist auf jeden Fall, daß bei allen Veranstaltungen, bei denen ein ausreichender Impfschutz verlangt wird, die Impftermine sorgfältig eingehalten werden. Die optimale Impfmenge liegt bei 0,25 ml Impfflüssigkeit pro Taube. Die Impfung erfolgt von oben unter die Halshaut und schadet den Tieren nicht. Impfschäden aus den letzten Jahren sind unbekannt. Interessanterweise wurden in den Wintermonaten bei den nichtgeimpften Beständen keine Neuerkrankungen beobachtet. Da unsere Tauben aus vielen Beständen auf den Ausstellungen in einem Raume zusammenkommen, ist eine gegenseitige Ansteckung stets gegeben. Noch enger sitzen Reisebrieftauben auf dem

Transport zum Auflaßort im Kabinenexpreß zusammen. Um die Paramyxoviruserkrankung in den Griff zu bekommen, werden daher alle zum Verkauf vorgesehenen wertvollen Zuchttauben mit Impfzeugnis gegen den Paramyxovirus angeboten. Ausstellungstauben müssen ein Impfzeugnis nachweisen, und bei den Reisebrieftauben wird eine grundsätzliche Impfung sämtlicher an Wettflügen teilnehmenden Tauben verlangt. Die grundsätzliche Impfung des gesamten Bestandes macht nicht so viel Mühe, da sie im Frühjahr und Herbst bei allen Tauben gleichzeitig erfolgen kann. Bei Jungtauben wird dagegen empfohlen, eine Impfung zum Absetztermin im Alter von 3–4 Wochen vorzunehmen, da dann der über das Brutei mitgegebene Impfschutz seine Wirksamkeit verloren hat. Bei Veranstaltungen wird verlangt, daß die Impfung mindestens vier Wochen vor der Einlieferung der Tauben erfolgt ist.
Folgendes Schema möge die Impftermine verdeutlichen:

Wettflugtauben: Februar/März mit Jahresimpfstoff

Zuchttauben: 4–6 Wochen vor der Anpaarung mit Jahresimpfstoff

Jungtauben: im Alter von 3–4 Wochen und nach 6 Monaten (mit Halbjahresimpfstoff)

Eine Herbstimpfung sollte immer im August/September, deutlich vor der Hauptmauser erfolgen, damit Federmißbildungen an den Flügeln, aber auch am Kleingefieder, nicht auftreten können.
Lebendvirus-Impfstoffe sind nach den Erfahrungen unserer tierärztlichen Hochschulinstitute aus medizinischen Gründen eindeutig abzulehnen. Alle Impfungen sollen grundsätzlich nur durch einen Tierarzt erfolgen. Dabei haben sich gemeinsame Impftermine für die Tauben aller Vereinsmitglieder bestens bewährt.
In rechtzeitig geimpften Beständen sind Neuerkrankungen nicht mehr aufgetreten. Dies kann allerdings zu Nachlässigkeit verleiten. Die Erfahrung zeigt, daß Impfungen regelmäßig durchgeführt werden müssen, damit für alle Tauben ein ausreichender Impfschutz gewährleistet ist.

Außenparasiten

Zu dieser Gruppe gehören Zecken, Milben und Federlinge.

Zecken
Es kommen zwei Zeckenarten vor, die Taubenzecke *(Argas columbarum)* und die Vogelzecke *(Argas persicos).* Ausgereifte Zecken sind bis 8 mm lang, 5 mm breit und 1 mm dick. Sie besitzen im Gegensatz zu den sechsbeinigen Insekten vier Beinpaare. Durch die heutigen Insektenbekämpfungsmittel sind Zecken äußerst selten geworden. Hygienische Schlagführung und Aussprühen des Schlages mit modernen, ungefährlichen Insektenbekämpfungsmitteln sind die besten Vorbeugungsmaßnahmen.

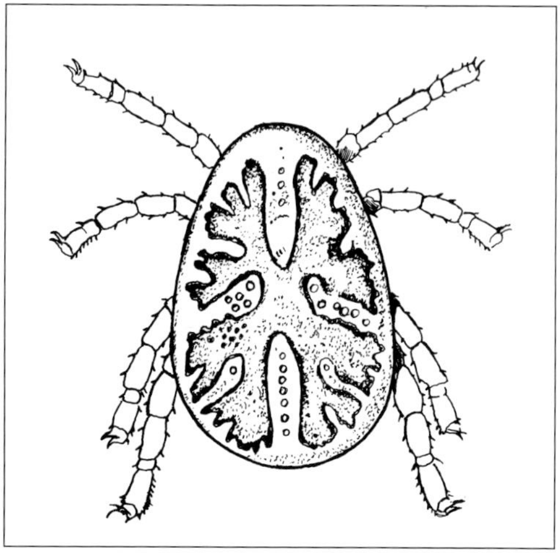

Die Zecke. Zecken kriechen nachts an die Tauben und saugen sich voll Blut. Eine intensive Bekämpfung ist wichtig.

Milben

Milben besitzen einen ovalen bis runden Körper mit 4 Beinpaaren. Die Fühler und Mundwerkzeuge überragen den Körperumfang. Sie sind zweigeschlechtlich. Die Weibchen legen Eier, aus denen Larven schlüpfen. Nach zwei Häutungen entstehen Nymphen, aus denen nach 2–3 Häutungen geschlechtsreife Milben werden.

Wir unterscheiden:

a) Die Roten Vogelmilben oder Blutmilben. Sie halten sich in Verstecken auf und befallen nachts die Tauben, um Blut zu saugen. Daher soll man auch die Ritzen in den Nistzellen bei einer Insektenbekämpfung nicht vergessen.

b) Federmilben leben in allen Stadien auf den Tauben. Sie bevorzugen die Unterseite der Schwung- und Steuerfedern. Starker Befall führt zum Ausfall von Federn an Hals und Rücken. Von den Federmilben sind sechs verschiedene Arten bekannt.

c) Federspulmilben leben überwiegend in den Federspulen der Schwung- und Schwanzfedern. Vor der Mauser verlassen die Milben die alten Federn und dringen in die neu entstehenden ein.

d) Kalkbeinmilben gehören zu den Grabmilben. Ihr platter Körper hat kurze Beine mit Haftnäpfen. Sie leben in der Haut der unbefiederten Läufe und dringen bis zur Unterhaut vor. In den Fraßgängen gebären die Weibchen Larven.

e) Zu den Grabmilben zählen auch die Luftsackmilben. Sie leben in den Luftsäcken und in den Luftwegen und können bis an die Oberflächen von Leber und Nieren vordringen.

f) Eine weitere Grabmilbenart sind die Räudemilben. Sie leben in der Haut der Tauben, überwiegend am Bauch, Rücken und den Schenkeln, ebenso aber auch am Bürzel.

Außer bei den Roten Vogelmilben erfolgt die Ansteckung direkt von Tier zu Tier. Solche Milben sind so klein, daß sie sich nur unter dem Mikroskop nachweisen lassen.

Federlinge

Federlinge *(Columbicola columbae)* gehören zu den Insekten und ernähren sich von Federn und Hautschuppen. Bei den Tauben gibt es 11 verschiedene Arten von Federlingen. Einige von ihnen saugen zusätzlich auch Blut. Fast jede Taube hat Federlinge. Stärkerer Befall führt zur Leistungsminderung und beunruhigt die Tiere. Die Federlinge leben ständig auf der Taube, legen dort auch ihre Eier ab, aus denen Larven schlüpfen, die sich wiederum zu fertigen Federlingen entwickeln. Ihre Ernährung ist immer sichergestellt und erfolgt unabhängig von äußeren Einflüssen. Die Eier der Federlinge werden unten am Federschaft oder an die Federhaftrinnen angeklebt.

Die Larven schlüpfen bereits nach etwa 7 Tagen und werden nach 3 weiteren Wochen zu fertig ausgebildeten Federlingen. Der Federling ist etwa 2 mm lang und 0,3 mm breit.

Seine Vermehrungsfähigkeit ist ungeheuer: ein Weibchen kann etwa 120 000 Eier legen.

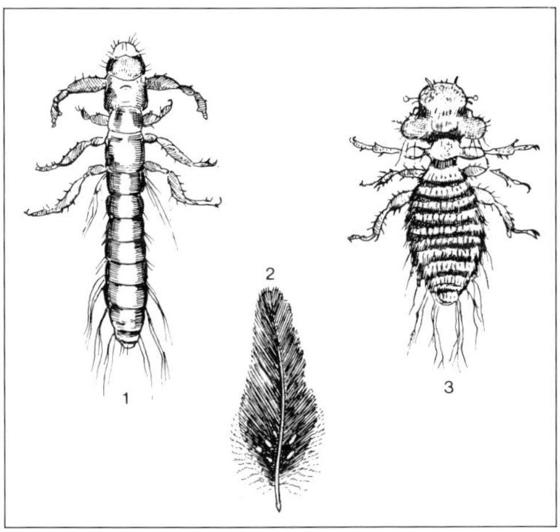

Zwei Federlinge. 1 = Lipenrus columbae, 2 = Eier von Lipenrus an der Basis einer Feder, 3 = Liotheum longicaudum. Federlinge nähren sich lediglich von Federsubstanz. Sie saugen kein Blut.

Da die Federlinge sich während des ganzen Jahres im warmen Gefieder aufhalten, sollte man die Tauben regelmäßig mit Insektenmittel baden, damit der Befall sich in möglichst niedrigen Grenzen hält. Die Bekämpfung der Federlinge verleiht den Tauben ein glattes, schlüpfriges, wasserabweisendes Federwerk, was für die Beurteilung auf Ausstellungen und für das Abweisen von Regenwasser von Bedeutung ist.

Krankheitsvorsorge und Schutzimpfungen

Für die Gesunderhaltung eines jeden Taubenbestandes folgern aus den bisherigen Ausführungen ganz bestimmte, wiederkehrende und sporadische Maßnahmen. Sie richten sich natürlich nach der Bedeutung der Taubenhaltung im Rahmen einer Gesamttierhaltung. Erkrankungen eines Taubenbestandes treten umso weniger auf, je geringer die Bestandsdichte ist. Befinden sich nur wenige Tauben in einem großen Schlage, so ist bei einer möglichen Ansteckung der Infektionsdruck viel geringer als bei sehr hoher Besatzdichte. Tauben, die in ihrem Umfeld, auf Märkten, Ausstellungen und Flugwettbewerben vermehrt mit fremden Tieren in Berührung kommen, sind viel stärker gefährdet als Tiere, die auf einem Grundstück isoliert gehalten werden und dabei keinen Kontakt mit anderen Tauben haben. Trotzdem sind auch sie vor Infektionskrankheiten nicht sicher. Zur Prophylaxe gegen Krankheiten im Taubenbestand wird daher folgendes empfohlen:

1. Zwei- bis viermal im Jahr Einsenden einer Sammelkotprobe von möglichst vielen Tieren an eine veterinärmedizinische Untersuchungsanstalt, um sie auf Wurmbefall, Kokzidien und Salmonellen untersuchen zu lassen. Bei positivem Befund muß mit entsprechenden, vom Tierarzt verschriebenen Medikamenten behandelt werden.
2. Impfung aller Tauben im Februar gegen den Paramyxovirus mit Impfschutz für ein ganzes Jahr. Ein Impfattest mit Angabe der Ringnummern aller geimpften Tauben gilt als Bestätigung für die geforderte Impfung bei Transport, Beschikkung von Taubenbörsen und Ausstellungen (auch Züchtertreffen im Sommer).
3. Eine vorbeugende Behandlung gegen Trichomonaden unmittelbar vor Beginn der Zucht im Frühjahr. Hierdurch wird ein Erkranken der Jungtiere an Trichomoniasis (Gelber Knopf) während der Aufzucht weitgehend vermieden; auch heute noch verläuft diese Krankheit für die meisten Jungtiere tödlich.
4. Impfung aller Jungtiere einige Wochen nach der Aufzucht gegen den Paramyxovirus mit einem Halbjahresimpfstoff.
5. Pockenimpfung aller Jungtiere im Sommer und für alle Tiere des Bestands, bei denen ein Impfschutz nicht mehr ausreicht, im Frühjahr. Pocken treten nach den Beobachtungen meist nur periodisch etwa alle 10 Jahre auf. Ein prophylaktischer Impfschutz läßt die Erkrankung nicht ausbrechen. Bei Wettflugtauben, die jedes Wochenende mit fremden Tauben im Kabinenexpreß in Berührung kommen und teilweise auch die Staatsgrenzen passieren, ist ein Impfschutz größtenteils vorgeschrieben.

Andere Erkrankungen verlaufen umso ungefährlicher und der Erfolg einer Behandlung umso größer, je eher das geeignete Medikament verwendet wird.

---

49 50 Thüringer Farbentauben
51 52 Thüringer Goldkäfertaube
53 54 schwarz-braun. 50) Thüringer Flügeltaube, blau, ohne Binden. 51) Thüringer Weißschwanz, Kupfer. 52) Thüringer Schwalbe, schwarz. 53) Thüringer Schildtaube, gelb. 54) Thüringer Schnippe, schwarz.

Verletzungen und Vergiftungen

Knochenbrüche

Tauben leben als freifliegende Haustiere in ständiger Gefahr, sich beim Flug an den Drähten und Leitungen im unteren Luftraum zu verletzen. Die Berührung mit Drähten bei 60–100 km/h Fluggeschwindigkeit kann zu starken Verletzungen des Kopfes, der Brust, der Flügel und der Beine führen. Findet man solche Tauben oder waren sie noch fähig, in den eigenen Schlag zurückzukehren, sollte man zunächst die Art der Verletzungen feststellen. Alle Wunden, aber auch Knochenbrüche, heilen außerordentlich schnell bei allen Tauben, das gilt selbst für aussichtslos erscheinende Unfälle. Man bringt die erkrankten Tiere in Einzelzellen unter, damit sie sich in ihrem Zustand nicht auch noch gegen andere Tauben verteidigen müssen.
Beinbrüche kann man vorsichtig schienen, damit die beiden Knochenteile in ihrer ursprünglichen Lage wieder zusammenwachsen. Oft ist nach vier Wochen von einem Beinbruch überhaupt nichts mehr zu merken. Liegt der Bruch so ungünstig, daß man ihn nicht schienen kann, verläuft auch ohne spezielle Behandlung fast immer die Heilung erfolgreich, wenn auch die Möglichkeit des schiefen Anwachsens größer ist. In einem solchen Falle kann man die Taube in einen Nylonstrumpf stecken und die Beine nach unten durchhängen lassen. Da die Beine dann von jeglichem Gewicht entlastet sind, ist ein Einschienen und Wickeln oder Eingipsen oder Ruhigstellen sehr viel leichter möglich.
Die Schienen und Stützen können schon nach 12–14 Tagen wieder entfernt werden. Allerdings wird die Taube dann ihren Fuß noch einige Zeit sehr vorsichtig aufsetzen.
Der Bruch eines Flügelknochens ist sehr viel unangenehmer. Handelt es sich um ein wertvolles Tier, sollte man die Behandlung von einem Tierarzt durchführen lassen. Eine Binde, die die Flügel in Ruhestellung festhält, läßt sich nicht so leicht anbringen, so daß man das verletzte Tier ebenfalls in einen Strumpf legen sollte, damit der Flügel in absoluter Ruhestellung verharren kann.

Kropfverletzungen

Ziemlich häufig sind Verletzungen des Kropfes. Oberhaut und die Kropfhaut sind dünn, so daß diese Stelle an der Vorderseite des Körpers besonders empfindlich ist. Durch das Fliegen gegen Drähte oder den Angriff von Greifvögeln kommt es zu den meisten Kropfverletzungen. Ist die verbliebene Haut- und Kropfsubstanz zu gering, muß das Tier sofort getötet werden.

---

55 56 Sächsische Farbentauben
57 58 55) Sächsischer Weißschwanz, blau-weiß geschuppt. 56) Sächsischer Pfaffe, blau-weiß geschuppt.
59 60 57) Sächsische Schildtaube, rot, mit weißen Binden. 58) Sächsische Mönchtaube, blau, mit weißen Binden. 59) Sächsische Flügeltaube, schwarz, mit weißen Binden. 60) Sächsischer Brüster, blau.

Wenn jedoch eine gewisse Kropfsubstanz und genügend Oberhaut verblieben sind, sollte man die Verletzung beim Tierarzt nähen lassen. Die Heilerfolge sind überraschend gut, da die Wunden nach 2–3 Wochen verheilt sind und nur die nachwachsenden Federn noch an die Verletzung erinnern.

Vergiftungen

Hierbei handelt es sich um eine der unangenehmsten Formen akuter Erkrankungen, da man eine Vergiftung nicht immer auf Anhieb erkennen kann. Wenn man nicht weiß, wie weit die Vergiftung schon vorangeschritten ist, kann jegliche Hilfe zu spät kommen.

Die meisten Vergiftungen der Tauben entstehen durch Aufnehmen von stickstoffhaltigem Mineraldünger. Man sollte alles tun, um seine Tiere davon abzuhalten, nach solchen Stoffen zu suchen. Folglich sollten auf jedem Schlag stets ein gefüllter Gritautomat und ein Taubenstein vorhanden sein, damit die Tauben bereits im Schlage ihren instinktmäßigen Bedarf an mineralischen Substanzen decken können.

Besteht bei einer Taube der Verdacht auf eine Vergiftung, so wird der Kropf mit Hilfe einer Ohrengummispritze mit Milch gefüllt und durch Hängenlassen des Kopfes wieder entleert. Diese Maßnahme wird wiederholt und dann etwas Milch im Kropf belassen. Nach der Kropfspülung gibt man der Taube ein wenig Tierkohle. Auf keinen Fall sollte man ihr sofort festes Körnerfutter verabreichen. Etwas flüssige Nahrung reicht für die ersten zwei Tage vollkommen aus.

Das Ausmaß der Verätzungen im Verdauungstrakt entscheidet über das weitere Befinden des Tieres in den nachfolgenden Tagen.

Ist die Ursache der Vergiftung nicht eindeutig, sollte man in jedem Falle einen Tierarzt zu Rate ziehen, vor allem wenn es sich um ein wertvolles Tier handelt.

Sind allerdings die Zerstörungen im Körper zu weit vorangeschritten, können jegliche Hilfsmaßnahmen umsonst sein.

Nehmen Tauben spezielle Gifte auf, so kann man nur hoffen, daß der zuständige Tierarzt noch die Möglichkeit hat, ein Gegenmittel zu verabreichen.

Immer lohnt es sich, dabei auch ein vom Tierarzt verordnetes Stärkungsmittel zu verabreichen.

Der Schlag und seine Einrichtung

Die Gestaltung eines Taubenschlages und seine Einrichtung hängen von der jeweiligen Rasse, der Bestandsgröße und der geforderten Leistung ab. Die oft sehr schmucken Taubenhäuser früherer Jahrzehnte, die auf einem Pfahl im Garten oder auf dem Hof aufgebaut waren, ließen leider keine gezielte Haltung zu und konnten meist nur schwierig gereinigt werden. Außerdem war das Einfangen der Tauben nur im Dunkeln möglich.

In der modernen Taubenhaltung ist der Taubenschlag für die Tiere während des ganzen Jahres die geeignete Behausung. Der Schlag muß der Gesundheit der Tauben dienen; das setzt einen trockenen Fußboden, trokkene Wände und eine gute Be- und Entlüftung voraus.

Die Größe und die Besatzdichte eines Taubenschlags müssen der Rasse angepaßt sein, damit vor allem auch die Brut ungestört erfolgen kann.

Zur Säuberung sollte der Schlag jederzeit leicht begehbar sein. Der Züchter legt außerdem Wert darauf, daß er alle Tiere durch die entsprechende Inneneinrichtung des Schlages und durch zweckmäßige Ein- und Ausflüge voll „im Griff" haben kann. Bei mittelgroßen Rassen rechnet man mit einem Zuchtpaar je 1 m^2 Schlagfläche.

Je mehr Tauben auf engem Raum gehalten werden, desto wichtiger sind gute hygienische Verhältnisse. Moderne Taubenschläge haben viel Luftraum, eine gute Be- und Entlüftung und sind arbeitserleichternd eingerichtet.

Die verschiedenen Schlagtypen

Häufig sieht man in Scheunen, Schuppen oder Lagergebäuden größere Kisten, die von innen an einer Wand befestigt und mit einem Ein- und Ausflug versehen sind. Wenn sie an der Rückwand eine genügend große Klappe besitzen, die es ermöglicht, jeden Punkt im Inneren leicht zu erreichen, kann man in einer solchen Kiste einige wenige Tiere halten, soweit die Lichtverhältnisse in diesem Raum dazu ausreichen. Besser ist es, begehbare Räume in festen Gebäuden als Schlag zu verwenden. Durch Einbau von Fenstern lassen sich mit einfachen Mitteln geeignete Schläge einrichten, und ebenso läßt sich auch ein Erker entsprechend umbauen. Hat man schwerfällige Tauben, so muß der Schlag etwas größer sein. Besitzt man kleinere, temperamentvolle Flitzer, wie manche Tümmler-Arten, so ist es besser, in einem großen Schlag durch Gitterwände mehrere Unterabteilungen einzurichten. Ein Schlag bis zu 4 m Länge und 2,50 m Tiefe ist überschaubar. Er ermöglicht es, ohne große Mühe alle hierin lebenden Tauben jederzeit in die Hand zu nehmen; ein geeignetes Fanggitter kann dabei wertvolle Hilfe leisten. Vielfach werden Dachböden von Giebelhäusern als Taubenschläge ausgebaut. Fenster und Einflüge befinden sich dann entweder an der Stirnwand oder sie werden der Bedachung angepaßt und in die Schrägseite eingebaut. Handelt es sich um schmale Häuser, z. B. Autogaragen, so nutzt man die volle Breite des Gebäudes, so daß der Schlag an beiden

Seiten Dachschrägen hat. Die Nester lassen sich dann pyramidenartig an der Stirnseite anbringen, während der Ausflug etwa auf halber Höhe in die Dachschräge eingebaut wird.
Steht ein breites Gebäude mit Schrägdach für den Einbau eines Schlages zur Verfügung, so ist es zweckmäßig, eine Trennwand einzuziehen. Die Nester (ca. 60/35/35 cm) lassen sich gut an dieser Innenwand anbringen. Der Ausflug befindet sich wiederum in der Dachschräge.
Die örtlichen Gegebenheiten in den Gebäuden werden jederzeit für Ausmaß und Größe des Schlages entscheidend sein. Auf jeden Fall haben Schläge in oberen Etagen oder unter Dächern den Vorteil, daß sie trocken sind. Sie bieten somit von vornherein beste Voraussetzungen für eine gesunde Taubenhaltung.
Freistehende Schläge lassen sich entweder aus festem Mauerwerk oder aus Holz bauen. In jedem Falle sollte man auf eine besonders gute Abdichtung achten und die Wände aus den heute zur Verfügung stehenden Isolierbaumaterialien errichten. Bei einer Innengangbreite von 1 m und einer Schlagtiefe bis zu 2,50 m läßt sich die Länge eines Schlages je nach Anzahl der durch Trennwände eingerichteten Abteile variieren. Ein- oder doppelwandige Gartenschläge werden häufig gebaut. Sollen sie in einem freien Gelände, z. B. im Garten, stehen, so ist es immer zweckmäßig, den Schlag auf Betonpfähle zu stellen. Der Abstand zwischen Erdboden und Fußboden des Schlages kann ca. 50 cm betragen. Wenn die Luft unter dem Fußboden gut zirkulieren kann, wird der Schlag immer trocken sein.
Fertigschläge aus Holz werden von vielen Firmen angeboten. Holzschläge besitzen fast immer ein Pultdach, so daß die Tauben das Dach als Landeplatz benutzen können und sich im Sommer gern auf dem Dach sonnen. Jungtiere, die erstmalig den Schlag verlassen, haben auf dem Pultdach sitzend die Möglichkeit, die nähere Umgebung des Schlages kennenzulernen, so daß sie anschließend bei ihren ersten Flugübungen ohne Schwierigkeiten zurückfinden können. Giebeldachschläge haben den Vorteil, daß der Giebel zusätzlich für Zucht- oder Jungtierabteilungen genutzt werden kann. Ein Laufgang hinter den einzelnen Schlagabteilen ist immer zu empfehlen. Dort können Futter, Reinigungsgräte, Schutzkleidung, Medikamente, Zuchtbücher und alle benötigten Utensilien aufbewahrt werden, ohne daß sie mit den Tauben direkt in Berührung kommen. Vom Laufgang aus lassen sich die Tauben ungestört gut beobachten. Der Vielfalt der Schlagformen sind keine Grenzen gesetzt.

Schlageinrichtungen

Ein Taubenschlag sollte immer hell und freundlich aussehen. Es ist zweckmäßig, alle Wände des Schlages mit weißer Binderfarbe zu streichen und dies zu wiederholen, wenn sich im Frühjahr oder Herbst Verschmutzungen zeigen. Der Fußboden soll möglichst glatt sein, damit er mühelos und schnell gereinigt werden kann. Als obere Fußbodenschicht haben sich Holzfaserplatten gut bewährt. Sie können in alle Schläge eingebaut werden. Stöße lassen sich leicht ausgleichen, so daß man sie ohne Mühe mit einem Reinigungsspachtel säubern kann. Sind diese Fußbodenbeläge dann nach einigen Jahren beschädigt oder zu sehr verdreckt, lassen sie sich ohne weiteres auswechseln. Sie bieten Ungeziefer und Krankheitserregern wenig Möglichkeiten, sich festzusetzen und zu Ansteckungsherden zu werden. Zur Reinigung haben sich Handspachtel und an langen Stielen befestigte ca. 20 cm breite Spachtel hervorragend bewährt. Seit einigen Jahren leisten Taubenschlag-Staubsauger mit Spezialspachtel bei der schnellen und gründlichen Reinigung des Schlages wertvolle Hilfe. Die Tauben gewöhnen sich sehr schnell an das Staub-

Taubentürme sind schwierig sauberzuhalten und erschweren eine geplante Zucht; sie gehören der Vergangenheit an.

saugergeräusch, wenn der Staubsauger häufig eingesetzt wird. Beim Bau des Schlages sollte darauf geachtet werden, daß möglichst wenig Ecken und Rundungen entstehen. Gespundete Bretter als Fußboden sind sicherlich sehr haltbar, aber sie haben den Nachteil, daß ihre Oberfläche nicht ganz so glatt ist und eine Reinigung mit dem Spachtel nur in der Laufrichtung des Brettes möglich ist.
Viele Taubenhalter arbeiten heute ohne Dauereinstreu. Nur so kann die gründliche Reinigung täglich vor der Fütterung erfolgen. Der gereinigte Schlag wird mit einer dünnen Schicht Kalkpuder (Schlagweiß) bestreut, der die Eigenschaft hat, Kotfeuchtigkeit aufzusaugen, wobei die Feuchtigkeit auf der nun vergrößerten Oberfläche schneller verdunstet. Als Einstreu kann aber auch feiner Kies verwendet werden. Dachpappe hat sich als obere Fußbodenschicht bewährt, muß aber grundsätzlich mit Kies eingestreut werden, damit der anfallende Kot sich nicht unmittelbar mit der Dachpappe verbindet. Seit einigen Jahren werden auch begehbare Drahtfußböden in Teilen des Schlages oder im ganzen Schlag verwendet. Etwa 20–30 cm über dem Fußboden werden begehbare Holz- oder Metallrahmen angebracht und mit plastiküberzogenem Maschendraht mit Maschenweiten von etwa 15–20 mm überzogen.
Besonders bewährt haben sich solche Drahtfußböden in Außenvolieren, in denen die Fallhöhe bis zur Lagerfläche des Kotes noch größer sein kann, so daß jederzeit ein Misten mit einer Schaufel möglich ist. Drahtfußböden im Schlag sind nur dann geeignet, wenn alle Tauben ausreichend Gelegenheit haben, sich an anderen Stellen im Schlage hinzusetzen. Der Vorteil ist, daß die Tauben viel weniger mit ihrem Kot in Berührung kommen und das Gefieder damit sauberer bleibt. Bei Tauben, die ihr Gefieder häufig auf dem Fußboden schleifen lassen, wie z. B. treibende Täuber, kann solch ein Fußboden auch zu stärkerer Federnabnutzung führen. Weitere Erfahrungen müssen gesammelt werden.

Nester

Alle Nistzellen und Nester sollen für den Züchter und die Tauben übersichtlich angebracht sein. So kann man jederzeit alle Tiere gut beobachten und sich über ihren Neststand orientieren.
Die optimalen Maße für Nistzellen sind für die meisten Rassen 35–50 cm Tiefe, 60 cm Breite und 35 cm Höhe. Je nach Gesamtlänge der Schlagwand müssen diese Maße so variiert werden, daß die Zellen die volle Wandfläche ausfüllen.
Es gibt verschiedene Möglichkeiten, einzelne Nistzellen oder Nistschränke zu bauen. Hartfaserplatten und Holzfaserplatten sind heute das übliche Baumaterial. Selbstverständlich gibt es viele verschiedene Nistzellensysteme mit geschlossenen, halboffenen oder offenen Vorderfronten. Die Zellen müssen leicht und zweckmäßig gereinigt werden können. Die Tauben sollen sich in ihnen während der Brut wohl fühlen. Jedes Zuchtpaar wird seine Nistzelle als sein

Zuchtschlag mit Nistzellen und Sitzbrettern.

Eigentum betrachten und sie intensiv verteidigen. Die nachstehend beschriebene Konstruktion hat sich besonders bewährt:
Als Baumaterial dienen Hartfaserplatten und 16 mm starke Holzfaserplatten. Die großen Originalplatten werden in Streifen geschnitten, die der beabsichtigten Zellentiefe (meistens 35 cm) entsprechen. Von diesen Streifen werden jeweils 2 Abschnitte der Nestbreite entsprechend und 2 Abschnitte der Nesthöhe entsprechend abgetrennt. Diese 4 Teile werden zu einer an der Hinter- und Vorderfront offenen Nistzelle zusammengeschraubt, wobei die Seitenteile die Innenmaßhöhe und die Bodenteile die Außenmaßbreite bestimmen. Zur Stabilisierung wird eine Hartfaserplatte, die die Rückwand abdeckt, von hinten gegengeschraubt. Diese nach vorn offenen Nistzellen lassen sich gerade und versetzt übereinander und nebeneinander stapeln. Sie haben auch den Vorteil, daß man einzelne Zellen austauschen kann. Um dem Zuchtpaar an der Vorderfront Nestschutz zu gewähren, schneidet man nun eine Massivfläche aus einer 16 mm starken Holzfaserplatte, die 5 cm kürzer ist als die Breite der Zelle und 2 cm niedriger als die lichte Höhe. Von gleicher Größe baut man einen Holzrahmen mit 8 mm starken Holzgitterstäben in 5 cm Abstand. Beide Flächen werden im rechten Winkel aneinander gesetzt. Dieses Nestgitter stellt man nun in die linke oder rechte Hälfte des Nestes, so daß die Nistschale dahinter Platz hat.
Die Nistschale ist nun nach vorn zum Schlage hin durch die massive Platte verdeckt, während die zweite Hälfte des Nestes nur durch eine Gitterwand getrennt ist.
Stellt man diese Absperrwand etwas schräg, so bleibt zwischen Rückwand und Gitter ein so großer Zwischenraum, daß das Paar

jederzeit von hinten die Nistschale betreten kann. Die andere Hälfte der Nistzelle dient als Sitzgelegenheit. In ihr können auch Futter- und Wassernäpfe untergebracht werden. Auch können beide Teile der gewinkelten Stellwand massiv sein, jedoch bleibt dem Züchter dann aber kein großer Überblick mehr. Nimmt man zwei gleiche Winkelwände aus Gitterwand und Massivwand, so kann man mit ihnen die Nistzelle vergittern und die Tauben einsperren, oder aber sie mit beiden Massivwänden zustellen, wenn die Nistzelle in der Zuchtruhe nicht benutzt werden soll.
Bei Verwendung nur einer Winkelwand ist es möglich, eine Taube hinter dem Winkel so einzusperren, daß der Partner sie durch die Gitterwand sehen kann. Baut man die Nistzellen mit einer Tiefe von 50 cm und die Stellgitter mit einer Seitenlänge von nur 30 cm, so verbleibt beim Zustellen des Nestes mit zwei Winkelwänden vor dem Nest eine Lauffläche von 20 cm Tiefe, die dem Zuchtpaar während der Zuchtruhe als Sitzplatz dienen kann.
Da man die Nistzellen auf sehr unterschiedliche Weise konstruieren kann, sind hier der Vielfalt keine Grenzen gesetzt. Durch die Besichtigung von Schlageinrichtungen bei anderen Züchtern kann man mit Sicherheit noch weitere Anregungen gewinnen. Die hier beschriebene Nistzelle zeichnet sich aus durch ihre einfache Bauweise, leichte und schnelle Reinigungsmöglichkeit, rassengerechte Nestgröße, durch variable Möglichkeiten zum Aussperren, Absperren und Zusperren sowie durch ihren variablen Aufbau und Umbau im Baukastensystem.

Nistschalen

In die Nistzellen stellt man lediglich eine Nistschale, die je nach Rasse einen unterschiedlichen Durchmesser haben kann. Die üblichen Nistschalen haben einen Durchmesser von 23 cm. Sie werden aus Holzfaser, Ton, Gummi und Kunststoff hergestellt. Die Tauben nehmen diese Nistschalen gut

Nistschale (nach Klaus). Moderne Nistschalen werden aus biegsamem Kunststoff gefertigt. Sie sind atmungsaktiv, standfest und unzerbrechlich.

an, füllen sie mit Nestbaumaterial aus und legen ihre Eier hinein. Für Frühbruten oder Bruten in kalter Jahreszeit gibt es beheizte Nistschalen, in die im Sockel ein elektrisches Heizaggregat so eingebaut ist, daß die Nistschale stets einer Temperatur von ca. 15–20 °C aufweist. Für die Nistschalen gibt es vorgefertigte Pappeinlagen, die man während der Jungtieraufzucht auswechseln kann, so daß die Reinigung erheblich erleichtert wird. Wenn die Jungtauben in einem Alter von etwa acht Tagen ihren Kot über den Rand der Nistschale nach außen absetzen, kann man unter die Nistschale ein Stück Papier legen, auf dem sich der Kot ansammelt. Nach jeder Brut werden die Nistschalen gründlich gereinigt und desinfiziert.

Sitzplätze

Während der Brutzeit genügt es bei den meisten Rassen, wenn das Pärchen sich in seiner Nistzelle aufhalten kann. Sind aber die Nester geschlossen oder hat man auch Jungtiere im gleichen Schlage, so muß zusätzlich für Sitzgelegenheiten gesorgt werden. Die Tauben sitzen gern auf Vorsprüngen oder in Fensterbänken, auf Anflugbrettern oder Stangen. Bretter und Stangen sind aber nur in einer Voliere, die nicht ständig begangen wird, geeignet, und auch dann nur, wenn sie so angebracht sind, daß keine Tiere übereinander sitzen und sich gegenseitig beschmutzen können. Im Schlage werden die Sitzgelegenheiten an den

Wänden angebracht. Bewährt haben sich die Sitzdächer, die überall im Fachhandel zu haben sind oder auch selbst hergestellt werden können. Sie bestehen aus ca. 10 cm breiten und ca. 18–20 cm langen Brettern, die im rechten Winkel miteinander verschraubt werden. Auf den so entstandenen First wird ein 4 cm breites, abgekantetes und 10 cm langes Brett geschraubt, das als Ruheplatz für die Taube dient. An der Wandseite des Sitzdaches befestigt man eine Bilderöse, so daß sich das Sitzdach an einen schräg eingeschlagenen Nagel an der Wand aufhängen läßt. Die Sitzdächer lassen sich

Männliche Wettflugtauben (Witwer) in ihren Nistzellen.

Sitzregal in einem Jungtierschlag.

mit 25 cm Abstand übereinander und mit 30 cm Abstand nebeneinander an der gesamten Wandfläche befestigen. Es sollen möglichst mehr Sitzgelegenheiten als Tauben im Schlag vorhanden sein, damit sich jedes Tier seinen eigenen Sitzplatz aussuchen kann. Meistens wird er von diesem Tier immer wieder angeflogen und auch verteidigt.

Platzsparender sind Sitzregale. Wenn man sie sich selbst baut, nimmt man 28 cm breite und 16 mm starke Holzfaserplatten. Ihre Länge wählt man so, daß sie 50 cm über dem Fußboden enden, so bleibt die Gesamtanlage übersichtlich. An diese senkrechten Seitenbegrenzungen werden in 25 cm Höhenabstand jeweils 25 cm lange Leisten geschraubt, die an der Wandseite mit der Seitenbegrenzung abschließen. Auf diese Leisten legt man gleiche Hartfaserplatten von 22 × 25 cm Größe. Sie werden so befestigt, daß sie vorn und hinten 3 cm kürzer sind als die senkrechten Seitenbegrenzungen. Zur Stabilisierung wird ganz oder teilweise an der Rückseite eine Hartfaserplatte mit Schrauben am Regal befestigt. So kann das gesamte Regal mit einer entsprechenden Aufhängevorrichtung an die Wand gehängt werden. Da die Seitenbegrenzungen breiter sind als die Sitzbretter, wird das Bekämpfen der Tiere untereinander erheblich erschwert. Die Verkürzung der Tiefe der Sitzbretter um 3 cm läßt hinten einen 3 cm breiten Luftspalt entstehen. Die waagerechten Sitzbretter sollten täglich gereinigt werden. Durch den Spalt kann der Schmutz mit einem Spachtel nach hinten durchgestoßen

---

61 62 Trommeltauben
63 64 61) Arabische Trommeltaube,
65 66 rauchblau. 62 Deutsche Doppelkuppige Trommeltaube, schwarz. 63) Bernburger Trommeltaube, rot. 64) Fränkische Trommeltaube, rot, weißschildig. 65) Deutsche Schnabelkuppige Trommeltaube, blau. 66) Schmöllner Trommeltaube, blau.

werden. Auf diese Art läßt sich das Regal schnell reinigen, wenn man jeweils mit dem oberen Fach beginnt. Im Fachhandel werden ähnliche Sitzregale angeboten. Sie haben ein 4 cm breites abgekantetes Sitzbrett für die Taube, aber ein abgewinkeltes Kotbrett. Da die Taube mit dem Kot nicht direkt in Berührung kommt, kann der Kot auch einige Tage auf der Schräge liegen bleiben. Vom hygienischen Standpunkt ist diesem Sitzregal der Vorzug zu geben. Da die schrägen Kotbretter aber meist aus Hartfaser gefertigt sind, sollte man sie vor dem Einbau mehrfach farblos streichen und lackieren, damit die Kotfeuchtigkeit nicht einziehen kann. Diese Behandlung kann entfallen bei der Verwendung von Holzfaserplatten.

Einflüge

Es gibt sehr viele verschiedene Arten und Formen von Einflugöffnungen, die von Rasse zu Rasse unterschiedliche Aufgaben zu erfüllen haben. Die einfachste Form des Einfluges ist eine ca. 50 cm breite und 25 cm hohe Öffnung in der Schlagwand, an der innen und außen ein waagerechtes Anflugbrett befestigt wird. Um den Schlag zum Schutz gegen die Witterung und kleine Raubtiere schließen zu können, kann man an der Innenseite eine seitlich verschiebbare Klappe anbringen, die sich von außen nicht betätigen läßt. Auf keinen Fall sollte man Klappen einbauen, die sich durch Herunterfallen von selbst schließen können und die Tauben am Einlaß hindern oder die unabsichtlich eingesperrten Tiere Hunger und Durst leiden lassen.

---

67 68 Strukturtauben
69 70 67) Lockentaube, rot. 68) Perückentaube, schwarzgetigert. 69) Chinesentauben, gelbschildig. 70) Pfautaube, schwarz mit weißem Fächer. 71) Indi-
71 72 sche Pfautaube, vielfarbig. 72) Altholländischer Kapuziner, blau.

Ein- und Ausflug mit Meldevorrichtung, durch eine Glasscheibe verschließbar (nach Steinhöfer).

Besser ist es, wenn man einen Einflug mit Selbstfangvorrichtung einbaut, bei dem die Tauben aus einem Loch nur hinausfliegen und zum anderen Loch nur hereinkommen können. Schließt man den Ausflug, so können alle noch außerhalb befindlichen Tauben in den Schlag einfliegen, während alle Tiere im Schlage nicht mehr herauskönnen. Dazu sind viele geeignete Einflugsysteme entwickelt worden. Während man früher gern Pendel aus Drahtstäben mit 4 cm Abstand verwendete, werden heute vermehrt Sprungbügeleinflüge oder einfache Einsprünge benutzt. Der Einsprung hat ca. 20 cm über dem Laufbrett eine ca. 30 cm lange Holz- oder Glasplatte, die in einem Winkel von ca. 45 ° schräg nach unten angebracht ist. Das Ende der Platte muß ca. 5 cm tiefer als die Lauffläche hinunterragen. Die Taube muß nun, um in den Schlag zu kommen, zwischen Lauffläche und Schrägbrett nach unten abfliegen, was alle Tauben nach Gewöhnung ohne weiteres tun. Sie sind aber nicht in der Lage, von unten so hoch zu fliegen oder zu springen, daß sie das Laufbrett wieder erreichen, da sie durch die überstehende schräge Platte abgehalten werden und wieder herunterfallen. Der Ver-

such, auf diese Weise den Schlag zu verlassen, wird praktisch auch nie gemacht.
Befestigt man an der Absprungecke eine Rolle von ca. 25 mm Durchmesser, so lassen sich die Tauben über die Rolle nach unten abkippen. Bei Wettflugtauben läßt sich durch das Anbringen eines Kippschalters an der Rolle, der über eine Leitung mit einer Klingel verbunden ist, eine einfache Meldevorrichtung einbauen.
Bei Tauben normaler Größe kann man ebenfalls durch Leisten oder Stäbe 11 cm breite Öffnungen zum Schlage anbringen, deren unterer Teil ca. 3–4 cm zurückspringt. Die Tauben springen gern durch diese Öffnungen in den Schlag hinein, aber versuchen praktisch nie, den Schlag auf dem gleichen Wege zu verlassen. Gegenüber dem schrägstehenden Brett ergibt sich der Vorteil, daß die Tauben bereits auf der Lauffläche den gesamten Schlag übersehen können. Das äußere Anflugbrett sollte möglichst groß sein, damit die Tauben aus dem Fluge heraus direkt auf dem Brett landen können und nicht die Dächer neben dem Schlage zum Landen benutzen.
Große Anflugbretter bieten auch erstmalig herauskommenden Jungtieren eine bessere Gelegenheit, dort sitzen zu bleiben und sich mit dem Einflug und der Umgebung vor dem ersten Flug vertraut zu machen.

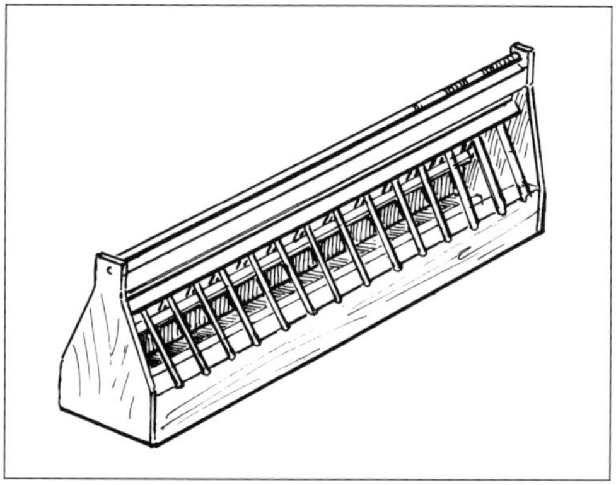

Futtertrog mit drehbarer Rolle (nach Steinhöfer).

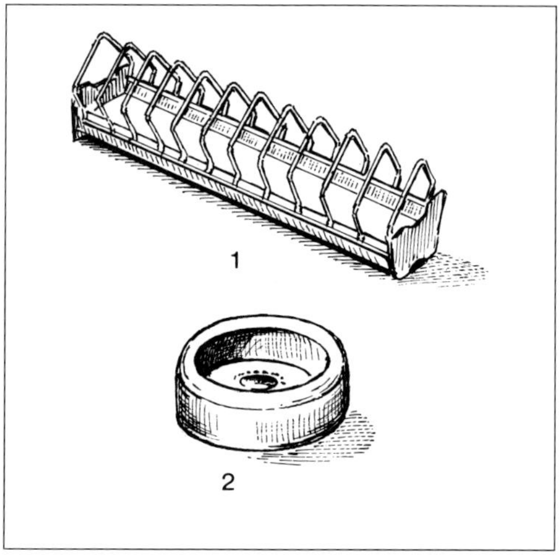

1 = Futterkrippe, 55 cm lang, für 12 Tauben (nach Klaus).
2 = Zellennapf aus Ton mit Innenrand.

Futtergefäße

Aus hygienischen Gründen ist zu empfehlen, die Tauben aus Trögen zu füttern, denn auf den Schlagboden gestreutes Futter kommt sehr viel häufiger mit dem Kot in Berührung, so daß Krankheitskeime eher von einem Tier auf das andere übertragen werden.
Futtertröge von 40–120 cm Länge, die mit Eisenbügeln im Abstand von 4 cm überspannt sind, haben sich bewährt. Ebenfalls brauchbar sind Tröge, bei denen eine drehbare Rolle angebracht ist, so daß der Futtertrog von oben nicht angeflogen und beschmutzt werden kann. Neben diesen langen Futtertrögen gibt es runde Tröge, in die die Tauben zum Fressen den Kopf hineinstecken müssen.
Runde Futterautomaten enthalten einen Motor, der über eine Zeituhr gesteuert wird und durch Drehung des Futterbehälters eine Volumendosierung ermöglicht. Derartige Futterautomaten machen den Züchter zeitunabhängiger und erlauben eine ausrei-

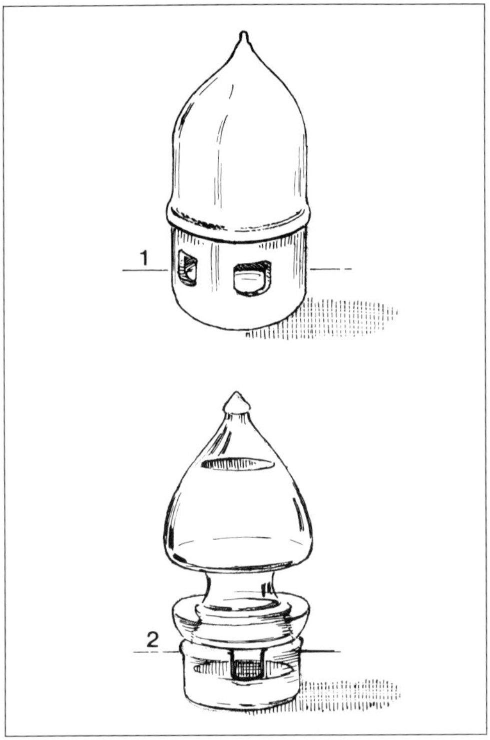

1 =Kunststofftränke (nach Klaus) (3 und 5 Liter),
2 =Vollglastränke (nach Klaus).

chend genaue Dosierung der gewünschten Futtermengen. Werden die Paare einzeln in Zellen gefüttert, so eignen sich hierfür Zellenfutternäpfe aus Steingut, Glas oder Plastik. Durch diese individuelle Fütterung werden die Tauben sehr zutraulich. Diese Methode gibt die Möglichkeit, einzelne Tiere oder Paare auch individuell angepaßt zu füttern.

Als Tränken verwendet man hauptsächlich 3 bis 5-l Stülptränken aus Plastik, Ton oder Glas. Sie lassen sich leicht und gründlich reinigen. Den Tauben steht so immer sauberes Wasser zur Verfügung. Eine Krankheitsübertragung wird durch den Zusatz eines Trinkwasser-Desinfektionsmittels stark verringert. Moderne Plastiktränken sind so konstruiert, daß Ober- und Unterteil durch einen Drehverschluß miteinander verbunden werden. Gefüllte Tränken können mit einem Finger in einer Öse in der Spitze der Tränke getragen werden.

Daneben gibt es verschiedene Formen von Holz- und Plastikgefäßen, um die hygienisch einwandfreie Verabreichung von Grit und Taubenkuchen zu gewährleisten. Beides sollte auf jedem Taubenschlag immer zur beliebigen Aufnahme zur Verfügung stehen. Taubenbadewannen in der Größe von ungefähr 80 × 50 cm und mit 20 cm Höhe stellt man möglichst außerhalb des Schlages auf.

Viele Taubenhalter lassen ihre Tiere einmal pro Woche baden. Die meisten Tauben gehen gern ins Wasser. Durch das Baden wird das Gefieder gereinigt, in seiner Qualität erhalten und der Kreislauf der Tiere angeregt. Auf keinen Fall sollte das Wasser mehrere Tage in der Badewanne verbleiben, da sich sonst Krankheitskeime schnell vermehren können und das verschmutzte Wasser nach wenigen Tagen zu einer gefährlichen Ansteckungsquelle werden kann.

Zur Gefiederpflege wird ein Badesalz hinzugegeben. Enthält der Badezusatz ein Mittel gegen Insekten, so lassen sich alle Milben und Federlinge mit Sicherheit vernichten. Aalglattes, bestes Federwerk und vermehrtes Wohlbefinden sind die Folge.

Volieren

Sehr wertvolle Tauben oder Tiere von fluguntüchtigen Rassen erhalten keinen Freiflug. In diesem Falle baut man vor den Ausflug eine Voliere oder baut den Schlag in die Voliere hinein.

Die Größe der Voliere richtet sich nach der Rasse und der Zahl der Tauben. Sie sollte aber auf jeden Fall eine Mindestgrundfläche von 2 × 2 m haben. Hält man sehr flugtüchtige Rassen in großen Volieren ohne Unterteilung, so kann das Einfangen Proble-

me bereiten. Die Art und Weise einer zweckmäßigen Unterteilung muß hier jedoch nicht näher beschrieben werden.
Als Volierenbegrenzung wählt man plastiküberzogenen Maschendraht. Die Maschenweite kann je nach den äußeren Umständen zwischen 1/8 Zoll und 1,5 Zoll schwanken. Je größer die Maschenweite, desto leichter ist es, die Einfriedigung von außen zu zerstören, und desto größere Tiere können in die Voliere eindringen.

Zur Verringerung der Ansteckungsgefahr kann man den Boden der Voliere ganz oder teilweise ca. 20–80 cm über dem Erdboden mit Drahtnetz bespannen. Somit wird die Möglichkeit der Krankheitsübertragung durch feuchten Kot und nassen Erdboden auf die Tiere vermindert.
Schutz vor Nässe wird durch eine vollständige oder teilweise Überdachung der Voliere erreicht. Eine Entscheidung hierüber hängt von den örtlichen Gegebenheiten ab.

Haltung und Pflege

Der Erfolg der Taubenhaltung ist von guter Haltung und Pflege jedes einzelnen Tieres abhängig. Je gewissenhafter die Haltung erfolgt, desto geringer ist die Gefahr einer Erkrankung und desto besser ist auch der Gesundheitszustand und das Zuchtergebnis. Zur Pflege gehören die ständige Reinigung der Futter- und Trinkgefäße ebenso wie die Kotbeseitigung und die Entfernung des Schlagstaubes. Die Sauberhaltung des gesamten Schlages einschließlich der Nester und der Nistschalen in der Zuchtzeit sind die Voraussetzung für gesunde, zuchtfreudige Tauben mit einwandfreiem Federwerk. Unterstützt werden diese Maßnahmen zur Pflege durch eine ständige Desinfektion des Trinkwassers, das Einpudern des Fußbodens mit „Schlagweiß mit Desinfektionsmitteln", regelmäßiges Baden der Tauben unter Verwendung eines speziellen Badesalzes und durch gelegentliche Insektenbekämpfung und Naßdesinfektion im Schlag.

Zuchtpaare (blaue Dragoner) in überdachter Außenvoliere mit festem Boden.

Schlagreinigung

Bei der Reinigung des Schlages ist viel Sorgfalt und Handarbeit notwendig, so daß es sich sehr wohl lohnt, den Schlag und seine gesamte Einrichtung so einfach und zweckmäßig wie möglich anzulegen (siehe auch Seite 78).

Von vielen Züchtern werden die Sitzgelegenheiten mit einem Handspachtel abgekratzt und der Fußboden mit einem etwa 20 cm breiten Spachtel an langem Stiel gereinigt.
Anschließend können alle Gegenstände mit kohlensaurem Kalk (Schlagweiß) bepudert werden.

Gesunde Haltung in der Außenvoliere.

Zu stark besetzte Voliere.

Da die Gefahr der Übertragung von Wurmeiern, Kokzidiensporen und von Salmonellen durch den Kot besonders groß ist, sollte er so bald wie möglich beseitigt werden. Selbstverständlich ist es auch, daß Sitzgelegenheiten und Nester so angeordnet sind, daß die Tiere nicht direkt untereinander sitzen und sich gegenseitig bekoten können. Die Futtergefäße werden täglich auf Beschmutzung kontrolliert und gereinigt und die Tränken abgewaschen. Bei den Jungtauben ist der Kotanfall zwischen der 2. und 4. Lebenswoche besonders groß. Legt man Papier unter die Nester und erneuert dieses täglich, so ist eine hygienisch einwandfreie Aufzucht gewährleistet.

Seit einigen Jahren sind Schlagstaubsauger mehr und mehr im Kommen. Sie haben eine Spachteldüse, so daß man mit ihnen sehr schnell und bequem den gesamten Schmutz entfernen kann. Dabei wird vor allem auch der Staub aus allen Ecken und Winkeln entfernt. Mit einem Staubsauger verkürzt sich die Reinigungszeit erheblich bei gleichzeitig deutlich besserem Ergebnis. Spezielle Taubenschlag-Staubsauger werden heute überall angeboten.

Wer es seit Jahren so gewohnt ist, streut auch heute noch feinen Kies auf den Taubenschlagfußboden und reinigt den Schlag einmal pro Woche. Bei trockenem Wetter trocknet der Kies sehr schnell und entzieht dem Kot Feuchtigkeit. Außerdem wird heute poröses Einstreumaterial angeboten, welches in noch stärkerem Maße die Kotfeuchtigkeit aufsaugt. In den Wintermonaten benutzen manche Züchter außerdem eine dicke Strohschicht als Streu, die jeden Tag aufgelockert wird, so daß bei dem feuchten Kot durch die Vergrößerung der Streuoberfläche eine schnellere Trocknung erzielt wird.

Eine gärtnerisch gestaltete Voliere.

Stellt man bei der Schlagreinigung dünnen oder verfärbten Kot fest, so ist die Wahrscheinlichkeit einer Erkrankung der Tauben groß. Man sollte sofort eine Sammelkotprobe von möglichst vielen, verschiedenen Stellen des Schlages nehmen und diese bei einem Fachtierarzt oder in einer tierärztlichen Untersuchungsanstalt auf Krankheitserreger untersuchen lassen und bei Befall

73 74 75 76 77 78 Mövchen
73) Orientalisches Mövchen (Blondinette), blaufahl. 74) Orientalisches Mövchen (Satinette), blaugeschuppt. 75) Antwerpener Smerle, rotschildig (Holland/Belgien). 76) Turbiteemövchen, schwarz. 77) Einfarbiges Mövchen, rot. 78) Altdeutsches Mövchen, blau.

der Tiere sofort entsprechende Gegenmaßnahmen einleiten.
Im Frühjahr und im Herbst wird der Schlag gründlich gereinigt. Soweit es möglich ist, werden die Einzelteile abgewaschen und der gesamte Schlag mit Binderfarbe gestrichen. Erst wenn der Schlag trocken ist, setzt man die Tauben nach 1–2 Tagen wieder hinein.

Insektenbekämpfung

Die Bekämpfung aller Insekten ist mit den modernen Insektenmitteln verhältnismäßig einfach. Sie werden im Schlage ausgesprüht, so daß alle vorhandenen Insekten erfaßt und vernichtet werden. Gegen die am Tier lebenden Federlinge und Federmilben kann man am wirkungsvollsten vorgehen, wenn man jede einzelne Taube einpudert. Dies sollte spätestens im Mai erfolgen. Eine Kontrolle während des ganzen Sommers gibt darüber Aufschluß, ob ein erneutes Einpudern erforderlich ist.
Es gibt auch Mittel, mit denen man den gesamten Raum begasen kann, ohne daß die Tauben entfernt werden müssen; so werden auch die im Gefieder vorhandenen Insekten mit vernichtet.
Sehr zu empfehlen ist die Bekämpfung des Ungeziefers durch ein wöchentliches Bad. Badewannen mit etwa 90 cm Länge, 60 cm Breite und 20 cm Höhe werden hierfür angeboten. Dazu gibt es Badesalze, die ein Insektenbekämpfungsmittel enthalten mit dem das Gefieder aller Tauben insektenfrei wird. Durch die vermehrte Federstaubbildung wird das Gefieder dann so blank, daß die Tauben ihrem Züchter förmlich durch die Hand rutschen.

79 80 81 82 83 84 Tümmler
79) Hannoverscher Tümmler, braunfahl ohne Binden. 80) Stargarder Zitterhals, rot. 81) Dänischer Tümmler (Braunstipper). 82) Deutscher Langschnäbliger Tümmler, blau-geelstert. 83) Danziger Hochflieger, schwarzgeelstert. 84) Pommersche Schaukappe, weiß.

Allgemeine Körperpflege

Die Tauben sollen sich während des ganzen Jahres ihrem Züchter mit einem sauberen, nicht verschlissenen Gefieder präsentieren. Um dies zu erreichen, müssen als erstes die Größe des Schlages, des Ausfluges und die Größe der Nester der Größe der Tauben angepaßt sein. Federfüßige Rassen, Strukturtauben und Großtauben brauchen viel mehr Platz als kleine, glattfüßige Farbentauben oder Flugtauben, deren Federwerk keine Besonderheiten in der Form aufweist.
Eine gleichmäßig gute Beschaffenheit des Gefieders ist nicht selbstverständlich. Das Gefieder ist um so besser, je gesünder die Tauben sind. Erste Voraussetzung für ein glattes Gefieder der Tauben ist ihre Wurmfreiheit. Verwurmte Tauben zeigen immer ein stumpfes Gefieder, welches sich deutlich von dem anderer Tauben unterscheidet.
Gezielte Wurmkuren – 1 Tablette pro Taube – sind einfach durchzuführen.
Eine weitere Pflegemaßnahme ist das Bad, wie es im vorhergehenden Abschnitt beschrieben wurde.
Beides trägt erheblich dazu bei, den stark ausgebildeten Trieb zum Putzen und Zurechtlegen des Gefieders so zu unterstützen, daß die Tiere sich stets in einem einwandfreien Zustand befinden.

Der tägliche Freiflug

Innerhalb der modernen, stark spezialisierten Taubenrassen gibt es erhebliche Unterschiede im Flugvermögen. Die großen, schweren bzw. stark belatschten Rassen zeigen kaum noch Neigung, täglich ihre Runden ums Haus zu drehen. Sie begnügen sich damit, den Schlag zu verlassen und kurze Strecken von einem Dach zum anderen fliegend zurückzulegen. Dies jedoch um so häufiger, wenn treibende Täuber in einiger Entfernung ein paariges Weibchen entdekken.

Hat man seinen Spaß an der freien Haltung seiner Tauben, so wird der Schlag tagsüber geöffnet und am Abend wieder verschlossen. Bei schönem sonnigen Wetter werden sich immer einige Tiere draußen vor dem Schlage aufhalten, sich sonnen oder sich im Regen vom Wasser besprühen lassen, um hinterher um so intensiver das Gefieder zu putzen. Möchte man ein Herumsitzen der Tauben auf den Dächern vermeiden, so gibt man flugfreudigen Rassen morgens und abends vor der Fütterung Freiflug. Werden die Tiere nach dem Freiflug gefüttert, so kommen sie beim Klappern der Futterdose sehr schnell in den Schlag hinein. Stellt man den Einflug auf „Fang", sind die Tauben wie gewünscht nach kurzer Zeit wieder im Schlage eingesperrt. Tiere, welche trotzdem draußen bleiben, gehen bei dieser Mahlzeit leer aus, denn die übrigen Tauben fressen die als halbe Tagesration für sie vorgesehene Futtermenge sofort auf.

So führt größerer Hunger beim nächsten Freiflug dazu, daß diese Tiere schneller in den Schlag hineingehen, um nicht nochmals zu kurz zu kommen.

Für den Züchter, der morgens und abends die nötige Zeit aufwenden kann, macht es also keine Mühe, die Tiere nach dem Freiflug sofort wieder hereinzuholen.

Man kann diese Haltungsmethode auch weniger ausgeprägt durchführen, indem man alle Tiere herausläßt, den Schlag säubert, Futter und frisches Wasser hinstellt und danach nur den Einflug öffnet. Wichtig ist der tägliche Freiflug bzw. der Trainingsflug bei ausgesprochenen Flugtauben wie den Brieftauben als Wettflugtauben oder bei den Tümmlern und Hochfliegern. Über die jeweils zweckmäßigste Form des Freiflugs informiert man sich am besten bei Züchtern, die die gleiche Taubenrasse halten.

Hat man seine Tauben richtig erzogen, so macht es sehr viel Freude, seine Roller und Hochflieger in der Luft zu beobachten und sie zu immer höheren Leistungen anzuspornen. In diesem Zusammenhang sei noch bemerkt, daß Jungtiere von sehr flugfreudigen Rassen, wenn sie sich erstmal eine halbe Stunde lang oder eine Stunde lang warmgeflogen haben, auch noch erheblich länger in der Luft bleiben können. Man sollte Jungtauben solcher Rassen daher niemals erst am späten Nachmittag oder Abend herauslassen, da ein unvorhergesehenes Geräusch wie das Knallen eines Auspuffes schon genügen kann, um die Tiere in eine gewisse Erregung zu versetzen, so daß sie bei Eintreten der Dämmerung ihren Flug ums Haus nicht mehr früh genug beenden, bei der Landung unsicher werden und nicht mehr in den Schlag hineingehen, sondern im Dunkeln wild umherfliegen. Unnötige Verluste können die Folge sein. Läßt man dagegen die Jungtiere morgens oder mittags nüchtern heraus, so ist diese Gefahr kaum gegeben. Wenn man bedenkt, daß Hochflugtauben 12, 14 und als Rekord sogar bis zu 16 Stunden in der Luft bleiben, dann gehört schon viel Erfahrung und Fingerspitzengefühl dazu, um diese Tiere richtig zu führen. Von Flugtipplern werden diese Zeiten noch deutlich überboten.

Eingewöhnen neuer Tiere

Kauft man fremde Tauben, die man im Freiflug halten möchte, so sind zum Eingewöhnen eine Reihe von verschiedenen Maßnahmen zu beachten. Am einfachsten lassen sich Jungtiere eingewöhnen. Man setzt die abgesetzten Jungtauben im Alter von ca. 4 Wochen in den neuen Schlag. Als erstes muß man darauf achten, daß die Tiere bereits fressen und saufen können. Das Fressen lernen sie am besten, wenn einige

Badende Tauben (Felegyhazer Tümmler).

ältere Jungtauben sich mit ihnen im gleichen Schlage befinden. Das ist aber nicht immer möglich. Noch wichtiger für die jungen Tiere ist eine ausreichende Flüssigkeitsaufnahme. Manche Taubentränken sind so gebaut, daß sie von den abgesetzten Jungtauben nicht gleich als Tränke erkannt werden. Zum Angewöhnen empfiehlt es sich daher, den jungen Tauben offene Tränken, z. B. in Form einer Schale, in deren Mitte eine umgestülpte Schüssel oder ein Stein liegt, anzubieten. So können die Jungtauben das Wasser deutlich erkennen. Anfangs steckt man ihnen den Schnabel vorsichtig in das Trinkwasser hinein; wenn sie dann einmal selbst getrunken haben, werden sie es auch künftig tun. Um die Jungtiere an die Umgebung des Schlages zu gewöhnen, ist es zweckmäßig, vor dem Ausflug ein großes Flugbrett mit einem Drahtkäfig zu überdekken. So haben die Jungtauben die Möglichkeit, durch die Schlagöffnung ein- und auszugehen und sich die Umgebung anzusehen. An einem ruhigen Morgen wird der Drahtkäfig entfernt bzw. geöffnet, so daß die Jungtauben frei herausfliegen können, um sich in der Nähe des Schlages niederzulassen. Da sie ihren Schlag und das Einflugloch kennen, werden sie spätestens am Abend wieder in den Schlag zurückkehren. Wenn man in den folgenden Tagen damit beginnt, sie hungrig herauszulassen, so werden sie schon bald zur Nahrungsaufnahme zurückkehren, so daß man die Tiere bald sicher im Griff hat.

Alttiere umzugewöhnen ist ebenfalls nicht schwierig. Am besten ist es, Alttiere während der Zuchtzeit zu erwerben und sie als Zuchtpaar zunächst einzusperren, bis sie 3 Tage lang fest auf dem Gelege brüten.

Einzeltiere werden zunächst angepaart, danach wartet man das Gelege ab. Haben

Einige Wochen vor der Anpaarung werden die Zuchttiere nach Geschlechtern getrennt.

die erworbenen Tiere die Möglichkeit, sich durch einen Drahtkäfig vor dem Ausflug die Gegend anzusehen, so werden sie normalerweise den Schlag nach dem Öffnen verlassen und zum Brüten wieder aufsuchen. Heimattreue Tauben wie die Reisebrieftauben und brieftaubenähnliche Tauben werden beim ersten Freiflug immer in ihren heimatlichen Schlag zurückfliegen. Es empfiehlt sich, sie sofort wieder abzuholen bzw. sofort nach der Einkehr aus dem alten Schlage zu entfernen. Meist merken sie sehr schnell, daß sie nun im neuen Schlage, in dem sie brüten, auch ihr neues Zuhause haben.
Hartnäckige Heimflieger hält man auch gern solange eingesperrt, bis Junge im Nest liegen. Durch die Jungtiere fühlen sie sich dann stärker zum neuen Schlage hingezogen.
Am schwierigsten ist das Eingewöhnen von Jungtauben, die bereits bei ihrem Heimatschlag schon einige Wochen herumgeflogen sind. Am besten hält man sie in der Voliere bis sie in der nächsten Saison mit dem Brutgeschäft beginnen. Sollen sie aber frei herumfliegen, so wird man solche Tiere von flugfreudigen Rassen mindestens 2 bis 3 Wochen eingesperrt halten und ihnen auf jeden Fall die Gelegenheit geben, sich mittels eines Drahtkäfigs vor dem Ausflug an die Umgebung des neuen Schlages intensiv zu gewöhnen.

Anpaarung und Zuchtverlauf

Wenn die Zuchtzeit herannaht, beginnt für den Züchter eine aufregende Zeit. Das Zusammenstellen der Zuchtpaare ist auf dem Papier nach den verschiedenen Kriterien schon längt erfolgt, wobei es für jede Rasse eine ganze Reihe von wichtigen Grundregeln gibt, die bei der Paarung beachtet werden sollten, um guten Nachwuchs zu bekommen.

Der Geschlechtstrieb der Tauben ist in erheblichem Maße von der Lichteinstrahlung über das Auge abhängig. Bei ständig kürzer werdenden Tagen bis zur Wintersonnenwende nimmt die Neigung zur Paarung und zum Züchten ab. Wenn aber Mitte Januar die Tage bereits fühlbar zunehmen, beginnt sich auch bei den Tauben wieder der Geschlechtstrieb intensiver zu regen, so daß es zur Paarung kommt.

Die modernen Haltungsformen machen es möglich, bereits sehr früh im Jahr mit der Zucht zu beginnen. Hieran sind Züchter spezieller Rassen besonders interessiert, da sie im Herbst auf den Junggeflügelschauen Tauben mit möglichst weit fortgeschrittener Entwicklung zeigen möchten. Für Frühzuchten kann der Brutbetrieb vorzeitig angeregt werden, indem man bei den Zuchttauben bereits ab Anfang Dezember den Taubenschlag beleuchtet. Über eine Schaltuhr läßt sich die Beleuchtungszeit auf ca. 12 bis 14 Stunden pro Tag einstellen; den Tauben verbleibt dann immer noch eine ausreichende Nachtruhezeit von 10 bis 12 Stunden.

Mit Beginn der Beleuchtung nimmt der Brutbetrieb zu, und die Tauben werden nach etwa 2 bis 3 Wochen sichtbar paarungswillig. Eine ausreichende Beleuchtung ermöglicht sogar ein von der Jahreszeit unabhängiges Züchten.

Trennung

Um alle Zuchttauben mühelos zusammenstellen zu können, muß sie der Züchter vor Beginn eines ausgeprägten Bruttriebes etwa 4 Wochen lang nach Geschlechtern trennen. Die Geschlechtertrennung hat neben dieser Arbeitserleichterung außerdem den Vorteil, daß man die Täuber und Täubinnen getrennt voneinander noch besser beobachten und miteinander vergleichen kann.

Während der Trennung dürfen die Tiere nicht zu fett werden (verfettete Tauben sind träge und züchten schlecht). Sie müssen sich in einem guten Zustand befinden. Die Zeit der Trennung ist günstig, um alle Tiere zu impfen und gegen Würmer, Kokzidien und Trichomonaden zu behandeln. So können sie in einem absolut gesunden und einwandfreien Zustand die Zucht beginnen. Erhalten die Tiere während der Trennungszeit Freiflug, so sollte man die einzelnen Gruppen immer hungrig herauslassen und sie nach dem Freiflug durch Fütterung wieder schnell in den Schlag hereinholen. Bei Nebel, Schnee und Regen läßt man die Tiere nicht heraus, um unnötige Verluste zu vermeiden. Bei klarem, sonnigem Frostwetter kann das Benehmen der Tiere draußen vor dem Schlag bereits erheblichen Aufschluß über die Brutwilligkeit geben. Der einzelne

Züchter weiß aus den Erfahrungen mit seiner speziellen Rasse, welche Maßnahmen nun durchzuführen sind. Während der Trennungszeit ist zu empfehlen, den Tieren nach den Trinkwasserkuren gegen Parasiten einen Vitaminstoß mit einem wasserlöslichen Vollvitaminkonzentrat zu verabreichen. Hierdurch wird der Bruttrieb zusätzlich angeregt.
Die Trennung der Tiere muß so erfolgen, daß beide Geschlechter sich nicht sehen können. Geschlossene Wände sind für die getrennte Haltung daher unbedingt erforderlich.

Zuchtplanung

Je nach Rasse, Farbe, Zuchtziel, vorhandenem Tiermaterial und den Vorstellungen des Züchters ist in den Winterwochen das Zusammenstellen der Zuchttiere auf dem Papier längst vorgenommen worden. Der Zuchterfolg für ein ganzes Jahr ist von dieser Planung abhängig.
Selbst unter Berücksichtigung aller Erkenntnisse über die Vererbung und trotz aller jahrzehntelanger Zuchterfahrungen wissen wir doch niemals genau, wie die im Laufe der Zuchtsaison aufgezogenen Jungtiere aussehen werden und welche speziellen Eigenschaften sie haben werden. Es empfiehlt sich daher, bewährte Zuchtpaare zusammenzulassen und nicht dort zu experimentieren, wo keine Veranlassung dazu besteht.
Schwierigkeiten beim Anpaaren kann es geben, wenn einer der Zuchtpartner noch zu jung und bei ihm somit keine Paarungswilligkeit vorhanden ist. In diesem Falle kann man nur solange warten, bis auch bei diesem Tier die Geschlechtsreife eintritt.
Sind alle Zuchttiere richtig auf die Paarungszeit vorbereitet, so ist ihr Geschlechtstrieb so groß, daß es kaum Mühe macht, die vom Züchter geplanten Anpaarungen vorzunehmen.

Anpaarung

Am Paarungstage werden die Zuchtpaare in ihren Nestern zusammengesetzt und dort einige Tage aus Futternäpfen gefüttert. Bei einigen Tieren klappt die Paarung bereits in den ersten Stunden, so daß sie in der Nistschale miteinander spielen und der Täuber das Weibchen treibt. Manchmal ist die Paarung aber in den ersten 2 Tagen noch nicht so intensiv, daß sie nicht in Gegenwart weiterer Weibchen wieder auseinandergehen könnte. Daher öffnet man die Niststellen zunächst nur bei einzelnen Paaren, so daß sie vom Nest auf den Schlagfußboden und wieder ins Nest zurückfliegen können. Wissen sie erst einmal, wo sich ihr Nest befindet, so werden sie es gegen andere Tauben verteidigen. Ist das Nest in dieser Weise von einem Paar endgültig angenommen, so braucht es nicht mehr eingesperrt zu werden. Dann gibt man weiteren Paaren die Gelegenheit, sich frei im Schlage zu bewegen und das eigene Nest als Eigentum zu behaupten. In vielen Schlägen ist dieser Zustand nach 2 bis 3 Tagen erreicht. Gehen neu verpaarte Tauben nach dem Öffnen der Nistzellen wieder zu ihren Vorjahrspartnern zurück, so muß man sie nochmals in ihre neuen Nester einsperren und abwechselnd herauslassen, da die Bindung des neuen Paares von Tag zu Tag intensiver wird. Bei fest verpaarten Tieren treibt nun der Täuber das Weibchen vor sich her. In der Nistschale läßt er sich vom Weibchen liebkosen, um anschließend wieder mit lautem Imponiergehabe das eigene Nest zu verteidigen. Viele Tauben haben die Neigung, die oberen Nistzellen im Schlage anzunehmen, die man daher den stärkeren und lebhafteren Täubern überlassen wird. Da Nester auf dem Fußboden gern von starken, fremden Täubern aufgesucht werden, kann es zu Kämpfen in diesen Nestern kommen, wodurch leicht einmal ein Gelege zerstört wird. Bei wertvollen Zuchttieren bedeutet dies einen unwiederbringlichen Verlust.

Andererseits haben auf Fußbodenhöhe brütende starke Täuber das Bestreben, den halben Schlagfußboden beherrschen zu wollen, was nur zu einer unnötigen Unruhe im Schlage führt.
Damit die weiter unten brütenden Paare während der Brutzeit nicht unnötig gestört werden, ist es zweckmäßig, die unteren Nistzellen erst ca. 40 cm über dem Fußboden beginnen zu lassen; der Raum darunter bleibt frei.
Durch diese Bauweise wird die Bodenfläche nicht verkleinert. Sie läßt sich als durchgehend glatte Fläche auch besser reinigen. Den Tauben steht damit auf dem Schlagboden mehr Platz zur Verfügung.

Gelege

Angepaarte Tauben sind damit beschäftigt, in den Tagen nach der Paarung ihr Liebesspiel nach einem instinktmäßig festgelegten Zeremoniell zu intensivieren. In den ersten Tagen liegt das Paar schmusend und gurrend in der Nistschale, oder der Täuber treibt sein Weibchen über den Schlagfußboden. Gehen die Tiere nach draußen, so fliegen sie gern paarweise auf, da der Täuber sich immer in der Nähe seines Weibchens aufhält. Der Täuber gurrt häufig und läuft um sein Weibchen herum, oder er wehrt mit lautem Gurren andere Tauben von seinem Weibchen ab. Kopfnicken und Federnputzen werden anschließend von einem innigen Schnäbeln abgelöst, bis es bereits 3 bis 6 Tage nach der Paarung zur Befruchtung kommt. Erfolgt die Befruchtung im Freien, so beginnt sie meistens mit einem Treiben des Weibchens durch den laut gurrenden Täuber. Nach häufigem Kopfnicken, Federnputzen und Schnäbeln geht das Weibchen in Sitzstellung und hebt die Flügel ein klein wenig an, um für das Männchen eine bessere Plattform zu bilden. Der Täuber springt auf das Weibchen, das seine Kloake anhebt, während der Täuber sich flügelschlagend bemüht, meist von der rechten Seite her, zur Begattung in Kloakenberührung zu kommen. Sehen andere Täuber den Begattungsvorgang, so stürzen sie heran, um den Täuber durch Stoßen und Drücken an seinem Vorhaben zu hindern. Die Störung mißlingt fast immer. Nach der Begattung fliegt das Weibchen auf, der Täuber folgt ihr sofort. Sie fliegen einige Runden ums Haus, um anschließend wieder ihr Nest im Inneren des Schlages aufzusuchen. Die Begattung erfolgt an mehreren Tagen etliche Male, so daß bei gesunden Tieren eine Befruchtung der Eier praktisch immer gegeben ist. In diesem Stadium, etwa am 4. bis 5. Tage nach der Paarung, beginnt das Paar mit dem Nestbau. Der Täuber schleppt langes Nistmaterial wie Stroh, Reisig, Grashalme, Bindfäden oder kleine Zweige aus der Umgebung des Schlages in das Nest hinein, wo das Nistmaterial vom Weibchen zu einem runden, gut geformten Nest zusammengebaut wird. Am 8. bis 9. Tage nach der Anpaarung folgt die Hackphase, in der der Täuber unentwegt hinter seinem Weibchen herläuft, um es mit dem Schnabel zu hacken. In dieser Phase kümmert sich der Täuber wenig um die anderen Schlaginsassen. Am 10. oder 11. Tage abends wird vom Weibchen das erste Ei in die Nistschale gelegt. Am nächsten und übernächsten Tage wird das Ei von beiden Tieren abwechselnd warmgehalten, aber noch nicht intensiv bebrütet. Am übernächsten Tage nachmittags erfolgt die Ablage des zweiten Eies. Nunmehr setzt sich das Weibchen fest auf beide Eier, die von Zeit zu Zeit von ihr gewendet werden. Der Täuber übernimmt das Brutgeschäft am Vormittag für einige Stunden, damit das Weibchen Nahrung aufnehmen, ums Haus fliegen und sein Gefieder putzen kann. Bei einigen Paaren erfolgt die Ablösung nur einmal am Tag, bei anderen drei- und viermal täglich. Es macht den Tauben nichts aus, wenn man Gelege umlegt oder nur ein Ei im Nest beläßt, bzw. die Eier entfernt und durch Gipseier ersetzt. In

10–14 Tage alte Jungtiere.

jedem Falle wird das Gelege 18 Tage lang bebrütet, jedoch nach 20 Tagen endgültig verlassen, wenn keine Jungen geschlüpft sind. Durch Umlegen von bereits drei Tage lang bebrüteten Eiern ist es möglich, Jungtiere nach 15 Bruttagen schlüpfen zu lassen. Eine weitere Verkürzung der Brutzeit ist nicht anzuraten, da sich dann noch kein Kropfschleim bei den Elterntieren gebildet hat und die Jungen verhungern müssen. Es gibt aber genügend Fälle, in denen es angebracht ist, Eier umzulegen und die Jungen durch Ammen aufziehen zu lassen. Bei extremen Kurzschnäblern ist die Ammenaufzucht ja ohnehin eine Selbstverständlichkeit. Auch kann man Eier eines bewährten Zuchtpaares einem anderen Paar unterlegen, dessen Eier sich im gleichen Stadium der Brut befinden, damit das bewährte Paar erneut zur Brut schreitet. So kann man wertvolle Zuchtpaare stärker vermehren und den Zuchtfortschritt beschleunigen; die Wahrscheinlichkeit der Züchtung von Spitzentieren wird größer.

Aufzucht

Meistens schlüpfen die beiden Jungen mit wenigen Stunden Abstand. Doch läßt sich in vielen Fällen feststellen, daß ein Jungtier etwas größer ist als das andere. Die Meinung, daß es sich bei dem kleineren Jungtier um das Weibchen handelt, ist nicht richtig, da der kleine Unterschied auch zu erkennen ist, wenn zwei Täuber oder zwei Weibchen im Nest liegen. Durch die Fütterung mit dem eiweißreichen und fettreichen Kropfschleim zeigen die Jungtauben in den ersten Lebenstagen ein enormes Wachstum. Be-

reits nach 24 Stunden haben sie ihr Körpergewicht verdoppelt. Nahezu die Hälfte des Körpergewichtes macht der Kropfschleim in ihren Kröpfen aus. So wachsen sie von Tag zu Tag sichtbar heran. Bereits nach 5 Tagen sind die ersten Federspielen zu erkennen, und nach 7 Tagen können weiße Federspiele von dunklen unterschieden werden. Nach 8 bis 9 Lebenstagen ist die Federfarbe des Jungtieres wahrnehmbar. Im Alter von 5–8 Tagen müssen die Jungtiere beringt werden, da die Füße so schnell wachsen, daß ein Beringen wenige Tage später nicht mehr möglich ist. Es hat sich bewährt, den Fuß beim Beringen mit Vaseline einzureiben, damit der Ring ohne Mühe über die zarten Zehen hinweggleitet. Werden die Jungen sehr frühzeitig beringt, so sollte man in den nächsten Tagen kontrollieren, ob die Ringe noch am Fuß vorhanden sind, um keine unangenehme Überraschung zu erleben. Etwa ab dem 6. Lebenstag beginnen die Eltern, neben dem Kropfschleim auch Körner zu verfüttern. Auch jetzt besteht das halbe Körpervolumen noch aus dem Kropf des Jungtieres.
Wenn die Federspielen nach 7 bis 8 Lebenstagen aufbrechen und die Federn beginnen, den ganzen Körper abzudecken, entwickeln die Jungtauben in Verbindung mit der beginnenden Körnerfütterung soviel Eigenwärme, daß sie sich gegenüber der kälteren Umgebungsluft behaupten können. Im zeitigen Frühjahr bei kalter Außenluft ist es immer besser, zwei Junge statt einem Einzeltier aufzuziehen. Sie können sich dann gegenseitig wärmen, wenn die Eltern ab 8./9. Lebenstag das Nest verlassen und die Mutter sich nur noch nachts schützend und wärmend auf die Jungen setzt.
Bereits am 12. bis 14. Lebenstag der Jungen beginnen die Alttiere wieder erneut zu treiben, so daß am 20. Lebenstag der Jungen in einer daneben stehenden Nistschale das nächste Gelege bereits bebrütet wird. Mit 22 Tagen beginnen die Jungtiere zu laufen, so daß sie die Nistschale verlassen, aber immer wieder in sie zurückkehren. Führt man eine Zellenfütterung durch, so lernen sie bei ihren Eltern vorzeitig das Fressen aus dem Zellennapf.
Die Reinigung der Nester während der Aufzucht ist bei dem großen Kotanfall eine Selbstverständlichkeit. Es hat sich bewährt, Zeitungspapier oder anderes saugfähiges Papier unter die Nistschalen zu legen und täglich zu erneuern. Mit 24 bis 28 Tagen werden die Jungtiere in den Jungtierschlag abgesetzt, so daß die Eltern sich voll und ganz dem neuen Gelege widmen können.

Absetzen der Jungtauben

Wenn es sich einrichten läßt, setzt man die Jungtauben gleich nach der Fütterung ab, damit sie sich mit vollem Kropf an die neue Umgebung gewöhnen können. Von nun an müssen sie ihre Nahrung selbst aufnehmen. Das Futter wird ihnen in einem großen Futtertrog angeboten. Beginnt ein Tier mit dem Fressen, so kommen auch die übrigen gelehrig heran. Trinkgefäße für die ersten Tage müssen offen und gut sichtbar aufgestellt werden. Es kann zweckmäßig sein, die abgesetzten Jungtauben in den ersten 3 Tagen mit dem Schnabel an die Tränke heranzuführen. Haben sie einmal das Saufen gelernt, braucht man es ihnen nicht noch einmal zu zeigen.
Zum Angewöhnen an die Außenwelt sind Jungtierschläge mit einem Ausflug in Höhe des Schlagfußbodens ideal. Hat er draußen ein großes Anflugbrett mit einem Drahtkäfig, so können die Jungen, noch nicht ganz flugfähig, bereits nach draußen gehen, um sich über die Umgebung zu orientieren. Nach 30 bis 34 Tagen sind sie flugfähig und werden die ersten Flugversuche unternehmen. Bereits an die Umgebung gewöhnt, macht es ihnen keine Mühe in den Schlag zurückzukehren. Man läßt die Jungtiere hungrig nach draußen gehen, um sie nach dem Freiflug zu füttern. So kann man alle

Tiere schnell daran gewöhnen, nach dem Rundflug sofort in den Schlag zurückzukehren, so daß es zu keinem stundenlangen Herumsitzen vor dem Schlage kommt. Da Jungtauben nur geringe Abwehrkräfte gegen alle möglichen Krankheiten besitzen, ist es wichtig, sie in den nächsten Wochen und Monaten genau zu beobachten und rechtzeitig entsprechende Kuren und Impfungen gegen Würmer, Kokzidien, Trichomonaden, Pocken, Paramyxoviren und Salmonellen durchzuführen.
Wachsen die Jungtauben gesund und in einer hygienisch einwandfreien Umwelt heran, so haben sie sich bis zu Beginn der Ausstellungssaison zu Prachtexemplaren entwickelt.

Umpaaren

Für den Züchter gibt es immer wieder Situationen, in denen ein Umpaaren von Tauben notwendig ist. Will man bei 2 Zuchtpaaren die Partner tauschen, so muß man nach dem Absetzen der Jungtiere Täuber und Täubinnen eine Woche lang außer Sichtweite trennen, um anschließend die Paare im jeweiligen Nest des Täubers neu zusammenzusetzen.
Am besten gelingt die Umpaarung, wenn eines der beiden Paare in einem anderen Schlage gehalten wird, damit die Weibchen nicht zu ihren alten Partnern zurückkehren können.
Soll ein neues Weibchen mit einem Zuchttäuber die nächste Brut bestreiten, so sollte es vorher mindestens eine Woche lang nur mit Täubinnen oder Jungtauben zusammengehalten werden, damit es vorher keine Gelegenheit hatte, sich anzupaaren. Nimmt man vom bestehenden Zuchtpaar beim Absetzen der Jungtiere das Weibchen und die Eier weg, so wird sich der Täuber bereits in den nächsten Tagen dem neuen paarigen Weibchen zuwenden und mit ihm zur nächsten Brut schreiten.
Entfernt man den bisherigen Täuber und beläßt das alte Weibchen in ihrer Nistzelle, so ist es immer zweckmäßig, einen neuen Täuber erst nach einigen Tagen zum Weibchen zu setzen, da ein Weibchen länger als ein Täuber das Nest verteidigt und nicht sofort einen neuen Partner annimmt. Züchter, die solche Veränderungen während der Brut vornehmen, werden sehr bald merken, daß es bei den Tauben erhebliche individuelle Unterschiede in ihren Reaktionen und ihrem Verhalten gibt; doch wird die züchterische Möglichkeit der Zuchtauswahl durch solche Maßnahmen zweifellos um ein erhebliches vergrößert. Außerdem werden die Erkenntnisse über das Verhalten der Tauben bedeutend erweitert, was die Zucht nur interessanter macht.
Die Anzahl der Zuchten pro Jahr ist unterschiedlich, sie hängt auch von der Rasse, ihrem Bruttrieb und ihrem Aufzuchtvermögen ab. Selbst bei optimaler Haltung und Ernährung werden die Elterntiere bei jeder Brut und Aufzucht körperlich stark belastet. Am deutlichsten tritt dies bei Wettflugtauben zutage, die mit Brut- und Aufzucht beschäftigt, niemals dauernde Spitzenleistungen bei Wettflügen vollbringen. Normalerweise werden die Männchen und Weibchen spätestens bei der Wintersonnenwende getrennt und Anfang März angepaart. Bis zum September haben sie dann vier bis fünf Bruten aufgezogen. Will man keine Spätbruten aufziehen, so werden die Brutpaare bereits nach der dritten Zucht getrennt und damit das Brutgeschäft unterbrochen. Sollten die Weibchen anschließend weitere Eier legen, werden diese entfernt. Spätbrutjunge sind vor allem für Ausstellungen problematisch, da sie sich bis zur Ausstellungszeit noch nicht voll entwickelt haben. Für züchterische Zwecke können sie allerdings sehr wertvoll sein, da sie im nächsten Frühjahr voll zuchtfähig sind. Bei schweren Rassen werden, um bei Junggeflügelschauen im Oktober ausstellungsreif zu sein, Frühbruten bevorzugt.

Winteraufzucht

Grundsätzlich ist es kein Problem, bereits im Spätherbst oder im Winter mit der neuen Zucht wieder zu beginnen, wenn die entsprechenden Voraussetzungen erfüllt sind.

Erste Voraussetzung: Der Bruttrieb wird durch die Tageslänge entscheidend beeinflußt. Wer Winterzuchten will, muß seine Tiere entsprechend beleuchten. Durchweg genügt es, das Tageslicht durch künstliche Beleuchtung so zu ergänzen, daß die Tauben 12 Stunden Licht pro Tag haben. Dauerbeleuchtungen sind abzulehnen. Die Beleuchtungszeiten lassen sich mit Schaltuhren sehr einfach einstellen.

Zweite Voraussetzung: Alle Zuchtmaßnahmen müssen auf die kalte Jahreszeit Rücksicht nehmen. Nur in den wenigsten Fällen sind geheizte Räume vorhanden. Bei kaltem Winterwetter sind beheizbare Nistschalen erforderlich, damit vor allem die kritische Zeit, wenn die Eltern die Jungen nicht mehr ständig wärmen, gut überstanden wird. Auch verlieren die Jungen ohne heizbare Nistschale zuviel Energie für die Erhaltung der Körpertemperatur, die dann nicht mehr zum Wachstum ausreicht. Bei mildem Winterwetter kann es natürlich auch einmal ohne beheizte Schale gutgehen, doch sollte man sich bei ständiger Winterzucht hierauf nicht verlassen. Um die Brutfolge nicht zu verzögern, sollte immer rechtzeitig, wenn die Jungen etwa eine Woche alt sind, eine zweite Nistschale zur Verfügung stehen, damit das nächste Gelege wieder vorbereitet werden kann. Will man von einem wertvollen Zuchtpaar besonders viele Jungtiere aufziehen, so ist dies natürlich auch durch Umlegen der Eier in Nester anderer Paare möglich, da das Zuchtweibchen dann nur noch zu legen braucht. Auch kann man für diese Zwecke die Weibchen austauschen. Voraussetzung ist natürlich, daß genügend andere Paare den gleichen Zuchtstand haben und die Aufzucht damit weitgehend abgesichert ist. Sollen die Küken aus fremden Eiern nur zwei Tage später schlüpfen als die Küken aus den selbst gelegten Eiern, so läuft das brütende Paar vom Nest und das Gelege geht verloren, wenn man die erkalteten Eier nicht sogleich einem geeigneteren Paar unterlegt; eine Abkühlung bis auf 12 °C wird gut vertragen. Schlüpfen aber die Küken zu früh, können sie von den Ammeneltern noch nicht mit Kropfmilch versorgt werden. Eine Aufzucht mit Eidotter ist möglich, aber mühsam.

Auslese

Die starke Vermehrungsrate der Tauben und ein harter Wettbewerb in der Rassetaubenzucht bedingen eine starke Auslese, die nach vielen verschiedenen Gesichtspunkten erfolgt. Tauben, die den Standardbestimmungen ihrer Rasse nicht entsprechen und ihre Fehler weitervererben, werden von vornherein ausgeschieden. Doch eine ganze Reihe weiterer Gesichtspunkte muß berücksichtigt werden.

Auslese bei Krankheiten

Erfolge in der Taubenhaltung hängen wesentlich von der Gesundheit der Tiere ab. Man sollte daher, sobald eine Krankheit im Schlage auftritt, unverzüglich die erforderlichen Gegenmaßnahmen ergreifen, da erkrankte Tauben so viel Gesundungsvermögen besitzen, daß es unsinnig wäre, sie nur wegen ihrer Krankheit zu töten. Bei den üblichen Infektionskrankheiten sollte man die Tiere sofort mit den vom Tierarzt verordneten Medikamenten behandeln, damit sie möglichst schnell die Krankheit überstehen. In den meisten Fällen entwickelt der Körper der Taube eine entsprechende Immunität gegenüber der Krankheit, so daß anschließend zumindest für eine gewisse Zeit ein Schutz gegeben ist. Der Grad der Ansteckung hängt mit von der Besatzdichte und von der Sauberkeit im Schlage ab. Nur diejenigen Tauben, die auch nach einer Behandlung des Gesamtbestandes als krank zurückbleiben und keinen hohen Zuchtwert besitzen, sollte man ausmerzen. Tauben mit kleinen körperlichen Fehlern wie verbogenen Zehen, schief angewachsenen Beinen, schiefen Brustbeinkämmen oder durch Verletzungen verunstalteten Köpfen sollte man nur dann ausmerzen, wenn andere gleich gut vererbende Tauben vorhanden sind. Die Erfahrung zeigt, daß Tauben mit kleinen, nichterblichen, körperlichen Fehlern, die selbst für Ausstellungen ungeeignet sind, schon oft in der Zucht Hervorragendes geleistet haben.

Sind während einer Krankheitsperiode gewechselte Federn nicht voll ausgebildet worden, kann man sie ohne weiteres ziehen; die nachwachsenden Federn erreichen wieder die gewünschte Größe.

Auslese nach dem Zuchtwert

Es ist außerordentlich schwierig, einem Züchter für die Auslese Rat zu erteilen. Letzten Endes muß er selbst wissen, welche Tiere nach seinen Vorstellungen den besten Zuchtwert besitzen. In der Regel wird man Tiere mit hohen Bewertungen* wie v, hv und sg im Bestand belassen. Das Problem liegt an einer anderen Stelle. Der Züchter muß sich fragen, ob ein g-Tier, b-Tier oder eine Taube mit einer Fehlfärbung so hervorragende genetische Eigenschaften besitzt, daß sie in der Zuchtgruppe belassen werden soll. Es gibt genügend Beispiele dafür, daß gering bewertete Tiere hervorragende

* (v = vorzüglich, hv = hervorragend, sg = sehr gut, g = gut, b = befriedigend)

Zuchttauben waren und in der Kombination mit bestimmten Zuchtpartnern allerbeste Nachkommen brachten, die selbst wiederum sehr gutes Tiermaterial weitervererbten.
Oft können Körpergröße, bestimmte Körperhaltungen oder Einzelmerkmale wie Augenfarbe, Zehenfärbung, Schnabelfarbe oder Form entscheidend für den Einsatz in der Zucht sein. Will man neue Eigenschaften herauszüchten, so ist es ohnehin eine Tatsache, daß man Zuchttiere als Ausgangsmaterial einsetzt, die nur einen Teil der gewünschten Eigenschaften besitzen. Die Kunst der Züchtung ist es, verschiedene Merkmale oder Eigenschaften, die bei mehreren Zuchttieren vorhanden sind, durch geeignete Paarungen in jeweils einem Individuum reproduzierbar zu vereinigen.

Bei der Auslese.

Zur Erreichung bestimmter Farbtönungen ist es oft vorteilhaft, ein aus farblichen Gründen nicht so hoch bewertetes Tier in der Zucht zu belassen, weil erst dessen Nachkommen mit dem richtigen Partner die gewünschten Eigenschaften aufweisen.
Als Beispiel sei hier angeführt, daß Tiere in der Rot-Gruppe, wenn sie untereinander gepaart werden, oftmals aufhellende Farben vererben. Um dies zu vermeiden, wird Rot gern an Dunkel oder Schwarz gepaart, da man weiß, daß die Nachzucht besonders satte Farben aufweist.
Auch kann es sein, daß man zwei Tiere wegen bekannter rezessiver Eigenschaften zusammenpaart, um ein Jungtier mit der gewünschten Eigenschaft zu bekommen. Wenn z. B. bekannt ist, daß zwei blaue Tiere rezessives Rot vererben, so kann man damit rechnen, daß die Hälfte der aufgezogenen Tiere rezessiv rot sein wird. Im übrigen gilt der Grundsatz, daß schlechtes Ausgangsmaterial nicht Grundlage für gute oder hervorragende Nachzucht sein kann. Man sollte niemals auf Zufallstreffer hoffen, sondern immer davon ausgehen, daß nur das beste Tiermaterial die beste Nachzucht erbringt.

Auslese nach dem Leistungswert

Die erwünschte Leistung bei Tauben kann je nach Rasse und Zweck sehr unterschiedlich sein. Meistens geht es um die Zuchtleistung oder um die Flugleistung. So gibt es immer wieder hochbewertete Tiere, deren Zuchtleistung jedoch unter dem Durchschnitt liegt. Sind auf dem Schlage bessere Tiere vorhanden, so wird man die Tiere mit der geringeren Aufzuchtleistung ausmerzen. Sind ganze Bestände träge bei der Aufzucht ihrer Jungen, so läßt man ihre Nachkommen von Ammen aufziehen, indem man ihre Eier gleich nach dem Legen anderen Paaren unterlegt. Außerdem können sehr schwere Tauben leicht die von ihnen gelegten Eier zerdrücken, so daß man auch ihnen

die frischgelegten Eier wegnimmt und sie Ammenzuchtpaaren unterschiebt. Täubinnen, die verformte Eier oder Eier mit schlechter Eischalenqualität legen, haben Störungen, die meistens durch Wurmkuren oder durch Mineralstoff- und Vitamingaben beseitigt werden können.
Bei wertvollen Tieren ist bei der Auslese Geduld angebracht. Ansonsten sollte man mit dem Ausmerzen nicht lange zögern.
Bei manchen Rassen spielt die Auslese nach weiteren Leistungsmaßstäben eine erhebliche Rolle. Schlecht blasende Kröpfer, die ihren Schlaggefährten eindeutig unterlegen sind, müssen aus der Zucht verschwinden. Bei Spielflugtauben wie den Rollern, Ringschlägern oder Purzlern wird man immer diejenigen für die Zucht auslesen, die innerhalb des Bestandes den speziellen Flugstil am besten auszuführen verstehen. Hoch- und Dauerflugtauben werden einer sehr scharfen Auslese unterworfen, nur die Tiere mit der besten Flugleistung werden weiterhin in der Zucht eingesetzt.
Eine Auslese nach Leistung ist bei Wettflugtauben am stärksten ausgeprägt, indem man die Tauben mit den besten Wettflugleistungen verstärkt zur Vermehrung gelangen läßt. Die Wahrscheinlichkeit, daß Spitzentiere aufgezogen werden, ist bei erfolgreichen Eltern größer als bei Tauben mit geringerer Qualität.
Eine harte Auslese führt immer zu einer Bestandsverringerung und damit zu einer gesünderen Haltung. Man kann nur jedem Züchter raten, in seinem eigenen Interesse die Auslese gründlich durchzuführen und nur die besten Tiere zu behalten. Bessere Qualität bei der Nachzucht, gesündere Tauben und erhöhte Leistungen werden die Folge sein.

Auslese und Schlaggröße

Die Vorstellungen über die notwendige Schlaggröße mögen unterschiedlich sein. So gibt es Empfehlungen, nicht mehr als ein Zuchtpaar pro 1 m^2 Grundfläche zu halten. Die Grundfläche eines Schlages allein kann aber nicht die Basis für die Bemessung der Bestandsgröße sein.
Vor allem spielt auch die Anzahl der Nester eine große Rolle.
Bei hohen Schlägen sind oft vier oder fünf Nester in Etagen übereinander angebracht. Hier ist es sehr wohl möglich, mehr Tiere zu halten, als es der Faustregel entspricht. Die Tauben müssen allerdings die Möglichkeit haben, ihre Nester und den Ausflug leicht anzufliegen. Sind diese Voraussetzungen gegeben, so können Schläge mit guter Luftführung, die häufig gereinigt werden, enger besetzt werden. Allerdings wird mit zunehmender Bestandsdichte die Infektionsgefahr größer. Stellt man sich hierauf durch ständige Kontrollen ein, und führt man regelmäßig Kuren durch, so kann man unter diesen Bedingungen große Erfolge erzielen. Seit einigen Jahren versucht man, durch den Einbau von Drahtfußböden auch bei dichter Besetzung die hygienischen Verhältnisse entscheidend zu verbessern. Die Haltung der Tiere auf Drahtfußböden führt offensichtlich zur Vermeidung von Krankheiten, die sonst durch den Kontakt mit dem Kot hervorgerufen werden.
Immer gilt jedoch, daß Gesundheit, Verträglichkeit der Tauben untereinander und Übersicht umso besser sind, je schwächer der Schlag mit Tieren besetzt ist, was nur durch konsequente Auslese möglich wird.

Auslese und Zuchtvolumen

Für jede Rasse gelten andere Zuchtziele. Manche Taubenrassen und Farbenschläge lassen sich leicht züchten, indem man lediglich sehr gute Tiere zusammenpaart. Und innerhalb einer größeren Schar von Jungtauben findet man stets eine ausreichende Zahl hoch zu bewertender Tiere heraus. Bei manchen Rassen ist die Zucht sehr viel

schwieriger, vor allem wenn man Elterntiere mit verschiedenen Eigenschaften verpaart.
Will man Tauben mit schwer erzielbaren Eigenschaften züchten, so ist eine breite Zuchtbasis vorteilhaft; aus einer größeren Anzahl von Jungtieren aus vielen Zuchtpaaren fallen eher hoch zu bewertende Tiere an als aus einem kleinen Bestand.
Generell kann gesagt werden, daß es erfolgversprechender ist, von einer Rasse viele Tiere zu halten und nur wenige Zuchtziele im Auge zu haben, als von verschiedenen Farbenschlägen und Rassen nur einzelne Zuchtpaare zu besitzen, bei denen die Zucht von Spitzentieren Glückssache ist. Vielen Taubenzüchtern ist jedoch die Haltung einer bunten Taubenschar in geordneten Verhältnissen für ihre Freizeitgestaltung mehr wert als die Erfüllung eines großen Zuchterfolges. Der beste Rat, den man einem Anfänger geben kann, ist es, möglichst viele Zuchtfreunde aufzusuchen, um deren Gedanken zu hören und deren Schlaganlage und Tiermaterial zu besichtigen. Auf diese Weise kommt man am ehesten zur richtigen Entscheidung über die eigene Zuchtplanung und mit guten Ausgangstieren zum Erfolg.

Allgemeine Regeln für Zucht und Haltung
Vor lauter Begeisterung über die eigenen Tauben läuft man oft Gefahr, Fehler zu machen, die später kaum wieder auszugleichen sind. Als Beispiel hierfür sei erwähnt, daß eine Übervölkerung des Schlages zu größerer Verkotung und erhöhter Ansteckungsgefahr für bestimmte Krankheiten führt. Dies läßt sich aber nur teilweise durch häufigeres Reinigen des Schlages und eine sehr konsequente Gesundheitskontrolle kompensieren. Man sollte sich daher zunächst einmal nach dem Ziel seiner Taubenhaltung fragen. Will man möglichst viele Rassen und Farbenschläge bunt durcheinander halten und nicht unbedingt Spitzenzucht betreiben, so ist das in Ordnung. Man sollte dann aber nicht mit Neid auf den konsequenten Züchter von Spitzentieren schauen. Hat man dabei aber selbst einmal ein Spitzentier gezüchtet und den konsequenten Züchter auf den zweiten Platz verwiesen, so sollte man wissen, daß man Glück gehabt hat, der andere aber auf Dauer am längeren Hebel sitzt. Will man konsequent züchten, so sollte man eine Reihe von Regeln genau beachten. Zuerst kommt es auf das Zuchtziel an. Welche Rasse will man züchten, welche Farbenschläge? Braucht man für die Herauszüchtung noch besserer Tiere des gewählten Farbenschlages oder andere Tiere der gleichen Rasse mit anderen Merkmalen? Von der Beantwortung dieser Fragen hängt bereits eine bestimmte Mindestgröße des Bestandes ab.
Damit das Hobby ein solches bleibt und nicht ausufert, sollte man auf folgendes achten: a) Man kann nicht viele Farbenschläge und Rassen gleichzeitig halten. b) Eine Beschränkung auf bestimmte Rassen ist notwendig. c) Niemals den Schlag übervölkern und sich verzetteln. d) Weniger wertvolle Tiere sofort schlachten. e) Den Schlag dünn besetzen und die untere Nestreihe freilassen, das führt zu Ruhe und Ordnung im Schlag. Übervölkerung trägt zur Erhöhung des Krankheitsrisikos, zur Verminderung der Aufzuchtleistung und zu vermehrter Verletzungsgefahr durch gegenseitige Kämpfe bei.

Die Rassen

Die Anzahl der in Deutschland zugelassenen Taubenrassen ist auch für einen speziell interessierten Züchter kaum zu überschauen. Die Formen, Farben und rassespezifischen Eigenschaften sind so unterschiedlich, daß für die verschiedensten Neigungen der einzelnen Züchter viel Spielraum vorhanden ist, um diejenige Rasse zu halten, die den jeweiligen Wünschen am besten entspricht. Es gibt bei uns etwa 240 verschiedene Taubenrassen, die in den meisten Fällen mit mindestens 10, aber bei einzelnen Rassen auch mit bis zu 30 verschiedenen Farbvariationen vorkommen.
Die Zahl der Rassetauben in der Deutschland ist sehr schwer zu schätzen. Man nimmt an, daß es etwa 3 bis 5 Millionen Rassetauben und etwa ebenso viele Reisebrieftauben gibt. Für den Systematiker ist es nicht einfach, alle Tauben in Gruppen einzuordnen. Betrachtet man die einzelnen Rassen, so stellt man fest, daß viele von ihnen mit anderen Rassen Gemeinsamkeiten aufweisen, die dazu berechtigen, sie zu einer Gruppe zusammenzufassen.
So unterscheidet man zehn große Rassetauben-Gruppen, die in Untergruppen unterteilt sind. Eine weitere Gruppe und Rasse sind die Brieftauben, deren Anteil an allen Rassetauben auf 40–50% geschätzt wird. Man muß sie eigens erwähnen, weil bei ihnen ein ganz anderes Zuchtziel als bei den übrigen Rassetauben vorhanden ist und ihre Züchter eine völlig eigenständige Organisation aus einzelnen Vereinen bis zum Zentralverband besitzen. Intensives Züchten auf der ganzen Welt führt dazu, daß ständig neue Form- und Farbvariationen entstehen, so daß die Zahl der vorhandenen Rassen und Farbvariationen nie konstant bleibt. Alle vorhandenen Rassen befinden sich in einer ständigen Entwicklung mit dem Bemühen, mit möglichst vielen Tauben dem festgelegten Zuchtziel möglichst nahe zu kommen. Außerdem werden fast in jedem Jahr Neuzüchtungen vorgestellt. Bezieht man in diese Betrachtung die Taubenrassen auf der ganzen Welt mit ein, so dürfte ihre Zahl doppelt so groß sein, wobei die Buntheit noch viel größer ist.
Für den Anfänger ist es außerordentlich schwierig, sich für eine geeignete Rasse zu entscheiden, die sich nach Größe, Temperament, Erbsicherheit und Umweltverhältnissen am besten für ihn eignet. In Gesprächen mit erfahrenen Züchtern lassen sich die jeweils in Frage kommenden Rassen bereits einkreisen, und die Entscheidung wird damit erleichtert.

85 86 87 88 89 90 Kurzschnäblige Tümmler
85) Hamburger Tümmler, rot-gelstert. 86) Wiener Kurze, gelb. 87) Berliner Kurze, kupfrig. 88) Königsberger Farbenkopf, schwarz. 89) Englischer Kurzschnäbliger Tümmler, almond (mandelfarbig). 90) Elbinger Weißkopf, blau.

Die vom Bund Deutscher Rassegeflügelzüchter e. V. anerkannten Rassen sind im „Deutschen Rassetauben-Standard“ aufgeführt, geordnet und beschrieben. In diesem Standard sind nunmehr 235 Rassen erfaßt. Zu dem im Jahre 1985 veröffentlichten Standard ergaben sich bis zum Jahre 1990 über 90 Änderungen oder Ergänzungen. Daraus ist zu erkennen, daß eine Rassenbeschreibung lebt und mit der Anerkennung eines neugezüchteten Farbenschlages oder einer neugezüchteten oder importierten Rasse ergänzt oder geändert werden muß. Korrekturen sind außerdem notwendig, wenn innerhalb einer Rasse Änderungen in der Beurteilung einzelner Merkmale auftreten. Die Gesamtzusammenstellung aller Rassen im „Standard“ ist als Ringbuch erschienen und wird durch Ergänzungsblätter unter Angabe der Jahreszahl aktualisiert. So kann sich jeder Taubenhalter über den neuesten Stand einen Überblick verschaffen. Für die vorliegende Auflage dieses Buches ergab sich damit eine Überarbeitung der kurzen Rassebeschreibung. Während im „Rassetaubenstandard“ die Rassen innerhalb einer Rassengruppe alphabetisch geordnet sind, wird auf Ausstellungen eine Rangordnung gewählt, in der Untergruppen in fester Reihenfolge nebeneinander stehen. Nachfolgend wird die Reihenfolge gewählt, wie sie auf Ausstellungen üblich ist.

---

91 92 93 Mövchen, Mittelschnäblige Tümmler, Spielflugtauben
94 95 96
97 98 99 ***Mövchen:*** **91) Hamburger Sticken, lichtblaugehämmert.** ***Mittelschnäblige Tümmler:*** **92) Persischer Roller, vielfarbig. 93) Wiener Tümmler, Kiebitz, schwarz. 94) Rumänischer Nackthalstümmler, rot. 95) Kölner Tümmler, Farbenschwanz, blau. 96) Ostpreußischer Werfer, gelb.** ***Spielflugtauben:*** **97) Belgischer Ringschläger, rot. 98) Groninger Slenke (Flügelklatscher), weiß. 99) Speelderke, blau.**

Die in der Rassetaubenzucht verwendeten Begriffe „Rasse“ oder „Art“ sind nicht mit den klassischen Begriffen in der Tierzucht identisch. Oft unterscheidet sich eine Taubenrasse von einer anderen nur durch eine Farbnuancierung. Die Vertreter dieser Besonderheit werden untereinander in der Zucht eingesetzt und gelten im Sinne des Rassetaubenstandards als eine „Rasse“. Nach den Begriffen der klassischen Tierzucht wären sie lediglich spezielle „Schläge“ mit festgelegten unterschiedlichen Merkmalen. Im Folgenden wird der Begriff „Rasse“ so verwendet, wie es in der Rassetaubenzucht üblich ist.

Reihenfolge der Rassen auf Schauen

Gruppe I: Formentauben
Römer – Montauban – Ungarische Riesentauben – Texaner – Saarlandtauben – Cauchois – Franz. Sottobanca – Mondain – Carneau – Giertauben – Briver Schwarzköpfe – Strasser – Mährische Strasser – Luchstauben – Coburger Lerchen – Weiße Mittelhäuser – Lahore – Soultzer Hauben – Spaniertauben – Berner Halbschnäbler – Syrische Wammentauben – Basraer Wammentauben – Libanontauben – Damascener – Eichbühler – Poster – Show Antwerp – Show Racer – Show Homer – Exhibition Homer – Genuine Homer – Deutsche Schautauben.

Gruppe II: Warzentauben
Carrier – Dragoon – Indianer – Französische Bagdetten – Nürnberger Bagdetten – Fränkische Bagdetten – Steinheimer Bagdetten.

Gruppe III: Huhntauben
Malteser – Florentiner – Huhnschecken – Kingtauben – Englische Modena – Deutsche Modeneser.

Gruppe IV: Kropftauben
Altdeutsche – Altholländische – Pommersche – Genter – Französische – Englische Großkröpfer – Englische Zwergkröpfer – Hanakröpfer – Bayerische – Verkehrtflügelkröpfer – Sächsische – Hessische – Elsterkröpfer – Steigerkröpfer – Stellerkröpfer – Starwitzer Flügelsteller – Schlesische – Thüringer – Aachener Bandkröpfer – Tschechische Eiskröpfer – Liller – Voorburger Schildkröpfer – Norwich – Marchenerokröpfer – Amsterdamer – Brünner Kröpfer.

Gruppe V: Farbentauben
Böhmentauben – Prachener Kanik – Gimpeltauben – Eistauben – Dänische Stieglitze – Startauben – Feldfarbentauben – Münsterländer Feldtauben.

Süddeutsche Kohllerchen – Südd. Tigermohren – Südd. Weißschwänze – Südd. Blassen – Südd. Mönchtauben, belatscht – Südd. Mönchtauben, glattf. – Echterdinger Farbentauben – Südd. Schildtauben – Südd. Mohrenköpfe – Württemb. Mohrenköpfe – Südd. Latztauben – Südd. Schnippen.

Fränkische Feldtauben – Fränk. Herzschekken – Bernhardiner Schecken – Nürnberger Schwalben – Fränk. Samtschilder – Nürnberger Lerchen.

Thüringer Einfarbige – Thür. Goldkäfer – Thür. Weißschwänze – Thür. Mäusertauben – Thür. Weißköpfe – Thür. Weißlätze – Thür. Schwalben – Thür. Flügeltauben – Thür. Storchtauben – Thür. Schildtauben – Thür. Schnippen – Thür. Brüster.

Sächsische Weißschwänze – Sächs. Pfaffen – Sächs. Mönche – Sächs. Schwalben – Sächs. Flügeltauben – Böhmische Flügelschecken – Sächs. Storchtauben – Sächs. Schildtauben – Verkehrtflügelfarbentauben – Sächs. Schnippen – Mondtauben – Sächs. Brüster – Altdeutsche Mohrenköpfe – Schlesische Mohrenköpfe.

Gruppe V a: Schweizer Farbentauben
Einfarbige – Berner Rassen – Thurgauer Rassen - Wiggertaler Farbenschwänze – Aargauer Weißschwänze – Luzerner Rassen – Züricher Weißschwänze.

Rechte Seite: Farbmuster von Haustaubenrassen (nach Engelmann).

1 = farbiger Kopf und Latz (Latztaube),
2 = farbiger Kopf und Hals sowie farbige Brust (Brüster),
3 = farbige Brustpartie (Chinesische Ringelbrüstige),
4 = farbige Brust- und Flügelschildpartie (Thailandtaube),
5, 6 = farbiger Kopf und Schwanz (Schlesischer Mohrenkopf, Königsberger Farbenkopf),
7 = farbiger Kopf, Vorderhals und Schwanz (Süddeutscher Mohrenkopf),
8 = farbiger Kopf, Hals, Brust und Schwanz (Altdeutscher Mohrenkopf),
9 = farbiges Flügelschild (Fränkisches Samtschild),
10 = farbiges Schild mit weißen Binden (Sächsische Schildtaube),
11 = farbiger Kopf, Hals, Schwanz und farbige Brust (Kasaner Elstertümmler),
12 = farbiger Kopf, Hals, Rücken und Schwanz (Lausitzer Elsterpurzler),
13 = farbige Muschelhaube, farbiger Hals, Rücken und Schwanz (Komorner Tümmler),
14 = farbiges Gefieder bis auf weiße Flügel, Bauchpartie und Latschen (Märkische Elster),
15 = farbiges Gefieder bis auf weißen Halbmond an der Brust, weiße Schwingen, weiße Bauch- und Beinpartie (Englischer Kröpfer),
16 = Ganselfärbung (Wiener Gansel),
17, 18, 19 = Strasserfärbung (Strasser, Modeneser Gazzi, Florentiner),
20, 21 = farbiger Schwanz (Deutsches Farbenschwanzmövchen, Farbenschwanz-Pfautaube),
22 = farbiges Flügelschild, farbiger Schwanz (Anatolisches Mövchen).

1
2
3
4
5
6
7
8
9
10
11
12
13
14
15
16
17
18
19
20
21
22
84 WEICK

Farbmuster von Haustaubenrassen (nach Engelmann).
1 = weiße Flügelbinden (Brünner Kröpfer),
2 = weiße Schwingen (Wiener Kurze),
3 = weiße Flügel mit farbigem Schulterfittich (Schalaster Kröpfer),
4 = weißes Flügelschild (Wiener Weißschild),
5 = weißer Schwanz (Hamburger Sticken),
6 = weiße Schwingen, weißer Schwanz = Schwingigschwänzig und weiße Latschen (Kölner Tümmler),
7 = weißer Schwanz und weiße Flügelbinden (Sächsischer Weißschwanz),
8 = weiße Kopfplatte und weiße Flügelbinden (Weißplattenkröpfer),
9 = weißer Kopf und weiße Schwingen (Rheinischer Ringschläger),
10 = weißer Kopf, weiße Schwingen und weiße Latschen (Voigtländer Weißkopf-Trommeltaube),
11 = weiße Platte und weißer Schwanz (Mäusertaube),
12 = weißer Kopf, weiße Schwingen und weißer Schwanz (Böhmischer Kröpfer),
13 = weißer Kopf, weiße Flügelbinden, weiße Schwingen, weißer Schwanz und weiße Latschen (Sächsische Mönchtaube),
14 = weiße Brust- und Bauchpartie (Stettiner Tümmler).

Gruppe VI: Trommeltauben
Bucharische – Deutsche Doppelkuppige – Deutsche Schnabelkuppige – Bernburger – Dresdener – Harzburger – Voigtländer – Gabelschwanz – Schmöllner – Arabische – Fränkische – Altenburger Trommeltauben.

Gruppe VII: Strukturtauben
Lockentauben – Schmalkaldener Mohrenköpfe – Altholländische Kapuziner – Perükkentauben – Pfautauben – Indische Pfautauben – Chinesentauben.

Gruppe VIII: Mövchentauben
Antwerpener Smerlen – Altholländische – Altdeutsche – Aachener Lackschildmövchen – Hamburger Sticken – Italienische – Einfarbige Mövchen (African Owl) – Deutsche Schildmövchen – Deutsche Farbenschwanzmövchen – Turbitmövchen – Englische Owl – Anatolische – Orientalische – Turbiteen – Dominomövchen.

Gruppe IX: Tümmlertauben
Hannoversche Tümmler – Bremer Tümmler – Memeler Hochflieger.

Dänische Tümmler – Deutsche Langschnäblige Tümmler – Kasseler Tümmler – Polnische Langschnäblige Tümmler – Stralsunder Hochflieger – Berliner Lange – Berliner Langlatschige Elstern – Berliner Weißschwänze – Berliner Schwingigschwänze.

Danziger Hochflieger – Pommersche Schaukappen – Stargarder Zitterhälse – Ostpreußische Werfer.

Niederländische Hochflieger – Altholländische Tümmler – Kölner Tümmler – Elsterpurzler – Schautippler – Englische Long-Faced Tümmler – Englische Kurzschnäblige Tümmler.

Wiener Tümmler – Wiener Weißschilder – Wiener Kurze – Wiener Gansel – Budapester Kurze.

Orientalische Roller – Persische Roller – Bursa-Tümmler – Regensburger Tümmler – Rumänische Nackthalstümmler – Mookeetauben.

Temeschburger Schecken – Komorner – Felegyhazer – Batschkaer – Erlauer – Szegediner – Siebenbürger Doppelk. Tümmler – Jassyer – Rumänische Weißschwänze – Rumänische Geelsterte Bärtchen – Köröser.

Tulaer Sternschwanztümmler – Rschewer Sternschwanztümmler – Kiewer Tümmler – Taganroger Tümmler – Kasaner Tümmler – Usbekische Tümmler.

Englische Nonnen – Deutsche Nönnchen – Hamburger Schimmel – Hamburger Tümmler – Kalotten.

Märkische Elstern – Schöneberger Streifige – Berliner Kurze – Altstämmer – Königsberger Reinaugen – Königsberger Farbenköpfe – Elbinger Weißköpfe – Gumbinner Weißköpfe – Stettiner Tümmler – Breslauer Tümmler – Prager Tümmler – Posener Farbenköpfe.

Gruppe X: Spielflugtauben
Belgische Ringschläger – Rheinische Ringschläger – Groninger Slenken.

Diese Reihenfolge gilt als allgemeine Richtlinie. Je nach den räumlichen und technischen Gegebenheiten der Ausstellung, vorhandenen Käfigen (Käfiggröße!) usw. können Umstellungen erforderlich werden, jedoch sollen die Rassen stets in der Gruppe (I–X) ausgestellt werden, zu der sie laut Standard gehören.

Käfiggrößen

Zumindest für folgende Rassen sind Käfige in der Größe 50 × 50 cm zu fordern: Römer, Montauban, Saarlandtauben, Cauchois, Mondain, Carneau;
Altdeutsche, Altholländische, Pommersche, Genter, Verkehrtflügel-, Elster-, Französische und Englische Kröpfer;
Trommeltauben bis einschließlich Gabelschwanztrommeltauben.
Wünschenswert sind 50er Käfige für die Rassen der Gruppe II und für stark belatschte Rassen der Gruppe V
Für die übrigen Rassen und solche der Gruppen VII bis X gelten Käfige in der Größe 40 × 40 cm als ausreichend.

Gruppe I
Formentauben

Riesentauben

Es handelt sich bei dieser Gruppe um sehr große Tauben mit deutlicher Ausprägung der Kopf- und Körperform. Zu den größten Taubenrassen überhaupt zählen die Römer, Montaubantauben und die Ungarischen Riesentauben. Alle drei Rassen haben eine Lebendmasse von über 1000 g. Neben Form und Größe ist das Hauptmerkmal der stets glattfüßigen **Römer** ihre Flügelspannweite. Sie beträgt über 100 cm. Es gibt sie in 8 Farbenschlägen.
Die **Montauban-Rasse** stammt aus Frankreich und ist mit den Römern verwandt. Sie besitzt eine Muschelhaube. Die Tiere sind glattfüßig und wirken sehr massig.
Die **Ungarische Riesentaube** hat ebenfalls eine Muschelhaube und ist belatscht. 10 Farbenschläge und Schecken in diesen Farben sind anerkannt.
Zu den Riesentauben gehören auch die aus Italien stammenden **Piacentini** (glattköpfig, glattfüßig) und **Romagnoli** (glattköpfig, federfüßig).
Diese beiden Rassen sind im „Standard“ nicht erfaßt.

Klassische Formentauben

Texaner wurden als kennfarbige Wirtschaftstauben unter Mitverwendung von Thüringer Einfarbigen, Mondain- und Kingtauben gezüchtet. Sie sind seit 1972 bei uns anerkannt. Frisch geschlüpfte Jungtiere kann man nach ihrem Geschlecht unterscheiden. Die Täubinnen besitzen einen normal ausgebildeten Federflaum und eine braune Schnabelfarbe, während die Täuber nur wenig Federflaum und stets einen hellen Schnabel haben. Diese brutfreudige Rasse hat ein Gewicht bis 950 g. Das Gefieder der Täuber ist fast weiß, an Hals, Brust und anderen Körperstellen kommen aber auch verschiedenfarbige Federn vor. Bei den Weibchen gibt es verwaschene rote, rotfahle, braunfahle und blaue Tiere.
Zu dieser Rassengruppe gehören weitere europäische Rassen wie verschiedene französische Mondain-Schläge, aber auch die Ungarische Buga-Taube und der Tschechische oder Mährische Strasser.
Im Jahr 1960 zuerst vorgestellt, sind die **Saarlandtauben** eine noch junge Rasse. Sie wurden aus Römern, Bagdetten und Brieftauben erzüchtet. Täubinnen wiegen bis 850 g, Täuber bis 950 g. Trotzdem sind sie gute Flieger und haben bedeutend mehr Eleganz als andere schwere Rassen. Sie werden bisher nur in Rotfahl und in Gelbfahl gezüchtet. Eine Nutzung auch als Wirtschaftstauben bietet sich an.
Die **Cauchois** stammen aus Caux in der Normandie. Es sind große, lebhafte Tauben mit schwachem Blaswerk und mit einem Gewicht von 700–800 g. Bindige und Geschuppte gibt es mit und ohne Mondzeichnung. Einfarbige in Rot, Gelb und Schwarz haben immer eine Mondzeichnung. Gediegen sind die Pfirsichblütenfarbigen und die Hyazinthfarbigen.
Französische Sottobanca stammen ursprünglich aus der Lombardei. Sie wurden in Italien und Frankreich als Nutztauben gezüchtet. Sie tragen eine Haube und sind groß, kräftig, lebhaft und doch zutraulich.

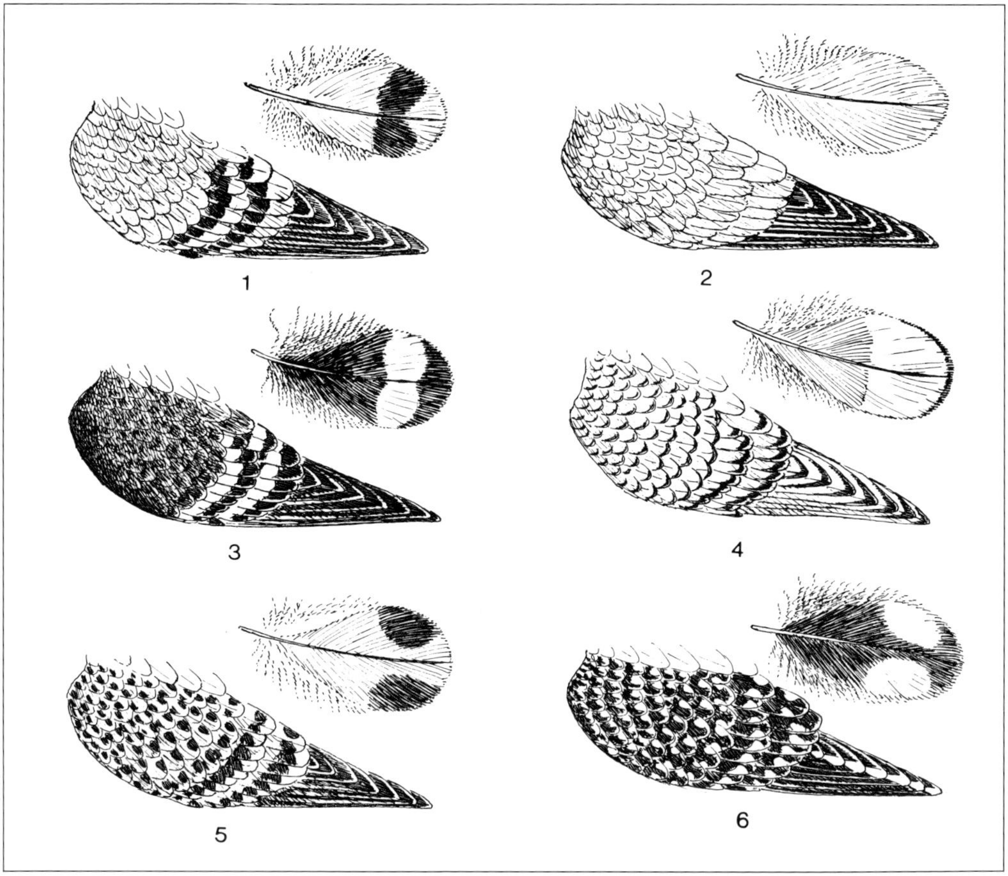

Flügelschildzeichnungen (nach Müller).
1 = blau mit schwarzen Binden,
2 = hohlig,
3 = schwarz mit weißen Binden,
4 = porzellanfarbig,
5 = gehämmert bzw. gelercht,
6 = geschuppt mit Finkenzeichnung.

Es gibt sie in Blau, Weiß, Schwarz, Rot und Gelb. Erst im Jahre 1990 wurden sie in den „Standard" aufgenommen.
Wegen mancher guter Eigenschaften beliebt sind die aus Frankreich stammenden **Mondaintauben.** Sie sind eine zuchtfreudige Rasse, die auch zur Fleischerzeugung geeignet ist.

Mondaintauben werden seit etwa 20 Jahren verstärkt auf unseren Ausstellungen gezeigt. Das vorhandene Tiermaterial ist gut durchzüchtet. Wahrscheinlich entstanden sie in Frankreich durch Einkreuzung von Römern und Bagdetten in Montauban. Sie sind glattköpfig und haben kurze, glatte Beine. Die moderne Form ist leichter als ihre Vorgän-

Flügelschildzeichnungen.
1 = schildig und gemöncht,
2 = Storchenzeichnung,
3 = Elsterzeichnung: weißes Schild mit farbiger Herzzeichnung,
4 = Schild mit Flügelrose,
5 = Flügeltauben: farbiges Schild mit weißer Herzzeichnung,
6 = geschuppt; 1. blaugeschuppt, 2. schwarzgeschuppt,
7 = gesäumt.

ger, die früher als Monteneur in Deutschland bekannt waren. Sie wiegen heute ca. 750–850 g. Auffallend ist ihre breite Beinstellung und der kurze, waagerecht stehende Schwanz.

Ebenfalls aus Frankreich stammen die **Carneau.** Sie werden etwa 500–600 g schwer, sind zuchtfreudig und auf Schönheit gezüchtet. Diese Rasse besitzt besonders intensive Farben. Der Schnabel ist immer hell. Sie sind für den Freiflug geeignet. In den USA werden in starkem Maße weiße Carneau zur Fleischerzeugung benutzt.

Ende des vorigen Jahrhunderts wurde im Giertal bei Lyon die **Giertaube** aus Brieftauben und Bagdetten herausgezüchtet. Gemönchte Tiere haben auch andere Vorfahren. Es sind elegante, ruhige Tauben mit einem Gewicht von 650–700 g. Die Gemönchten sind etwas leichter. Sie haben eine leicht abfallende Haltung. Es gibt sie in sechs Farbvariationen. Ihre Farbenvielfalt läßt sich züchterisch sicherlich noch erweitern.

Briver Schwarzköpfe entstanden vor langer Zeit in der Gegend um Brive in Frankreich. Sie wurden dort im Jahre 1978 und nun auch bei uns anerkannt. Es sind kräftige, flugfähige Tauben mit breiter Brust und nur in dem Farbenschlag Schwarzgemasert. Kopf und Hals sind schwarz; der Körper, einschließlich Schwanzdecke, Keil und Flügelfedern sind gemasert. Schwingen und Schwanz sind hell mit schwarzer Säumung.

Sehr beliebt sind die **Strasser.** Der erste Sonderverein wurde 1907 gegründet. Auf Strasser-Schauen werden bis zu 2000 Tiere in 21 Farbvariationen gezeigt. Die Zeichnung aller Tiere dieser Rasse ist einheitlich; sie ist heute als spezielle Strasser-Zeichnung geläufig. Bei weißer Grundfarbe sind Kopf, mittelgroßer Latz, Flügel, Schwingen, Schwanz, Rücken und Keil farbig. Neuere Farbzeichnungen sind schwarzgeschuppte, weißbindige und weißgeschuppte Tiere. In den letzten 30 Jahren hat die Rasse erheblich an Körpergewicht zugenommen.

Mährische Strasser haben die gleiche Zeichnung, wie die deutschen Strasser, die ursprünglich ebenfalls aus Mähren zu uns gekommen sind. Sie sind als eigenständige Rasse anerkannt. Bei ihnen wird ein Verhältnis von Länge zu Breite von 2:1 gefordert. Es sind also Tauben mit sehr breiter, stark ausgeprägter Brust. Sie werden in über 20 verschiedenen Farbenschlägen gezüchtet.

Luchstauben wurden schon im Jahre 1870 erwähnt. Es gibt 16 Farbenschläge von ihnen. Sie werden einfarbig und geschuppt gezüchtet. Die Schuppenzeichnung ist um so besser, je gleichmäßiger sie auf dem Flügelschild erscheint. Luchstauben waren schon immer weit verbreitet. In den nach Gebieten eingeteilten Sondervereinen werden sie züchterisch betreut.

Seit 1907 gibt es den Sonderverein für **Coburger Lerchen.** Es handelt sich bei ihnen um sehr schnittige Tauben mit einem langgestreckten Körper mit waagerechter Rückenhaltung. Es gibt nur drei Farbenschläge, nämlich Gelercht, Silber mit Binden und Silber ohne Binden. Eine Besonderheit ist die hell-ockerfarbige Brust, die typisch für diese Rasse ist. Diese Farbenzeichnung tritt auch bei Brieftauben hin und wieder auf. Die Lerchung erstreckt sich über den gesamten Flügelschild mit möglichst gleichseitigen, klaren Dreiecken. Coburger Lerchen sind leicht zu halten, flugfreudig und gute Brüter. Die Zucht mit gutem Ausgangsmaterial ist nicht allzu schwierig.

Die **Weißen Mittelhäuser** stammen aus Mittelhausen in Thüringen und wurden dort im Jahre 1963 unter der Bezeichnung **Weiße Wirtschaftstaube** anerkannt. In den Deutschen Rassetauben-Standard wurden sie im Jahre 1985 unter der neuen Bezeichnung übernommen. Es sind reinweiße, kräftige, flugfähige Tauben mit lebhaftem Temperament, mit einer Lebendmasse von 600–700 g.

Als Lebendfutter gelangten die **Lahore-Tauben** um 1880 nach Deutschland. Bei ihnen läuft eine geschlossene, farbige Zeichnung als Streifen von den Warzen über Kopf und Hals in den Rücken hinein, um sich hier mit der stets gleichen Flügelfarbe zu vereinigen. Unterkopf, Vorderhals, Brust, Bauch und Fußbefiederung sind weiß. Sie werden in 10 verschiedenen Farbenschlägen gezüchtet.

Soultzer Hauben sind glattfüßig mit Muschelhaube, 600–700 g schwer und stammen aus dem Elsaß. Das Halsgefieder ist locker mähnenartig. Täuber zeigen ein leichtes Blaswerk. Es gibt sie in drei Farbenschlägen (blau mit und ohne Binden, blaugehämmert). Ein Sonderverein besteht seit 1961.

Die **Spanier-Tauben** wurden um das Jahr 1910 aus Nürnberger Bagdetten, Feld- und Brieftauben gezüchtet. Sie haben mit Spanien nichts zu tun. Auffallend ist ihre fast waagerechte Schwanzhaltung. An der Kopfform ist ihre Verwandtschaft mit Nürnberger Bagdetten noch herauszulesen. Bei der Bewertung stehen die Kopfpunkte an erster Stelle. Ein Sonderverein wurde 1975 gegründet.

Spanier-Tauben sind eine elegante Rasse mit aufrechter Haltung und besonders aparten Farbvarianten. Sie werden in 15 Farbvariationen gezüchtet.

Berner Halbschnäbler sind eine alte schweizer Rasse, die schon vor etwa 150 Jahren nachgewiesen wurde. Ihre Name stammt von dem ehemals zweifarbigen Schnabel. Es sind kräftige, sehr elegante Tauben mit Spitzkappe mit einer eigenartigen Gefiederzeichnung in Schwarz- und Rotscheckig. Früher wurden sie in der Schweiz als **Türkentauben** bezeichnet.

Wammentauben und warzentaubenartige Formentauben

Die **Syrischen Wammentauben** werden wegen ihrer ausgeprägten Wamme in der Fachliteratur immer wieder auf Abbildungen gezeigt. Sie kommen in vielen Farbvariationen vor und haben große Chancen, in Zukunft in Deutschland zahlreicher gezüchtet zu werden, weil das noch unausgeglichene Tiermaterial sichtbare züchterische Fortschritte ermöglicht und dies manchen Züchter besonders reizt.

Basraer Wammentauben kommen aus dem Orient. Sie wurden in den letzten Jahren nach Deutschland geholt und sind nun als Rasse anerkannt. Es sind kräftige, lebhafte Tauben mit hochaufgerichtetem Körper und einer gut ausgebildeten Wamme. Der Schwanz wird in Verlängerung der Rückenlinie getragen. Die Augen sind orangefarbig, jedoch bei blaugrundfarbigen (Rihani) und hellgrundfarbigen (Abiad) Täubern teilweise auch leicht grünlich. Die Farben sind teilweise geschlechtsgebunden. Es gibt Hellgrundfarbige, Gelbgrundfarbige, Mehllichte und Blaugrundfarbige; Hellgrundfarbige sind nur Täuber. Wegen der Eigenartigkeit der Farben wird ihnen eine weitere Verbreitung vorausgesagt.

Die **Libanon-Tauben** kommen aus dem Libanon und aus Syrien. Sie haben einen nach hinten abfallenden, kompakten Körper mit dickem Hals und schwach ausgebildeter Kehlwamme. Auch sie haben ein eigenartiges Farben- und Zeichnungsspiel. Die Schuppung ähnelt der der Blondinetten. Vor etwa 100 Jahren wurden sie schon einmal eingeführt, aber in den folgenden Jahrzehnten auf Ausstellungen nicht mehr gesehen. Neue Importe aus dem Orient haben nun zur Anerkennung geführt. Es sind gute Voraussetzungen für eine weitere Verbreitung vorhanden.

Die **Damascener** gehören mit zu den ältesten Haustauben. Diese Rasse soll schon dreitausend Jahre alt sein. Sie wird nur in einem einzigen Farbenschlag gezüchtet, den wir mit eisfarbig bezeichnen. Die Oberfarbe ist am gesamten Körper eisweiß ohne abweichende Schattierungen. Das Untergefieder dagegen ist dunkelblau/grau. Auf dem Flügelschild sind zwei kräftige tiefschwarze Binden. Die Schwingen sind grauschwarz. Damascener sind verträgliche, gut brütende Tauben, die sich auch zusammen mit anderen Rassen gut halten lassen.

Eine Schweizer Rasse sind die **Eichbühler**. Sie sind vor 150 Jahren aus Farbentauben und einer osteuropäischen Rasse in Eichbühl/Bern entstanden. Es sind kräftige, etwas scheue Feldtaubentypen mit flachem, kantigem Kopf mit auffallend großen Augen (Eidechsenkopf). Sie werden vorwiegend in Blau und Fahl mit und ohne Binden oder gehämmert gezüchtet. Weiße Federn sind verpönt. Die Beine sind behost.

Brieftaubenähnliche Formentauben

Reisebrieftauben werden in erster Linie nach ihrer Flugleistung auf Wettflügen beurteilt. Nur erfolgreiche Wettflugtauben werden zu Ausstellungen zugelassen, damit zusätzlich die gewünschten Körperformen im Wettbewerb miteinander verglichen werden können.

Es ist daher nicht verwunderlich, wenn seit über 100 Jahren Brieftauben auch nur auf Schönheit gezüchtet werden und sich im Laufe der Zeit bestimmte Spezialrassen entwickelt haben. Die meisten von ihnen sind in England gezüchtet worden.

Die **Poster** sind bereits vor 150 Jahren in der Schweiz entstanden. Sie sind eine Brieftaubenart mit kräftigem, aufgerichtetem Körper mit kantigem Kopf. Poster sind kleiner als Brieftauben. Als Farbenschläge sind in Deutschland einfarbig schwarz, rot, gelb und weiß anerkannt. In der Schweiz werden sie in weiteren Farbenschlägen gezüchtet.

Der **Show Antwerp** geht im Ursprung auf Antwerpener Brieftauben zurück, in die Indianer und Owls eingekreuzt worden sind. Show Antwerps sind mit drei verschiedenen Gesichtslängen anerkannt. Der eiförmige Kopf ist groß und dick. Der kurze Schnabel entspricht dem spitzen Ende eines Eies. Hinterkopf und Wangen sollen gut ausgebildet sein. Rote Augen sind typisch für diese Rasse. Nur weiße Tiere haben dunkle Augen. Es sind viele Farbenschläge zugelassen, nicht jedoch Schimmel und Schecken. Schwierigkeiten bereitet die Aufzucht der Kurzgesichter. Auf Ausstellungen treten Farbe und Zeichnung hinter der Form zurück.

In den USA wurden zu Beginn unseres Jahrhunderts die **Show Racer** aus belgischen und englischen Brieftauben gezüchtet. Sie sind dort seit dem Jahre 1923 auf Schauen zugelassen. Es sind mittelgroße, kräftige Tauben mit aufgerichteter Haltung mit breiten Schultern. Sie werden in zwölf Farbvariationen gezüchtet. Sie züchten fleißig und sind lebhafte, aber dennoch zutrauliche Tauben.

Außerdem werden in den USA die **Giant Homer** gezüchtet, die mit den Show Racern eng verwandt sind. Es sind besonders große, kräftige Tiere, bei denen als farbliche Besonderheit auch Andalusierblau vorkommt. Da sie in ihrer Körpergröße sehr beeindrucken, haben sie sicherlich Chancen, eines Tages auch in Europa gezüchtet zu werden. Sie sind allerdings in Deutschland bisher nicht anerkannt.

Der **Show Homer** war in England vor 80 Jahren die typische „Ausstellungsbrieftaube". Zu seiner Herauszüchtung hat man nach Müller in Antwerpener Brieftauben Bagdetten, Dragoner und Tümmler eingekreuzt.

Der Show Homer hat einen extrem langgezogenen Schädel. Rasseeigentümlich ist das stark leuchtende, helle Perlauge. Farbe und Zeichnung sind bei der Bewertung von untergeordneter Bedeutung. Die Kopfpunkte stehen an erster Stelle mit einem klar formulierten Wunschprofil. Um nicht wertvolle Zucht- und Ausstellungstiere im Freiflug zu verlieren, sind die Show Homer mehr und mehr zu Volierentauben geworden.

Der **Exhibition Homer** entstand um die Jahrhundertwende ebenfalls in England. Der Körper dieser Tiere erscheint geschmeidiger als der der Show Homer. Auch besitzen sie eine ganz andere Kopfform als diese. Sie haben einen langen, keilförmigen Kopf mit klar leuchtenden Perlaugen, der sehr aufrecht getragen wird. Als Farbvarianten

sind sämtliche Brieftaubenfarben zugelassen, jedoch keine Schecken.
Bei den in einem Sonderverein zusammengeschlossenen Züchtern sind sehr edle Exhibition Homer bei uns vorhanden.
Genuine Homer entstanden um 1920 in England. Die Tiere sind in ihrem Exterieur brieftaubenähnlicher als andere Homer. Die Augen dieser Rasse sind hell perlfarbig. Die Verwandtschaft mit den Exhibition Homers ist am langen Kopf erkennbar.
Deutsche Schautauben sind eine der am meisten verbreiteten Taubenrassen. Der Verband der Züchter Deutscher Schautauben ist der größte Sonderverein im Verband Deutscher Taubenzüchter. Er geht auf einen Sonderverein zur Züchtung von Ausstellungsbrieftauben aus dem Jahre 1908 zurück. Im Laufe der Jahre wurden in die Schönheitsbrieftauben Mövchen, Dragoner, Show Antwerp und Show Homer eingekreuzt. Sie haben sich daher in ihrer Kopfform deutlich von den Reisebrieftauben entfernt. Jedoch sind Flugfreude, Brutfreudigkeit, Charakter und Intelligenz der Reisebrieftauben weitgehend erhalten geblieben. Die schnittige Figur, der Farbenreichtum und das lebhafte Temperament dieser Rasse haben bei unkomplizierter Haltung dazu beigetragen, daß sich viele Taubenzüchter ihrer Züchtung mit Vorliebe angenommen haben.
Bei der Bewertung der Deutschen Schautauben steht der Kopf an erster Stelle. Er ist über den Augen am breitesten und verjüngt sich keilförmig zur Schnabelspitze. Schnabel und Stirn bilden von der Seite betrachtet eine leicht gebogene Linie, die gleichmäßig in eine elegant gebogene Scheitellinie übergeht, um harmonisch zum Hals abzufallen. Bisher sind 22 verschiedene Farbenschläge anerkannt. Da bei der starken Konkurrenz der Deutschen Schautauben auf Ausstellungen kleinere Fehler schon zu einer deutlichen Abwertung führen, wird bei einwandfreien Kopfpunkten das farblich bessere Tier immer vorgezogen.
Gute Flieger sind die aus Ägypten und Syrien stammenden, sehr gut züchtenden **Seglertauben**. Sie haben kurze Beine, einen extrem langen Schwanz und sehr lange Flügel mit einer Spannweite bis zu 90 cm. In Europa sind sie nur aus Berichten bekannt. Ein Import dürfte sicherlich bei manchem Züchter auf großes Interesse stoßen. Sie lassen sich nur bedingt in diese Gruppe einordnen. Sie sind bei uns bisher nicht anerkannt.

Deutsche Schautaube.

Gruppe II Warzentauben

Die Botentauben im Altertum besaßen bereits stark entwickelte Nasenwarzen. Diese Besonderheit ist schon sehr alt und läßt sich offensichtlich durch Züchtung in Form und Größe beeinflussen.
Sehr ausgeprägt ist die Herauszüchtung großer Warzen beim Carrier, aber auch bei den Dragonern und den Indianern. Die Vergrößerung der Nasenwarzen ist mit einer Verbreiterung der Augenringe gekoppelt. Beide Merkmale sind auch den Bagdetten eigen, die mit ihren verschiedenen Rassen zur Gruppe der Warzentauben zählen.

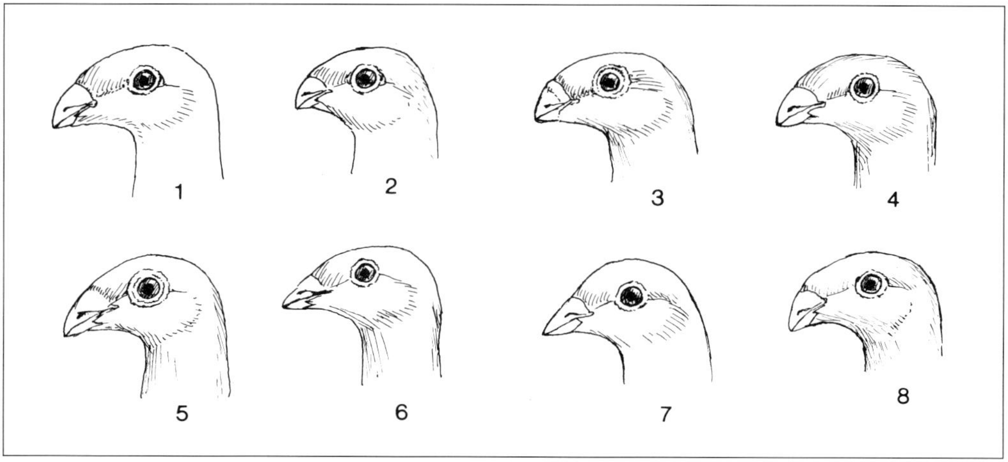

Fehlerhafte Köpfe der Deutschen Schautaube (nach Lange).
1 = Zu langes Gesicht mit noch besserer Schnabelsubstanz,
2 = Zu kurzes Gesicht, Kurzbeak genannt,
3 = Typ des Show Antwerp,
4 = Typ des Show Homer,
5 = Typ einer Bagdette,
6 = Tümmlerkopf,
7 = Flüchtertyp,
8 = Ramskopf.

Für die Züchter bietet die Zucht von Warzentauben einen besonderen Reiz, den man sicherlich wohl nur bei der eigenen Zucht nacherleben kann.
Eine der Urahnen aller Warzentauben ist die auf alten Bildern gezeigte Türkentaube, die schon vor etwa 200 Jahren mit üppigen Nasenwarzen dargestellt wird. Warzentauben sind elegant, muskulös und voller Temperament. Erfahrene Züchter vertreten die Meinung, daß Warzentauben in Zucht und Haltung nicht das richtige für Anfänger sind. Eine Übervölkerung des Schlages ist bei diesen temperamentvollen Rassen immer ein Problem, da die Tiere sich vermehrt gegenseitig bekämpfen und die Gefahr der Zerstörung von Gelegen nicht auszuschließen ist.
Warzentaubenzüchter müssen Geduld haben, da man den jungen Tieren Zeit lassen muß; erst im Alter von 3–4 Jahren sind sie voll entwickelt.

Eigentliche Warzentauben
Der typische Vertreter dieser Gruppe ist zweifellos der **Carrier.** Es gibt diese Rasse nachweislich seit mehreren Jahrhunderten in England. Seit 150 Jahren ist sie in Deutschland bekannt.
Diese schlanke, dünnhalsige Rasse hat eine Gesichtslänge von über 50 mm. Somit ist genügend Platz für die großen Warzen vorhanden. Der Kopf wird fast waagerecht getragen. Der Augenrand ist rund, weichhäutig und trocken. Er besteht bei Alttieren aus drei gleich großen Ringen, die den Kopf nach oben überragen.
Aufbau, Aussehen und Form der übergroßen Warzen unterliegen speziellen Zuchtbestimmungen. Es sind über 12 Farbenschläge

und alle Schecken für die Schauen zugelassen.

Der **Dragoon** oder **Dragoner** kommt ebenfalls aus England. Auffälliges Merkmal ist die Gesichtslage. Wie bei keiner anderen Rasse ist der Kopf über die Waagerechte hinaus nach oben gerichtet. Die Augenränder sind zweireihig, zum Hals hin schmaler werdend.

Dragoner haben Brieftaubengröße. Sie werden in vielen Farben gezüchtet. Über 15 Farbenschläge sind bekannt. Bei der Bewertung haben die Kopfpunkte den Vorrang vor den übrigen Körpermerkmalen. Bei den Mitgliedern des Sondervereins ist wertvolles Tiermaterial vorhanden.

Verwandt mit den zuvor genannten beiden Rassen sind die **Indianer,** die bereits vor Jahrhunderten als Berbertaube in den Mittelmeerraum und von dort nach Holland, England und Deutschland gebracht wurden. Indianer sind kurzschnäblige Warzentauben. Das wichtigste Merkmal ist der vor und hinter den Augen gleich breite Kopf. Indianer haben helle, perlfarbige Augen (bei weißen Tieren dunkel). Die Augen werden von einem charakteristischen breiten, roten Augenrand umschlossen. Der Augenrand darf nicht die Sicht der Tiere behindern. Ebenfalls stark ausgebildet sind die Schnabelwarzen. Sie müssen deutlich vom Augenrandfleisch getrennt sein. Auch am Unterschnabel befinden sich drei Warzen. Indianer benötigen bis zur vollen Entwicklung 4 Jahre. Sie werden in 7 Farben ohne Schekken gezüchtet.

Die Aufzucht der Jungen erfolgt mit Ammentauben. Ein Sonderverein hat dieser Rasse deutlichen Auftrieb gegeben. Als ausgestorben, aber in diese Gruppe gehörend, gelten die in früheren Berichten immer wieder erwähnten Türkischen Tauben und die Horseman-Tauben. Es ist wohl richtiger, wenn man erklärt, daß diese Rassen nicht ausgestorben, sondern durch ihre züchterische Bearbeitung in den modernen Rassen aufgegangen sind.

Bagdetten

Die **Französische Bagdette** kam 1862 aus Frankreich zu uns. Sie ist eine hochbeinige Taube mit dünnem Hals, keilförmigem Kopf, perlfarbigen Augen und waagerechter Schnabelhaltung. Ein typisches Bagdetten-Merkmal am Hals ist der Bagdetten-Knoten, das etwas vorstehende Brustbein sowie eine kurze Befiederung.

Typische Vertreter dieser Gruppe sind die **Nürnberger Bagdetten**. Die geherzte Zeichnung kommt in verschiedenen Farben am häufigsten vor. Sie nehmen unter allen Taubenrassen insofern eine Sonderstellung ein, als die Rundung des Kopfes sich über den Schnabel bis zur Schnabelspitze fortsetzt. Beim fertigen Tier soll von der Schnabelspitze bis in den Nacken die Rundung des Kopfes eine geschlossene, gebogene Linie bilden. Es sind alle Farbvarianten in Einfarbig, Gescheckt und Geherzt zugelassen. Bei den Geherzten befinden sich zwischen Augen und Schnabelansatz paarige Farbflecken, Bäckchen genannt. In den letzten Jahren sind die Nürnberger Bagdetten, die einen besonderen Reiz ausüben, wieder zahlreicher geworden.

Wegen des krummen Schnabels ist es besser, das Futter in Trögen zu verabreichen. Sie sind gute Brüter und ziehen ihre Jungen selbst auf.

Langschnäblig wie die Nürnberger Bagdetten sind auch die **Fränkischen Bagdetten**, die seit 1951 als Rasse anerkannt sind. Ihre Verbreitung ist bisher auf die engere Heimat beschränkt; doch haben sie alle Chancen, sich räumlich auszudehnen.

Steinheimer Bagdetten sind offensichtlich mit Französischen Bagdetten verwandt. Der ebenfalls schlanke Hals besitzt keinen Bagdetten-Knoten. Sie werden in 14 Farbenschlägen gezüchtet.

Ein Sonderverein besteht seit 1926. Bei der Bewertung rangiert die Körperform vor den Kopfpunkten und der Gefiederfarbe.

Zu erwähnen sind in dieser Gruppe außerdem die Tschechischen und die Ostrauer

Bagdetten, die in ihrer Heimat eine Bedeutung haben, aber in Deutschland nicht gezüchtet werden.

Gruppe III
Huhntauben

Es gibt 6 anerkannte Huhntauben-Rassen. Bei sehr unterschiedlicher Größe ist bei allen ein huhnähnliches Aussehen vorhanden.

Man nimmt an, daß die ersten Huhntauben aus Indien kamen. Bereits im Jahre 1886 wurden von Prütz Birmanische Huhntauben beschrieben. Sie wurden überwiegend in Süddeutschland und in Österreich gezüchtet. Huhntauben sind lebhaft und temperamentvoll. Unter ihnen gibt es recht rauflustige junge Täuber, die jederzeit ihre Stärke unter Beweis stellen wollen.

Sehr hoch gestellte Huhntauben sind an der Grenze des anatomisch Vertretbaren angelangt. Optimale Ernährung ist zur Ausbildung gut gestellter Beine sowie aller Organe und Gelenke bei diesen Tieren besonders wichtig. Huhntauben sollen auf der Ausstellung dem Preisrichter ihre Figur zeigen. Eine gute Schaukondition und die Gewöhnung an den Dressurkäfig sind daher Grundvoraussetzung für cinen Ausstellungserfolg. Schecken müssen vor der Ausstellung geputzt werden, wozu eine gewisse Erfahrung erforderlich ist.

Malteser sind hochaufgerichtete, hochbeinige Tauben mit langem Hals und kurzem Rumpf. Der Kopf ist lang und schmal. Ein besonderes Merkmal ist der Bagdetten-Knoten. Die Oberlinie des Rückens läuft waagerecht zum Schwanz hin ansteigend. Der Schwanz ist sehr kurz, hoch aufgerichtet und wirkt wie abgeschnitten.

Die Rasse wird in 10 verschiedenen Farben gezüchtet.

Die **Florentiner** kamen um 1880 nach Deutschland. Sie wirken gegenüber den Maltesern massiger und breiter. Der

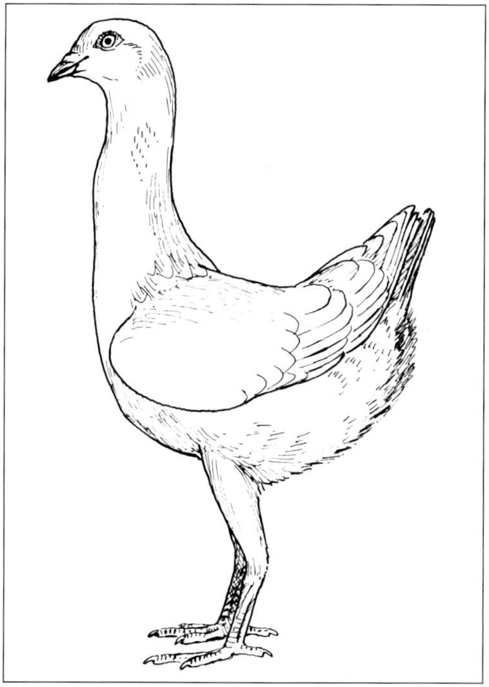

Gewünschte Umrisse bei den Maltesern.

Schwanz ist etwas länger, er muß gut angehoben getragen werden. Der vorher waagerecht verlaufende Rücken muß zum Schwanz hin ansteigen. Die typische Zeichnung der Florentiner entspricht im wesentlichen der der Strasser. Die Grundfarbe ist Weiß. Kopf-, Flügelschilder und Schwanz sind dagegen farbig. Die Bewertungsreihenfolge ist Größe, Form, Haltung, Stand, Zeichnung, Farbe und Kopf.

Die **Huhnschecken** kommen aus Österreich. Die erste bekannte Abbildung stammt aus Linz aus dem Jahre 1869. Huhnschekken weisen eine für diese Rasse typische Zeichnung auf, bei der sich die weiße Grundfarbe vom Hals über den Kopf und die Stirn in einem schmalen Streifen bis zu den Schnabelwarzen durchzieht, während die bunte Federzeichnung von den Kopfseiten an der Vorderseite des Halses bis zur

Brust herunterreicht. Außerdem sind die Flügeldecken und der Schwanz farbig gezeichnet.
Die huhnähnliche Figur wird durch die langen Beine und einen hochgetragenen Schwanz unterstützt.
Gleichfalls in diese Gruppe gehört die Nationalrasse der USA, die **King-Tauben.**
1956 gelangten die ersten weißen King-Tauben nach Deutschland und wurden hier auf Schauen gezeigt. 1960 kamen weitere Farbenschläge hinzu. In diesem Jahr wurde auch der Kingclub-Deutschland gegründet. Heute zählt der Kingclub mehr als 700 Mitglieder.
Ein kräftiger Körper ist Grundvoraussetzung für eine hohe Bewertung. Alttiere sollen 900–1050 g und Jungtiere 800–1000 g wiegen. Anerkannt sind nunmehr 16 Farbenschläge. Dies sind u. a. blau, blaugehämmert, schwarz, rot, gelb, außerdem Tiger und Schecken in Blau, Schwarz, Rot und Gelb, Rotgehämmert sowie Blauschimmel und Rotschimmel. Bei der Bewertung sind Körperform und -haltung, Kopf- und Schnabelform, Gefiederfarbe und Zeichnung einzustufen.
King-Tauben sind leicht zu halten. Das Fliegen haben sie sich fast abgewöhnt, aber sie lassen sich wie die Hühner über den Rasen treiben.
Speziellen Freunden dieser Rasse sei das Buch über Kingtauben von E. Müller zum Studium empfohlen.
Sogenannte Wirtschaftskingtauben sind leichter und länger. Sie haben mit den Ausstellungstauben nicht viel gemeinsam. Es handelt sich um weißfiedrige Kreuzungen mit guten Zuchteigenschaften.
Englische Modena sind seit 1972 bei uns anerkannt. Ein Sonderverein wurde 1973 gegründet, der nun aus dem Tiermaterial, welches aus mehreren Ländern importiert wurde, bei 85 bekannten Farb- und Zeichnungsvarianten mit vernünftigen Zuchtzielen das beste aus diesem Ausgangsmaterial herauszüchten will.
Wie bei den Modenesern unterscheidet man bei ihnen die Modena Gazzi, Schietti und Magnani. In ihrer äußeren Form wirken sie noch kürzer und gedrungener als die Modeneser.
Englische Modena sind Formentauben, so daß alle Farbvariationen und Farbzeichnungen erst in zweiter Linie auf Ausstellungen beurteilt werden. Da diese Rasse sich gut für den Freiflug eignet und Zuchterfolge sich bei einwandfreier Haltung schnell einstellen, erfreuen sie sich steigender Beliebtheit.
Eine weitere Huhntaubenrasse sind die **Modeneser-Tauben** mit waagerechter Figur. Die Körperlänge soll nur 2/3 ihrer Körperhöhe betragen. Sie werden in 3 Zeichnungen gezüchtet, nämlich Modeneser **Gazzi** mit Strasserzeichnung, Modeneser **Schietti** einfarbig bzw. mit farbigem Grundgefieder und Modeneser **Magnani** als vielfarbige oder cremefarbige Züchtung.
Die Modeneser Gazzi haben die typische Strasserzeichnung, weiße Grundfarbe mit farbigem Kopf, Flügelschild und Schwanz, aber mit der typischen rasseeigenen Figur.
Modeneser Schietti gibt es in sehr vielen Farbvarianten. Die Modeneser sind in der Haltung problemlos, so daß sie sich bei vielen Züchtern großer Beliebtheit erfreuen.

Gruppe IV Kropftauben

Alle Tauben dieser Rassengruppe haben einen über das übliche Maß hinausgehenden großen Kropf. Innerhalb der Kröpfer bestehen erhebliche Unterschiede in Körpergröße, Form, Haltung und Stellung sowie der Form und der Ausbildung des Kropfes.
Diese genetische Spielerei innerhalb der Taubenrassen ist sehr alt. Bereits im 13. bis 14. Jahrhundert wird urkundlich über Kropftauben berichtet. Das Blasen des Kropfes geschieht als Imponiergehabe oder

wie sonst auch überall in der Natur zur Einschüchterung vermeintlicher Gegner. Junge Tiere beginnen bei der Geschlechtsreife mit dem Blasen, wobei die Täuber die Weibchen in der Ausführlichkeit des Blasens deutlich übertreffen. Die jahrhundertelange Zucht der Kröpfer hat zu einer erheblichen Gestaltungsbreite geführt. Heutzutage kann man die Kröpfer einteilen in:

Großkröpfer	7 Rassen
Mittelgroße Kröpfer	16 Rassen
Zwergkröpfer	3 Rassen

Durch die züchterische Betonung des Blaswerkes und durch die züchterische Verlängerung der Läufe haben Flugfähigkeit und Brutfreudigkeit gelitten.
Bei manchen Kröpferrassen ist heute Ammenaufzucht üblich.
Bei den Kröpfern gibt es viele verschiedene Farbvariationen. Da Kropftauben sich in ihrem Benehmen sehr deutlich von anderen Tauben unterscheiden, ist es im allgemeinen nicht üblich, sie mit anderen Rassen gemeinsam zu halten. Vielmehr läßt man diese eifrigen Bläser in ihrer heimischen Umgebung lieber untereinander beim Blasen konkurrieren.
Belatschte Kropftauben benötigen einen ausreichend großen Schlag mit geeigneten Sitzgelegenheiten und Nestern. Da die Kröpfer sich auf der Ausstellung von ihrer besten Seite zeigen sollen, müssen sie zahm und ansprechbar sein. Gut dressierte Tiere gehen beim Herantreten sofort in Positur und blasen intensiv, wenn man sich mit ihnen beschäftigt. Gerade diese Eigenschaft ist für eine hohe Benotung unerläßlich.
Da das Wohlbefinden der Tauben von der Umgebungstemperatur abhängig ist, präsentieren sich Kropftauben in warmen Ausstellungshallen besser als in kalten Räumen.
Aufgeblasene Kropftauben sollen die Luft anhalten und die nach den Standardbestimmungen geforderte Kropfform im aufgeblasenen Zustand zeigen.
Kropftaubenhaltung ist ein sehr spezielles Hobby für diejenigen Züchter, die viel Zeit aufbringen, um sich mit jedem einzelnen Tier zu beschäftigen.

Großkröpfer
Zu den Großkröpfern gehören: Altdeutsche Kröpfer, Altholländische Kröpfer, Pommersche Kröpfer, Genter Kröpfer, Französische Kröpfer, Englische Kröpfer und Hana-Kröpfer.
Altdeutsche Kröpfer imponieren durch ihre Größe. Es sind kurzbeinige, glattfüßige Tauben mit einer hohlen, sehr langen, geschwungenen Rückenlinie, die in langen Schwingen ausläuft. Mindestens 22 verschiedene Farbenschläge werden gezüchtet. Es sind ruhige, zutrauliche Tauben, die wegen ihrer Körpergröße entsprechenden Platz im Schlage benötigen. Ein Sonderverein besteht seit dem Jahre 1908. Die Rasse hat eine gute Verbreitung gefunden.
Altholländische Kröpfer bestehen nachweislich seit über 400 Jahren. Sie haben noch mehr Körpermasse als die Altdeutschen. Ihr Stand ist mittelhoch und die Körperhaltung leicht abfallend. Auf dem Kropf haben sie einen weißen Halbmond. Auffallend ist ihre starke Fußbefiederung mit ausgeprägten Geierfedern. Ihre Zucht verläuft nicht ohne Schwierigkeiten. Ammenaufzucht wird angewandt, daher ist ihre Züchtung nicht gerade Anfängern zu empfehlen.
Die **Pommerschen Kröpfer** haben mit den Altholländischen eine gewisse Ähnlichkeit. Sie gehen letztlich auf holländisches Blut zurück. Der Sonderverein besteht seit 1910. Sie sind ebenfalls sehr stark belatscht.
Pommernkröpfer stehen steil aufgerichtet, erwünscht sind 60°, so daß sie bei ihrer Größe und Breite beim Blasen sehr imponierend wirken. Auf dem Kropf haben sie wie die Altholländischen Kröpfer einen weißen Halbmond. Es gibt über 30 verschiedene Farbvariationen. Die nach der Stadt Gent benannten, belatschten **Genter Kröp-**

fer wurden aus Altholländischen Kröpfern gezüchtet. Ihr Körper ist steiler aufgerichtet und der Schwanz etwas kürzer. Auch bei ihnen gibt es eine bunte Farbenpalette. Bei der Bewertung steht das Blaswerk an erster Stelle vor Körperhaltung und Fußbefiederung. Erst dann kommen Zeichnung und Farbe. Bei uns sind sie nur noch sehr selten zu sehen.

Elegant präsentiert sich der **Französische Kröpfer** mit einem langen, schmalen, hochaufgerichteten Körper. Es fällt auf, daß nur etwa $^1/_3$ der Körperlänge auf die Hinterpartie entfällt. Durch die steile Stellung wird die Unterlinie vom Kopf über Kropf, Brustbein und die Oberschenkel stark betont. Figur im Stand und Blaswerk sind seine Hauptbeurteilungsmerkmale. Die Zucht und Haltung dieser glattfüßigen, kleineren Rasse ist unkompliziert.

Englische Großkröpfer wurden vor 150 Jahren importiert. Ihr Sonderverein besteht seit 1912.

Sie sind die größten hochgestellten Tauben mit sehr aufrechter Haltung, so daß man Augen und Fußspitze mit einer Senkrechten verbinden kann. Ihr aufgeblasener Kropf soll kugelrund sein. Die Rückenlinie bildet einen Bogen. Die Läufe sind inzwischen so lang gezüchtet worden, daß es bei manchen Tieren heute Schwierigkeiten gibt; X-Beinigkeit oder zu enge Beinstellung dürfen nicht geduldet werden.

Der Beinstellung muß in Zukunft verstärkt züchterisch Beachtung geschenkt werden. Es gibt genügend gute Bestände, in denen einwandfreie Beinstellung vererbt wird.

Englische Großkröpfer sind weit verbreitet, so daß immer wieder bestes Tiermaterial auf den Schauen gezeigt wird.

Auf Ausstellungen folgen hier die Englischen Zwergkröpfer, die unter **Zwergkröpfer** aufgeführt werden.

Hana-Kröpfer wurden im 19. Jahrhundert in Böhmen gezüchtet. Einen Sonderverein für Hana-Kröpfer und Bayerische Kröpfer gibt es seit dem Jahre 1963. Die Hana-Kröpfer sind Großkröpfer mit starker Fußbefiederung. Viele Farbenschläge sind anerkannt. Bei weißem Grundgefieder sind der Kopf mit einem Latz sowie Flügel, Rücken und Schwanz und die ganze Fußbefiederung farbig.

Sie sind züchterisch noch verbesserungsfähig.

Mittelgroße Kröpfer

Diese größte Gruppe der Kröpfer hat Lebendgewichte von etwa 300 bis 600 g.

Wohl die jüngste anerkannte Kröpferrasse sind die **Bayerischen Kröpfer.** Es sind hochgestellte, mittelgroße Tauben mit weißer Grundfarbe, aber Kopf, Latz, Flügelschild und Schwanz mit Keil sind farbig. Sie haben eine dichte, weiße Fuß- und Schenkelbefiederung. Zugelassen wurde die Rasse erst im Jahre 1960. Es gibt sie in vielen Farbenschlägen.

Steil aufrecht stehend präsentieren sich mit starker Fußbefiederung die großen, aus Sachsen und Thüringen stammenden **Verkehrtflügelkröpfer**. Die Zeichnung dieser Tiere ist geelstert. Der weiße Oberkopf trägt eine kräftige, farbige Schnippe. Bei weißem Flügel- und Beingefieder einschließlich der Latschen ist das übrige Federkleid einschließlich des Rückens farbig. Die Haltung und Zucht dieser ruhigen Rasse bereitet keine Schwierigkeiten. Auf die Erhaltung der guten Brutfähigkeit sollte geachtet werden. Nur vier Farbenschläge sind zugelassen.

Sächsische Kröpfer, ehemals aus Holländischen Kröpfern entstanden, sind Tauben mit steil aufgerichtetem, schlankem Körper und stark belatschten Beinen, die zumindest so hoch sind, daß das Schwanzende den Boden niemals berührt. Auch bei ihnen rangiert Körperhaltung und Blaswerk an erster Stelle. Neben 15 verschiedenen Farbenschlägen sind die isabellfarbigen zu erwähnen, die bei gelblich-weißer Grundfarbe noch deutlich wahrnehmbare Binden zeigen.

Übersicht über die Verwandtschaft der Kröpferrassen (nach Engelmann).

1 = Altholländer Kröpfer,
2 = Oplooper,
3 = Norwich-Kröpfer,
4 = Englischer Kröpfer,
5 = Französischer Kröpfer,
6 = Altdeutscher Kröpfer,
7 = Sächsischer Kröpfer,
8 = Pommerscher Kröpfer,
9 = Thüringer Kröpfer,
10 = Schlesischer Kröpfer,
11 = Brünner Kröpfer,
12 = Englischer Zwergkröpfer,
13 = Amsterdamer Kröpfer.

Die Zeichnung findet man in gleicher Art auch bei den Florentinern. Das Hauptzuchtgebiet ist Niederbayern.
Als eine der ältesten Kröpferrassen gilt der **Hessische Kröpfer.** Die Gründung des Sondervereins geht auf das Jahr 1910 zurück. Es sind glattfüßige Kropftauben, die aus mitteldeutschen Kröpfern hervorgegangen sind. Sie besitzen ein besonders großes Blaswerk. Unter vielen Farbvarianten gibt es wunderhübsche Tiger und Schecken. Eine Besonderheit sind die Rieselköpfe, die bei roter, gelber oder schwarzer Grundfarbe am Kopf zartweiß gezeichnet sind. Eine Besonderheit, nur hier vorkommend, ist die Farbe Eulgrau mit Flügelrosen und weißem Herzfleck. Hessische Kröpfer sind temperamentvoll. Ihr Bruttrieb ist verbesserungsbedürftig.
In Mitteldeutschland wurden die **Elsterkröpfer** gezüchtet. Sie sind heute weit verbreitet. In den Farben schwarz, rot, gelb und blau haben sie die Elsterzeichnung. Kopf, Flügel, Schenkel und Bauch sind weiß, das übrige Gefieder farbig. Es sind mittelgroße, schlanke Tiere mit aufrechter Haltung. Zwei Drittel der Länge befindet sich vor, ein Drittel hinter den Läufen. Sie haben ein lebhaftes Temperament und züchten fleißig.
Beliebt sind die schnittigen, hochaufgerichteten **Steigerkröpfer**. Es sind mittelgroße Tauben, die aus Schlesien, Böhmen und Mähren stammen. Die Beine sind unbefiedert, die Schenkel gut sichtbar. Es gibt sieben Farbvariationen, überwiegend in Schwarz, Rot, Gelb, Weiß und Blau. Bei Isabellfarbigen sind die Täuber etwas heller als die Weibchen. Gesamteindruck, Haltung und Blaswerk rangieren vor weiteren Merkmalen.
Auch die **Stellerkröpfer** kommen aus Böhmen. Sie haben schlanke, aufgerichtete Körper mit birnenförmigem Kropf. Ihre Gefiederfarbe ist auffällig lackreich. Sie sind recht lebhafte blas- und flugfreudige Tauben. Rassespezifisch ist ihr Flug mit lautem Klatschen und anschließendem Fallen mit oben eng zusammenliegenden Flügeln in fast waagerechter Haltung. Sie werden in über zwanzig verschiedenen Farbenschlägen gezüchtet, darunter gibt es Schnippen, Getigerte, Gescheckte, Geganselte und Weiße mit farbiger Schnippe.
Ursprünglich wurden die **Starwitzer Flügelsteller** in Schlesien gezüchtet. Von dort fanden sie ihre Verbreitung über ganz Deutschland und in andere Länder. Es sind schnittige, mittelgroße glattköpfige Kröpfer mit perlfarbigen Augen, Muschelhaube mit Rosetten und aufrechter Haltung. Zwei Drittel ihrer Länge befindet sich vor den unbefiederten Läufen. Sie sind lebhaft, zuchtfreudig und werden in sehr vielen Farben gezüchtet.
Schlesische Kröpfer wurden seit alter Zeit in ihrer Heimat gezüchtet und haben bei anderen Kröpferrassen mit Pate gestanden. Sie sind schlank, schnittig und doch kräftig gebaut. 60% ihrer Länge befindet sich vor ihren glatten Läufen. Ihre Rückenlinie ist leicht hohl. Sie sind sehr lebhaft. Trotz aufrechter Haltung wird der Schwanz vom Boden nicht berührt. Von ihnen gibt es über 30 verschiedene Farbvariationen, die in der Musterbeschreibung angeführt sind. Die schalasterfarbigen haben reinweiße Flügel; ein schmales Schulterherz und das übrige Gefieder sind farbig.
Gesamteindruck, Körperform und -haltung sowie Blaswerk rangieren in der Bewertung vor anderen Merkmalen.
Thüringer Kröpfer sind eine alte, bodenständige Rasse im mitteldeutschen Gebiet. Es sind mittelgroße, elegante Tauben mit gut entwickeltem, eirundem Blaswerk. Der Kopf ist lang und schmal mit breit endender Spitzkappe. Die Augen sind dunkel und orangefarbig dem jeweiligen Farbenschlag zugeordnet. Sie kommen in über 30 Farbvarianten, darunter auch gemöncht und getigert vor.
Aachener Bandkröpfer wurden schon zu Beginn des 18. Jahrhunderts erwähnt. Auch diese glattfüßigen Tiere tragen eine Spitz-

kappe. Das Blaswerk ist betont nach vorn gerichtet. Seitlich an der Kappe ansetzend befindet sich auf dem Kropf ein sich nach vorn verbreiternder weißer Halbmond, an den sich zur Bauchseite hin ein 2–4 cm starkes farbiges Band anschließt. Unterbrust und Bauch sind wiederum weiß. Auch Schenkel und Schwingen sind weiß. Farbig sind Kopf, Oberhals, Rücken, Flügeldecke und Schwanz. Durch die Arbeit des Sondervereins von 1956 hat diese Rasse eine umfangreichere Zuchtgrundlage gefunden.

Nur in Eisfarbig mit schwarzen Binden wurden im Jahre 1985 die **Tschechischen Eiskröpfer** anerkannt. Es sind mittelgroße, gedrungene Tauben, aber mit aufrechter Haltung. Der überwiegende Teil des Körpers befindet sich vor den glatten Läufen. Viel Puder im Gefieder läßt die Farbe weich und zart erscheinen. Die milchähnliche Farbe soll am ganzen Körper und so hell wie möglich vorhanden sein. In der Bewertung rangieren jedoch Gesamteindruck, Körperform und Blaswerk vor der Farbe.

Liller Kröpfer werden als die kleinere Variante des Französischen Kröpfers bezeichnet. Sie sind sehr schlank und haben eine aufrechte Haltung, so daß der Rücken besonders steil zum Schwanz abfällt. Die glatten Beine sind lang und stark ausgeprägt. Man züchtet sie in Blau, Rot, Gelb, Schwarz und Weiß mit und ohne weiße Binden sowie in Getigert. Form, Haltung und Standhöhe sind neben dem Gesamteindruck entscheidende Merkmale.

Um das Jahr 1930 wurden von van Gink und seiner Frau die **Voorburger Schildkröpfer** herausgezüchtet. Ihr charakteristisches Merkmal ist das farbige Flügelschild bei sonst weißem Körper. Seit dem Jahre 1971 besteht ein Sonderverein, der der Rasse entscheidenden Aufschwung verliehen hat.

Norwich-Kröpfer wurden aus holländischem Ausgangsmaterial in England zu einer Rasse geformt. Seit dem Jahre 1934 gibt es in Deutschland einen Sonderverein. Auffallend ist das den Hinterhals einschließende Blaswerk. Bei der Bewertung steht das Blaswerk an erster Stelle. Erst danach folgen Stellung, Haltung, Farbe und Zeichnung. Obwohl die Tiere sehr steil stehen, wird der Boden nicht vom Schwanz berührt. Sie werden in vielen Farbenschlägen gezüchtet. Immer jedoch steht das Blasen bei dieser ausgeprägten Kropftaubenrasse an erster Stelle.

Erst seit einigen Jahren (1985) bei uns anerkannt sind die **Marchenerokröpfer**. Es handelt sich um eine uralte spanische Rasse, die nach der Stadt Marchena in Andalusien benannt wurde. Diese Tauben wurden ursprünglich für Flugspiele benutzt, sind heute aber nur noch Ausstellungstiere. Es sind temperamentvolle mittelgroße Tauben mit großem, kuglförmigem Kropf. Der Schwanz ist nach unten gewölbt, das Gefieder locker, die Beine sind kurz und unbefiedert. Es gibt sie in etwa 30 verschiedenen Farbvarianten. Eine Bewertung wird auf Ausstellungen nur vorgenommen, wenn die Taube in Aktion ist und dabei auf einem Sockel steht. Die Körperhaltung vor allem von Rücken und Schwanz beim Blasen sind dabei wichtige Merkmale.

Außer den in Deutschland anerkannten Kropftauben gibt es weitere osteuropäische Rassen, wie die **Slowakischen Kröpfer** oder die **Mährischen Weißkopfkröpfer**.

Von weiteren 20 spanischen Kröpferrassen seien die **Valencia-Kröpfer** erwähnt. Sie besitzen einen für uns ungewohnten Hängekropf und eine ebenso ungewohnte waagerechte Unterlinie.

Zwergkröpfer

Es gibt drei Zwergkröpfer-Rassen. Die Englischen Zwergkröpfer haben die größte Verbreitung gefunden. Doch haben auch die Amsterdamer Kröpfer und die Brünner Kröpfer ihre besonderen Reize und daher auch viele Freunde.

Der **Englische Zwergkröpfer** verrät seine Verwandtschaft mit dem großen englischen Bruder in jeder Beziehung. Doch sind diese

Tiere mit äußerst feinen Gliedmaßen sehr schlank und zart gebaut. Das Blaswerk läßt vielfach zu wünschen übrig.
Ein rühriger Sonderverein sorgt für die Erhaltung und Verbreitung dieser beinbefiederten Rasse, die in anatomischer und physiologischer Hinsicht an Grenzen heranreicht. Gerade deshalb sollte man sie pflegen, zumal es keine behindernden Merkmale sind.
Auf Ausstellungen werden sie im Anschluß an Englische Großkröpfer gezeigt.
Amsterdamer Kröpfer sind aus Norwich Kröpfern hervorgegangen. Man nannte sie früher Amsterdamer Ballonkröpfer. Ihr Sonderverein stammt aus dem Jahre 1926. Diese Kropftauben unterscheiden sich von allen übrigen durch ein völlig anderes äußeres Erscheinungsbild. Blasend erscheinen sie rund wie eine Kugel, zumal der Kopf noch hinter den Füßen auf dem Rücken aufliegt. In der Imponierstellung soll sich der S-förmige Hals so weit zurücklegen, daß Augen und Ständer auf einer gedachten senkrechten Linie liegen. Diese Tiere sind glattfüßig; sie werden in etwa 20 Farbenschlägen gezüchtet. Ihre Aufzucht ist nicht ganz einfach, so daß man am besten Ammen verwendet.
Vor etwa 150 Jahren kamen die **Brünner Kröpfer** nach Deutschland. Ihr Sonderverein stammt aus dem Jahre 1910. Es sind hochbeinige, schlanke Tauben mit kugelförmigem Kropf. Alles an diesen Tauben wirkt zierlich. Standhöhe, Beinstellung und Halslänge sind die Hauptbewertungsmerkmale. Es gibt sehr viele verschiedene Farbenschläge. Durch ihr zutrauliches Wesen haben sie sich überall Freunde erworben.

Gruppe V Farbentauben

Äußerlich sind alle Farbentauben der Ursprungsform der Felsentaube ähnlich. Süd- und Mitteldeutschland gelten als die klassischen Gebiete, in denen in den letzten Jahrhunderten eine unübersehbare Fülle an Rassen, Arten und Varianten von Farbentauben entstanden sind. Viele Farb- und Zeichnungsmerkmale wurden im Laufe der Jahrhunderte züchterisch bearbeitet und genetisch gefestigt. Die Buntheit ist so groß, daß auch heute noch immer wieder neue Farbkombinationen auftreten.
Bereits eine kurze Beschreibung aller dieser Rassen könnte eigens ein Buch füllen. In diesem Zusammenhang ist daher nur eine kurze Erwähnung möglich.
Das Hauptaugenmerk ist bei den Farbentauben auf Farbe und Struktur der Federn gerichtet. Bei den Federstrukturen sind vor allem die Rund- und Spitzkappe, die Halskrause und die Fußbefiederung zu erwähnen. Um Ordnung in die bunte Palette hineinzubringen, hat man sie in Gruppen eingeteilt. In Deutschland sind 52 Farbentaubenrassen anerkannt.

Nach dem üblichen Schema ergibt sich folgende Einteilung:
1. Gruppenunabhängige Farbentauben
2. Süddeutsche Farbentauben
3. Fränkische Farbentauben
4. Thüringer Farbentauben
5. Sächsische Farbentauben
6. Schweizer Farbentauben

Die Vermehrung der Farbentauben ist einfach, da sie sehr brutfreudig sind. Gewünschte Farben und Strukturen herauszuzüchten ist schon schwieriger. Die Zucht mancher Rasse ist sogar recht problematisch, so daß eine breite Zuchtgrundlage vorhanden sein muß, um zum Erfolg zu kommen. Die übermittelte Erfahrung alter Züchter kann hier oft viel Lehrgeld einsparen helfen. Die starke Vermehrungsrate erlaubt eine strenge Auslese.
Die meisten Farbentauben können im Freiflug gehalten werden. Freiflug fördert Gesundheit, Muskelausbildung und Wohlbefinden.

Gruppenunabhängige Farbentauben
Hier sind die **Böhmentauben** einzuordnen. Man nannte sie früher Bayerische Strasser. Diese eigenständische Rasse wurde 1962 anerkannt. Seit 1966 gibt es einen Sonderverein. Böhmentauben sind große, elegante Tauben, die in der Färbung wie die Strasser gezüchtet werden.
Auch der **Prachener Kanik** ist den Strassern verwandt. Die Rasse wurde 1973 anerkannt. Sie hat Strasserzeichnung, doch auf dem Kopf eine auffallend weiße Schnippe. Die Farben sind besonders rein und kräftig. Viele Farbenschläge sind zugelassen.
Besonders hervorzuheben sind die **Gimpeltauben,** deren Farbfülle und Farbkombinationen einmalig sind. Bei ihnen entstehen immer wieder neue Farbvarianten. Bereits 1822 wird über Gimpeltauben berichtet. Der Sonderverein besteht seit dem Jahre 1912. Gimpeltauben sind schlanke, elegante Tauben mit sattglänzendem Gefieder. Es gibt sie mit und ohne Spitzkappe in den Grundfarben Kupfer und Gold. Die Grundfarben sind mit schwarzen, weißen und blauen Flügeln mit und ohne Binden kombiniert. Die Blauflügel sind wie die Schwarz- und Weißflügel gezeichnet. Nur wirkt die Kupferfarbe hier rot, Blauflügel gibt es mit und ohne Binden, aber auch gehämmert. Alle drei Farbvarianten werden gleichfalls mit Mönch- und Pfaffenzeichnung sowie mit weißen Schwingen gezüchtet. Bei den Goldgimpeln mit schwarzen Flügeln ist die schwarze Zeichnung mit grünschillerndem Glanz überzogen. Bei Weißflügeln ist auf eine ausgeprägte Goldfarbe zu achten. Blauflügel gibt es ohne sowie mit weißen und schwarzen Binden. Bei allen Farbvarianten kommt Weißschimmligkeit vor. Bei der Bewertung stehen Farbe und Glanz an erster Stelle. Die Zucht ist nicht einfach, da man immer wieder Ausgleichspaarungen vornehmen muß, um im Vergleich ganz vorne liegen zu können.
Eistauben sind immer glattköpfig. Es gibt sie belatscht und glattfüßig. Glattfüßige, gehämmerte Eistauben wurden früher als Forellentauben bezeichnet. Sie gelten heute als Farbschlag der Eistauben. Die Grundfarbe aller Farbenschläge ist ein helles Eisgrau. Es dehnt sich auf das gesamte Gefieder aus. Nur die Schwingen und die Schwanzbinden sind dunkel gefärbt. Allerdings ist das Untergefieder dunkel. Eistauben entwickeln viel Federpuder, der mit zur hellen Eisfarbe beiträgt. Eistauben soll man daher nicht mehr als nötig in die Hand nehmen. Sie werden in 5 Farbvariationen gezüchtet. Sie sind auf fast jeder Ausstellung zu sehen.
Dänische Stieglitze sind bei uns selten. Es gibt sie glattköpfig und mit Spitzkappen. Sie sind feldtaubenähnlich und werden in 5 Farbenschlägen mit besonderem Farbenspiel gezüchtet. Ihre Grundfarbe ist Schwarz (Dunkelschieferfarbig) bei Silbertieren, sonst Rot, Gelb oder Blau. Die Farbenzeichnung befindet sich an der unteren Kopfhälfte, an der unteren Brust, am Bauch, den Schwingen und dem Schwanz. Vom Kopf zieht sich ein weißes Band über Stirn, Oberkopf, Nacken, Hals und Rücken bis zum Schwanzansatz. Der Flügelschild ist elfenbeinfarbig bei Gelb und Rot und silberfarbig bei silbernen und blauen Tieren. Die Schwungfedern besitzen die Finkenzeichnung mit weißem Endpunkt.
Startauben. Hauptmerkmal der Startauben ist eine reinweiße, halbmondförmige Zeichnung auf dem unteren Vorderhals. Startauben sind temperamentvoll und flugfreudig. Ihre Haltung ist einfach; da sie sehr brutfreudig sind, bietet die Nachzucht genügend Möglichkeiten zur Auslese des besten Materials.
Feldfarbentauben kommen aus Sachsen und Thüringen. Es sind tiefstehende, kräftige Tauben, die sowohl glattfüßig wie belatscht als auch rundkappig mit Rosetten wie glattköpfig sein können. Bei den Belatschten werden dichte lange Latschen mit langen Geierfedern gewünscht. Sie werden in acht Farben gezüchtet. Die Farben sollen rein und am ganzen Körper lackfarbig glän-

zend sein. Gesamteindruck und Körperstärke stehen bei der Bewertung vorne an.

Münsterländer Feldtauben wurden um das Jahr 1970 in Westfalen aus Feldtauben, Brieftauben und Deutschen Modenesern gezüchtet. Es gibt sie nur in Blau ohne Binden, mit einem hellen Taubenblau, das sich gleichmäßig über Flügeldecken, Bauch und Rücken erstreckt. Gesamteindruck, Körperform und Körperstellung sind die wichtigsten Beurteilungskriterien.

Süddeutsche Farbentauben

Zu dieser Gruppe zählen 11 Rassen, die auch heute noch vermehrt in Süddeutschland gezüchtet werden und mit dazu beigetragen haben, der deutschen Farbentaubenzucht Weltgeltung zu verschaffen.

Süddeutsche Kohllerchen haben eine dunkle Grundfarbe. Die Brust ist gelblich/ockerfarbig. Zusammen mit den anderen süddeutschen Farbentauben werden sie seit 1946 in einem Sonderverein züchterisch gefördert.

Süddeutsche Tigermohren gibt es nur in tiefem Schwarz. Jedoch ist der Kopf weiß gesprenkelt. Ihre Verbreitung hat in letzter Zeit zugenommen. Schon um 1700 werden diese Tauben als Ulmer Mohren erwähnt. Sie sind offensichtlich mit den Schweizer Rieselköpfen verwandt. Es gibt sie nur glattfüßig und glattköpfig.

Die **Süddeutschen Weißschwänze** werden in 11 Farbenschlägen gezüchtet. Sie haben glatte Füße und eine runde Haube. Weiß sind immer die Schwanzfedern, die Schwanzdecke und eine Stirnschnippe. Alle anderen Federn sind farbig. Sie gelten als sehr vital und brutfreudig und sind für den Freiflug gut geeignet.

Eine der ältesten Farbentaubenrassen Süddeutschlands sind die **Süddeutschen Blassen**. Sie sind kräftig, gedrungen, mit kurzen unbefiederten Beinen oder aber mit dichter, mittellanger Belatschung mit Geierfedern. Der Hals ist bei Belatschten gedrungen und bei den Glattfüßigen schlank. Sie werden in vielen Farbvariationen gezüchtet. Die Gefiederfarbe soll gleichmäßig und glänzend sein. Auf dem ziemlich breiten Kopf tragen die Tiere eine Rundhaube mit Rosette. Gesamteindruck und Körperstärke stehen bei der Bewertung an erster Stelle. Die Süddeutschen Mönchtauben wurden in zwei Rassen unterteilt. Man unterscheidet **Süddeutsche Mönchtauben belatscht** und **Süddeutsche Mönchtauben glattfüßig**. Die Belatschten stammen aus dem württembergischen Oberland aus der Gegend von Ulm und Biberach. Es sind kräftige Feldtaubenformen mit federreicher Rundhaube, die seitlich in Rosetten ausläuft. Die Beinbefiederung ist nicht übermäßig lang, aber sehr federreich. Sie werden in acht verschiedenen Farben gezüchtet. Die Glattfüßigen stammen aus Süddeutschland und sind mit den Thurgauer Mönchtauben verwandt. Sie haben einen ovalen Kopf mit schmaler Stirn und spitzer Kappe. Es gibt sie nur in Blau mit weißen Binden und in Blau ohne Binden. Kopf, Schwingen, Schwanz mit Schwanzdecke und Keil sind weiß. Die Spitzkappe und die übrigen Körperpartien sind farbig.

Echterdinger Farbentauben wurden auf den Fildern bei Stuttgart im vorigen Jahrzehnt neu gezüchtet. Es sind kräftige, glattfüßige, rundkappige Tiere, die bisher nur in Schwarzgeganselt vorkommen. Wegen ihrer guten Veranlagungen dürfte sich diese Rasse in den nächsten Jahren positiv entwickeln.

Süddeutsche Schildtauben sind eine recht alte Rasse mit hochangesetzter Muschelhaube. Sie sind glattfüßig und in 11 Farbenschlägen anerkannt. Bei einer reinweißen Grundfarbe sind nur die Flügeldecken farbig. Alle Farben werden satt und klar gewünscht, so daß diese Rasse sehr anspricht und ihre Verbreitung gefunden hat.

Süddeutsche Mohrenköpfe sind weit verbreitet. Obwohl es sie dem Namen entsprechend nur in Schwarz geben sollte, werden sie auch in Blau, Rot und Gelb gezüchtet. Sie besitzen eine ausgeprägte Muschelhaube. Farbig sind der Kopf bis zur Haube, der

Vorderhals bis zur Mitte sowie der Schwanz. Eine Variante dieser Rasse ist der **Württemberger Mohrenkopf** mit Fußbefiederung, großlatziger Färbung bis zur Brust und einer schmalen, weißen Schnippe. Er wird heute nur von wenigen Züchtern gehalten. Für Anfänger wäre es eine dankenswerte Aufgabe, sich dieser Rasse anzunehmen. Die **Süddeutsche Latztaube** ist in Württemberg beheimatet. Sie wird glattfüßig und belatscht gezüchtet. Ihre Grundfarbe ist Weiß mit weißer Muschelhaube. Farbig sind nur der Kopf und der Hals bis zum Brustansatz. Es gibt nur vier Farbenschläge. Auch bei dieser Rasse ist der vorhandene Tierbestand nicht allzu groß.

Süddeutsche Schnippen sind ebenfalls weiß in der Grundfarbe, haben jedoch einen farbigen Schwanz und eine kräftige Schnippe. Ihre Züchter sind seit 1946 in einem Sonderverein zusammengefaßt.

Fränkische Farbentauben

Fränkische Farbentauben erfreuen sich besonderer Beliebtheit. Vielleicht liegt es an ihren satten Farben oder an der Tatsache, daß man den kräftigen Feldtaubentyp erhalten hat.

Es gibt 6 verschiedene Rassen, die gemeinsam in einem Sonderverein aus dem Jahre 1902 gezüchtet werden.

Die **Fränkische Feldtaube** wurde 1951 anerkannt. Sie ist glattfüßig, glattköpfig und wird in Rot, Gelb und Schwarz mit satten Farben gezüchtet.

Fränkische Herzschecken stammen aus Mittelfranken. Der Einfluß der Nürnberger Bagdetten ist unverkennbar. Es gibt sie in 7 Farbenschlägen. Die Zeichnung ist bei allen Tieren einheitlich. Kopf, Rücken, Bauch und Flügel sind weiß, während Hals, Brust, Schultern, Keil und Schwanz farbig gezeichnet sind. Außerdem haben sie farbige Bäckchen unter den Augen.

Bernhardiner Schecken werden nicht nur in Franken, sondern auch in Bayern und Schwaben gehalten. Sie haben eine Elsterzeichnung mit weißem Kopf, während Hals, Schulter, Brust, Vorderbauch und Schwanz mit Decke und Keil gefärbt sind. Sie sind gute Flieger und ausgezeichnete Zuchttauben.

Eine Besonderheit sind die **Nürnberger Schwalben,** die auch als Samtschwalben bezeichnet werden. Als alte Rasse ist sie verschiedentlich im 19. Jahrhundert beschrieben worden. Die Rasse ist gut durchgezüchtet. Sie besitzt eine klar ausgebildete Muschelhaube. Die Füße sind befiedert. Es gibt sie in vielen Farbenschlägen. Bei weißer Grundfarbe sind Flügeldecke, Fußbefiederung und Kopfplatte farbig.

Fränkische Samtschilder sind glattfüßige, glattköpfige Tauben mit weißer Grundbefiederung und farbiger Flügeldecke. Diese charakteristische Schildzeichnung ist seit über 400 Jahren bekannt. Die Farbe des Schildes soll sehr intensiv sein und wird in vielen Variationen gezüchtet. Sie eignen sich gut für Freiflughaltung.

Nürnberger Lerchen bestechen durch Farbe und Zeichnung. Es gibt sie nur in den beiden Farbenschlägen gelercht und mehlicht. Die gelerchten sind an Kopf, Hals und Brust goldgelb. Die Grundfarbe des Flügelschildes und der Schwingen ist rahmfarbig, der Flügelschild ist intensiv schwarz-gelercht. Schwarzgraue Farben sind fehlerhaft. Die mehlichten Tiere bestechen durch ihre helle, gleichmäßige Färbung. Sie werden mit und ohne Binden gezüchtet. Nürnberger Lerchen sind ein besonderer Anziehungspunkt auf den Ausstellungen.

Thüringer Farbentauben

Zu dieser Gruppe gehören 13 sehr durchgezüchtete und ausreichend verbreitete Rassen, die alle im Herzen Deutschlands, in Thüringen, ihre Heimat haben. Ein Sonderverein betreut seit dem Jahre 1946 alle Thüringer Rassen.

Die **Thüringer Einfarbigen** besitzen glatte Köpfe. Sie werden glattfüßig und federfüßig gezüchtet. Eine Besonderheit der Thüringer

Einfarbigen ist die geschlechtsgebundene Vererbung der Farben. So sind die Täuber silberweiß oder cremegelb, weingelb und bläulichweiß; die dazu gehörigen Täubinnen dagegen blau-fahl, blaugehämmert oder blau. Auch gibt es eulige Tiere, deren Farbe nicht geschlechtsgebunden ist, so daß beide Geschlechter gleich aussehen. Diese Rasse hat bei der Erzüchtung geschlechtsgebundener Gefiederfarben bei den Texanern, die als Wirtschaftstauben gehalten werden, Pate gestanden. Wegen dieser besonderen Eigenschaft, werden die Thüringer Einfarbigen Ausgangsmaterial für weitere Zuchtversuche sein.

Alle hellen Farbschläge haben einen Silberkranz um den Hals. Ein gelber bis brauner Halbmond, der auch Noster genannt wird, zeichnet die Brust. Auch haben diese Tiere farbige Schwanzbinden. Wegen ihrer Besonderheiten wäre eine größere Verbreitung wünschenswert.

Die jüngste Variante ist die im Jahre 1976 zugelassene **Thüringer Goldkäfertaube**, deren Farbenspiel im Licht eine Besonderheit ist. Feldtaubenähnlich wird sie nur einfarbig schwarz gezüchtet. Jedoch erscheint die Grundfarbe bei intensivem Federglanz purpurgrün bis goldgrün, während die Flügelschilder gleichzeitig kupferbraun glänzen. Thüringer Goldkäfertauben existieren nur in wenigen Exemplaren.

Thüringer Weißschwänze wurden in der Literatur schon vor ca. 200 Jahren erwähnt. Es sind glattfüßige Tauben in vielen Farbvariationen. Bei farbigem Grundton sind Schnippe, Schwanz und Schwanzdecke weiß gefärbt.

Thüringer Mäusertauben gibt es in 11 Farbenschlägen. Die Kopfplatte ist bis unterhalb des Auges bis zum Hinterkopf weiß, ebenfalls weiß sind Schwanz, Schwanzdekke und Keil. Alle übrigen Federn sind farbig. Die Tauben sind fluggewandt und anspruchslos in Zucht und Haltung.

Der **Thüringer Weißkopf** ist dagegen belatscht. Latschen, Kopf und Schwanz sind weiß gefärbt, alle anderen Federn farbig. Auch eine Rundhaube ist farbig. Viele Farbenschläge sind zugelassen.

Beim **Thüringer Weißlatz** reicht die weiße Farbe des Kopfes herunter bis zum Vorderhals. Sie haben eine weiße Fußbefiederung und einen weißen Schwanz. Lahore, Thüringer Weißlatz und Thüringer Weißkopf sind die einzigen Rassen, die bei weißer Fußbefiederung farbige Schwingen haben. Eine Rundhaube ist deutlich ausgebildet. Alle Farben sollen kräftig in satter Form in Erscheinung treten.

Thüringer Schwalben sind in der Grundfarbe weiß, Kopfplatte und der gesamte Flügel sind farbig. Das Schultergefieder bildet ein breites, weißes Schulterherz. Wegen der gefälligen Zeichnung werden sie in vielen Farben gern gezüchtet.

Thüringer Flügeltauben sind glattköpfig und glattfüßig; doch gibt es auch wenige rundkappige Exemplare. 19 Farbenschläge sind anerkannt. Bei weißer Grundfarbe haben sie eine farbige Stirnschnippe und farbige Flügel.

Thüringer Storchtauben sind eine glattfüßige, glattköpfige Rasse, die ursprünglich aus Feldtauben herausgezüchtet wurde. Die Grundfarbe ist bei ihnen weiß. Farbig sind eine Stirnschnippe, 12–14 Schwingen und deren Deckfedern, die bei geschlossenem Flügel unsichtbar sind und die Daumenfedern mit den darumliegenden kleinen Flügeldeckfedern, die bei geschlossenem Flügel vorn am unteren Flügelrand ein langgezogenes Dreieck, die Blume, bilden. Sie werden in Schwarz, Blau, Rot und Gelb gezüchtet. Die Schnippe ist schmal angesetzt, sich nach oben verbreiternd, aber höchstens bis zur Augenmitte reichend.

Bei der Beurteilung rangieren Gesamteindruck und Körperstärke vor Zeichnung und Farbe.

Thüringer Schildtauben haben bei weißer Grundfarbe nur farbige Flügelschilder. Gemälde dieser Rasse stammen aus dem Jahre 1600. Sie gleichen der Süddeutschen

Schildtaube, sind aber glattköpfig. Mehr Verbreitung wäre ihnen zu wünschen.

Glattfüßig und glattköpfig sind auch die **Thüringer Schnippen.** Bei weißer Grundfarbe sind Schnippe, Schwanz, Decke und Keil farbig.

Thüringer Brüster werden spitzkappig gezüchtet. Bei weißer Grundfarbe sind Kopf, Hals und Brust farbig.

Sächsische Farbentauben

Die Sächsischen Farbentauben sind hinsichtlich der Grundzeichnung manchen anderen Farbentauben sehr ähnlich. Charakteristisch für die aus dem sächsisch-schlesischen Raum stammenden 14 Rassen ist die Beinbefiederung. Alle Rassen werden gemeinsam seit 1952 im Sonderverein belatschter Farbentauben betreut.

In fast allen Farbenschlägen gibt es den **Sächsischen Weißschwanz,** eine glattköpfige, stark belatschte Taube mit tief getragener Brust. Die Füße sind stark belatscht mit ausgeprägten Geierfedern. Bei farbigem Grundkörper sind eine große Stirnschnippe, die Schwanzfedern und die obere Schwanzdecke weiß. Körperstärke, Farbe und Zeichnung stehen bei der Beurteilung an erster Stelle.

Sächsische Pfaffentauben wurden bereits 1837 erwähnt. Sie sind doppelkuppig, was auf die ursprüngliche Einkreuzung von Trommeltauben schließen läßt. Sie tragen eine ausgeprägte, in Rosetten endende Muschelhaube und eine Schnabelnelke. Wie bei allen sächsischen Farbentauben haben sie eine breite, ausgeprägte Brust, die tief getragen wird. Sie werden in 7 Farbschlägen gezüchtet. Bei farbigem Grundgefieder ist nur die Kopfplatte mit der Schnabelnelke weiß.

Sächsische Mönchtauben sind glattköpfig. Es gibt nur 4 Farbenschläge in Geschuppt und Weißbindig. Bei der Mönchzeichnung sind der Kopf bis unterhalb der Augen, die Handschwingen, Schwanz mit Schwanzdecke und der Keil sowie die Latschen weiß. Farbig sind Hals, Brust, Bauch, Geierfedern, Rücken und Flügelschilder.

Sächsische Schwalben tragen eine in Rosetten endende Rundkappe. Bei weißer Grundfarbe ist die Kopfplatte vom Schnabel über das Auge bis zum Hinterkopf farbig. Farbig sind auch die Flügel und die Latschen. Dagegen sind Kappen, Schulterdeckfedern und die Geierfedern weiß. Gute Zuchten gibt es auch außerhalb Deutschlands, so unter anderem in den USA.

Zu den alten Farbentaubenrassen, die seit über 300 Jahren bekannt sind, zählt die **Sächsische Flügeltaube.** Sie ist in vielen Farb- und Zeichnungsvariationen vorhanden. Bei weißer Grundfarbe sind Stirn, Schnippe, Gesamtflügel und Latschen farbig. Man züchtet sie kappig und glattköpfig. Von allen sächsischen Farbentauben haben sie die größte Verbreitung. Auf gut durchgefärbte und ausgebildete Latschen wird großer Wert gelegt. Eine Unterart der sächsischen Flügeltauben sind die **Böhmischen Flügelschecken,** die in 4 Farbvarianten gezüchtet werden. Ihre Besonderheit ist eine regelmäßige Scheckung der einzelnen Hand- und Armschwingen. Von Feder zu Feder wechseln sich Weiß und Farbig ab. Die äußeren beiden Schwingen sollen möglichst farbig sein (siehe Abbildung Seite 54). Auch die Latschen sind gescheckt. Da die Scheckung nicht in der gewünschten Form auf natürlichem Wege voll erreichbar ist, muß der Züchter durch Ziehen nicht gewünschter Federn etwas nachhelfen, um der Idealzeichnung möglichst nahe zu kommen. Böhmische Flügelschecken sind in Deutschland nicht sehr verbreitet. Wegen ihrer besonderen Zeichnung hinterlassen sie jedoch auf Ausstellungen auf den Betrachter einen unvergeßlichen Eindruck. Eine größere Verbreitung dieser Rasse würde die Taubenzucht bereichern.

Die Sächsischen Storchtauben unterscheiden sich von ihren glattfüßigen Thüringer Schwestern nur durch die farbigen Latschen. Es gibt sie glattköpfig und rundkappig. Bei weißer Grundfarbe sind Stirnschnippe, 12–14 Schwingen, die Deckfedern und die Latschen farbig. Sie werden in Schwarz, Blau, Rot und Gelb gezüchtet. Die Lackfarben sollen sehr satt sein. Die Verbreitung der Storchtauben ist nicht sehr groß. Weit verbreitet sind dagegen **Sächsische Schildtauben,** die in 16 Farbschlägen, dazu glattköpfig und rundkappig sowie doppelkappig gezüchtet werden.

Bei weißer Grundfarbe sind nur die Flügelschilder farbig. Die Rasse ist seit über 200 Jahren bekannt. Die glattköpfigen sind am stärksten vertreten; doch werden neuerdings die doppelkuppigen intensiv züchterisch bearbeitet.

Die **Verkehrtflügelfarben-Taube** war bereits so gut wie ausgestorben und wurde vor etwa 30 Jahren wieder neu herausgebracht. Bei ihrer Entstehung haben Verkehrt-Flügelkröpfer, Bernhardiner-Schecken und Sächsische Schnippen Pate gestanden. Sie werden nur glattköpfig gezüchtet. Farbig sind eine Schnippe, Hals, Brust, Rücken, Schultergefieder, Schwanz mit Schwanzdecke und Keil. Weiß sind Kopf ohne Schnippe, Flügel, Bein- sowie Schenkel- und Fußbefiederung. Die Zucht liegt in Händen weniger Züchter. Als recht ansprechende Rasse hätte sie weitere Verbreitung verdient.

Bei den **Sächsischen Schnippen** überwiegt die weiße Grundfarbe. Farbig sind lediglich die Stirnschnippe sowie der Schwanz mit Schwanzdecke und Keil. Sie wird in 4 Farbschlägen glattköpfig oder kappig gezüchtet. Gerade bei dieser Rasse sind die Latschen besonders gut ausgebildet und formvollendet. Eine gute Mondzeichnung auf der Brust ist das Charakteristikum der **Mondtauben,** die bei elfenbeinfarbiger Grundfarbe eine typische Halbmondzeichnung auf dem vorderen Hals besitzt. Die Mondzeichnung ist scharf begrenzt und läuft nach den Seiten spitz zu. Es gibt den braunen und gelben Farbenschlag. Auf den Flügeldecken sollen die Binden deutlich ausgeprägt sein. Mondtauben werden nur von wenigen Züchtern betreut. Zur Erhaltung der Rasse wäre eine stärkere Verbreitung wünschenswert.

Sächsische Brüster sind an Kopf, Hals und Brust bis zum Unterbauch farbig und sonst weiß gezeichnet. Eine farbige Säumung in den Schwingen, Latschen und Schwanzfedern ist bei schwarzen und blauen Tieren zulässig. Es gibt sie nur glattköpfig. Bei der Beurteilung stehen Körperstärke, Gefiederfarbe und Zeichnung an erster Stelle.

Der **Altdeutsche Mohrenkopf** zählt zu den großlatzigen Farbköpfen. Er hat bei breiter, herausragender Brust die typische Form aller sächsischen Farbentauben. Er wird mit weißer Haube oder glattköpfig gezüchtet. Anerkannt sind die Farben Schwarz, Blau, Rot und Gelb. Neben Kopf und Latz sind Schwanz, Schwanzdecke und Keil farbig. Altdeutsche Mohrenköpfe zählen zu den seltenen Rassen. Es wäre zu begrüßen, wenn mehr Züchter sich dieser Rasse annehmen würden.

Schlesische Mohrenköpfe werden glattfüßig und bestrumpft gezüchtet. Die Zehen sind immer unbefiedert. Die Rasse wurde bereits 1763 beschrieben. Farbig ist der Kopf mit einem nur etwa 1 cm langen Latz sowie der Schwanz mit Decke und Keil. Alle übrigen Federn sind weiß.

Gruppe V a
Schweizer Farbentauben

Um die wunderschönen schweizer Taubenrassen nicht in der Vielzahl der deutschen Farbentauben untergehen zu lassen und weil sie untereinander viele Gemeinsamkeiten aufweisen, wurde für sie vor wenigen Jahren eine besondere Gruppe (V a) gebildet. Vor allem ist es so besser möglich, sie auch direkt nebeneinander auf Ausstellungen zu zeigen.

Zu den schweizer Farbentauben gehören die Berner, Thurgauer, Wiggertaler und Aargauer Tauben. Sie alle sind elegant, schlank, schnittig, temperamentvoll und stets spitzkappig. Sie weisen jedoch im einzelnen so viele Unterschiede auf, daß sie als einzelne Rassen geführt werden. Sie haben mittellange, unbefiederte Beine; nur die Aargauer Weißschwänze sind belatscht. Jedoch hat man auch die glattköpfigen, behosten Züricher Weißschwänze in die Gruppe V a mit eingeordnet.

Die **Einfarbigen Schweizer Tauben** kommen in den üblichen Farben Schwarz, Weiß, Rot, Gelb und Braun sowie in Blau, Blaufahl mit und ohne Binden und in Blaufahl, Rotfahl und Gelbfahl in Gehämmert vor. Auch findet man Weißgeschuppte sowie Blauschimmel unter ihnen.

Der **Berner Spiegelschwanz** ist am ganzen Körper leuchtend blau. Der Rücken ist heller gefärbt. Schwanz und Schwingen sind etwas dunkler und hohlig. Der Schwanz hat ein dunkles Schwanzband und davor auf jeder Feder eine helle Stelle, die als Spiegel bezeichnet wird. Der **Berner Gugger-Blauschwanz** hat bei blauer Grundfarbe und gehämmertem Flügelschild feine weiße Federn an Kopf und Hals (Gugger-Zeichnung), eine weiße Stirnschnippe und einen blauen Latz, der von der weißen Gugger-Zeichnung bis zur Haube umgeben ist.

Berner Rieselköpfe sind am ganzen Körper tiefschwarz. Nur der Kopf ist bis zwei Zentimeter unter dem Schnabelansatz fein weiß gerieselt. Diese feine Rieselung überdeckt die halbe Fläche des Kopfes. Es gibt auch Tiere mit Schnäuzchen und Flügelrosen. Schnäuzchen sind weiße, vom Schnabelwinkel abstehende Federn.

Die **Berner Weißschwänze** kommen in den Grundfarben Schwarz, Rot, Gelb, Braun und Blau mit verschiedenfarbigen Binden und auch geschuppt vor. Außerdem gibt es Rotfahle und Guggerfarbige. Schwanzfedern und Schwanzdecke sind weiß, während der übrige Körper mit dem Keil farbig ist. Auf dem Unterrücken sind die Farben scharf abgegrenzt.

Berner Lerchen haben bei hellgrauer Grundfarbe eine leuchtend goldgelbe Brust. Flügelschilder und Rücken sind mit klar getrennter Dreieckzeichnung bedeckt.

Zu den Thurgauer Rassen gehört die **Thurgauer Mehlfarbige**. Bei mehlfarbiger Grundfarbe haben diese Tiere Binden oder eine Hämmerung. Auf dem Vorderhals ist ein etwa 3 cm breiter, gelber Halbmond, der sich in der Grundfarbe verläuft.

Thurgauer Elmer werden in den Farben Braun und Gelb gezüchtet. Die Grundfarbe ist elfenbeinfarbig. Die Binden sind braun oder gelb. Auf dem Vorderhals ist ebenfalls ein intensiv gefärbter brauner oder gelber Halbmond. Binden- und Mondfarbe stimmen überein.

Thurgauer Schildtauben haben bei weißer Grundfarbe ein farbiges Schild in allen Grundfarben mit und ohne Binden und auch mit Hämmerung.

Thurgauer Mönche gibt es in vielen Farben und Zeichnungen. Ihre weiße Kopfzeichnung beginnt etwa einen Zentimeter unter dem Schnabelansatz und läuft von der Mitte der Kehle in einer Bogenlinie nach oben zur Haubenspitze.

Thurgauer Weißschwänze gibt es ebenfalls in sehr vielen Farben. Ihr Körper ist gleichmäßig farbig gezeichnet, bis auf den weißen Schwanz mit Schwanzdecke und Keil. Es wird eine scharfe Abgrenzung der Farben verlangt.

Wiggertaler Farbenschwänze haben eine reinweiße Grundfarbe. Schwanz mit Schwanzdecke und Keil sind intensiv in der jeweiligen Grundfarbe gefärbt. Auf gerade Abgrenzungen der Farben wird geachtet.

Aargauer Weißschwänze sind die einzige hier erwähnte Rasse, die nicht glattfüßig ist. Sie haben nämlich eine kurze, aber sehr dichte Belatschung. Bei intensiver Färbung sind nur der Schwanz und die Schwanzdekke weiß.

Alle Luzerner Tauben mit mehreren Rassen sind mittelgroß, gedrungen, stets behost und spitzkappig, dabei sind die Zehen aber nackt.

Einfarbige Luzerner Tauben sind in allen reinen Taubenfarben am ganzen Körper gleichmäßig und kräftig gefärbt. In der Zeichnung gibt es sie bindig, hohlig, geschuppt, gehämmert, so daß sehr viele Farbvarianten möglich sind.
Die Grundfarbe der **Luzerner Rieselköpfe** ist tiefschwarz. Nur der Kopf ist bis zwei Zentimeter unter dem Schnabelansatz weiß gerieselt. Die Rieselung bedeckt die halbe Fläche des Kopfes.
Luzerner Kupferkragen haben bei blauer Grundfarbe eine leuchtend kupfrig-braunrote Brust- und Unterhalsfarbe. Es gibt sie in Blaugehämmert, mit und ohne Binden.
Bei den **Luzerner Schildtauben** sind bei reinweißer Grundfarbe das Flügelschild und die Daumenfedern intensiv in vielen Farbvariationen gefärbt.
Luzerner Weißschwänze sind bei farbigem Körper nur am Schwanz und an der Schwanzdecke weiß gezeichnet. Mindestens 7 Schwingen müssen, auf beiden Seiten gleichmäßig, weiß sein.
Luzerner Goldkragen gibt es in Blaugehämmert mit und ohne Binden. Ihre Brust- und Unterhalsfarbe ist leuchtend tiefgelb. Sie verläuft am Hinterhals und an der Brust in der Grundfarbe.
Der **Luzerner Elmer** ist elfenbeinfarbig in seiner Grundfarbe. Er wird in Braun und Gelb gezüchtet. Seine Brust- und Unterhalsfarbe sind zart gelb oder leuchtend braun. Lange und schmale Binden sollen mit der Grundfarbe übereinstimmen.
Züricher Weißschwänze sind stets glattköpfig und behost. Ihr ganzer Körper einschließlich Keil soll gleichmäßig intensiv gefärbt sein. Nur die Schwanzfedern und die Schwanzdecke sind bei scharfer Abgrenzung farbig. Die Beine sind dicht behost, die Zehen sind jedoch nackt.

Gruppe VI Trommeltauben

Trommeltauben unterscheiden sich von allen anderen Rassen durch ihre Lautgebung. Alle übrigen Rassen gurren, wenn sie imponieren wollen, Trommeltauben geben rollend wirkende Töne von sich, die etwa so ähnlich klingen wie ein entferntes Trommeln, das durch hellere, höhere Töne unterbrochen wird. Dieses „Trommeln“ kann bis zu 15 Minuten andauern. Die ersten Trommeltauben kamen aus Rußland und aus Persien zu uns. Es gibt aber auch in Arabien Trommeltauben.
Unsere heutigen Rassen stammen wahrscheinlich ausnahmslos von den russischen Trommeltauben ab, die bereits vor 400 Jah-

Besondere Gefiederbildung an Kopf und Hals.
1 = schnabelkuppig mit Muschelhaube (Muselkopf),
2 = Scheitelrose (Bucharische Trommeltaube),
3 = Schnabelnelke,
4 = Muschelhaube mit Rosette,
5 = Schaukappen (Pommersche Schaukappen).

ren nach Westeuropa kamen. Im Jahre 1824 wurde das Musterbild einer Trommeltaube doppelkuppig und fußbefiedert gezeigt.

Die Eigenschaft des typischen Trommelns ist züchterisch etwas vernachlässigt worden. Doch gibt es vor allem in Mitteldeutschland Trommelwettbewerbe. Wir kennen bei uns 12 Trommeltaubenrassen. Fast alle Trommeltauben haben eine ausgeprägte Belatschung, nur die Schmöllner Trommeltauben sind bestrumpft. Ebenfalls gibt es glattfüßige Tiere. Alle Trommeltauben, außer den Fränkischen und Altenburger Trommeltauben, werden seit 1950 von einem Sonderverein betreut.

Die **Bucharische Trommeltaube** kam vermutlich aus Persien über Rußland um 1872 nach Deutschland. Ein besonderes Kennzeichen ist ihre kräftig ausgebildete Rundhaube und eine große Schnabelrosette. Der Hals ist hinter der Haube mähnenartig ausgebildet. Die kreisrunde Rosette bedeckt Stirn, Oberkopf und den Schnabel bis zur Spitze. Auch die Augen werden überdeckt. Die Augen sind perlfarbig bis auf den weißen Farbenschlag. Die Beine sind kurz. Es werden bei allen Tieren gut ausgeprägte, abgerundete Latschen gewünscht. Sie werden in vielen Farbenschlägen gezüchtet.

Die **Deutschen Doppelkuppigen Trommeltauben** sind eine sehr alte Rasse. Sie haben eine große, lose Rundhaube. Das Halsgefieder bildet einen geschlossenen Kranz, der die nach oben wachsenden Federn an die Haube anschließen läßt. Auf dem Vorderkopf sitzt ein ovaler, rundum geschlossener Federkranz, der die Schnabelwarzen mit abdeckt; er wird Federnelke genannt. Die Schnabelspitze darf nicht bedeckt sein. Von dieser Rasse gibt es viele Farbenschläge, was auf eine weite Verbreitung schließen läßt.

Aus den Doppelkuppigen Trommeltauben sind die **Deutschen Schnabelkuppigen Trommeltauben** hervorgegangen. Beide Rassen stimmen im wesentlichen überein. Die Schnabelkuppigen sind allerdings etwas schnittiger und ohne Haube. Schnabelkuppige haben eine besonders gute Fußbefiederung. Auch von ihnen gibt es viele Farb- und Zeichnungsvarianten einschließlich der Farbenzeichnungen Getigert, Gescheckt mit Lerchung und Hämmerung.

Bernburger Trommeltauben sind aus doppelkuppigen und gemönchten Rassen hervorgegangen. Sie waren in Sachsen-Anhalt bereits im 18. Jahrhundert bekannt. Sie tragen eine kräftige Rundhaube ohne Rosetten. Eine geschlossene, ovale Schnabelnelke bedeckt die Warzen. Der Kopf ist bis 1 cm unter den Augen weiß. Die Schwingen, der Schwanz mit Decke und Keil sowie die Latschen sind weiß gezeichnet.

Dresdner Trommeltauben wurden bereits 1824 erwähnt. Sie sind doppelkuppig und belatscht. Reinweiß sind nur die Flügelschilder. Das übrige Körpergefieder ist farbig. Das Nestgefieder der Jungtiere ist allerdings einfarbig. Ein Farbwechsel der Federn nach der ersten Mauser ist bei dieser Rasse besonders typisch. Erst mit der Mauser erscheint das Weiß der Flügelschilder. Dresdner Trommeltauben gibt es nur in wenigen Zuchten. Sie zählen zu den seltenen Taubenrassen, deren Zucht außerdem noch sehr reizvoll ist, so daß ihnen eine stärkere Verbreitung in Zukunft zu gönnen wäre.

Harzburger Trommeltauben wurden um das Jahr 1970 in Bad Harzburg aus Deutschen Schnabelkuppigen Trommeltauben und aus Dresdener Trommeltauben herausgezüchtet. Es sind kompakte, stark belatschte, schnabelkuppige Tiere. Sie werden nur in den Farbenschlägen Rot und Gelb gezüchtet. Die Flügelschilder sind weiß ab der dritten Armschwinge. Ein nicht zu langer weißer Rücken ist gestattet. Alle übrigen Federn sind farbig. Sie werden in der Reihenfolge Gesamteindruck, Form, Stellung, Farbe und Zeichnung sowie Kopf- und Fußpunkten bewertet.

Voigtländer Trommeltauben wurden wahrscheinlich im Südosten Sachsens aus Schnabelkuppigen Trommeltauben und gemönchten Farbentauben gezüchtet. Von den Deutschen Schnabelkuppigen Trommeltauben unterscheiden sie sich fast nur in der Zeichnung. Diese Rasse hat eine besonders starke Fußbefiederung. Der Kopf ist bis $^1/_2$ cm unter den Augen weiß. Außerdem sind die Hauptschwingen und die Latschen weiß. Sie werden in vielen Farbenschlägen gezüchtet.

Gabelschwanz-Trommeltauben waren schon um die Jahrhundertwende bekannt. Wahrscheinlich hat man die alten deutschen Trommeltaubenrassen mit den in Sachsen beheimateten Schmöllner Trommeltauben gekreuzt. Dabei soll diese Rasse mit dem sonst nicht üblichen Gabelschwanz entstanden sein. Alle Tiere sind glattköpfig. Der Schwanz besteht aus 16 Federn, die besonders breit und lang sind und sich gabelförmig teilen. Manchmal kommen Spaltfedern vor; bei ihnen wachsen aus einem Kiel zwei Federn. Sie werden in 7 Farbenschlägen gehalten. Eine stärkere Verbreitung der deutschen Gabelschwanz-Trommeltauben wäre zur Erhaltung der Qualität des Tiermaterials wünschenswert.

Neben den federfüßigen Trommeltaubenrassen gibt es mehrere Rassen, die glattfüßig oder bestrumpft sind.

Die **Schmöllner Trommeltauben** haben wie die Deutschen Gabelschwanz-Trommeltauben einen Gabelschwanz. Die Läufe sind befiedert, nicht dagegen die Zehen. Sie stammen aus der Gegend von Schmölln und Altenburg im sächsisch-thüringischen Raum. Alle Tiere sind glattköpfig und haben eine reine, helle Trommelstimme. Bei der Bewertung stehen Körperhaltung, Schwanzbildung, Augen und Federlänge an erster Stelle.

Die **Arabische Trommeltaube** besitzt eine spezielle, lachende Trommelstimme, die bei anderen Rassen nicht bekannt ist. Die ersten Tiere wurden erst im Jahre 1963 von Mathias Holler, Stuttgart, nach Deutschland geholt und ein Jahr später anerkannt. Kenner der Rasse nehmen an, daß sie mit den früher in Büchern erwähnten Mekka- oder Jemen-Tauben identisch sind. Sie sind glattfüßig und glattköpfig, mit kleinem Kopf, zahm und zutraulich und besitzen doch ein angenehmes Temperament.

Farb- und Zeichnungsunterschiede stehen bei ihnen bei der Beurteilung an letzter Stelle. Von den wenigen Züchtern wird vor allem Wert auf eine gute Trommelstimme gelegt.

Es wäre zu wünschen, wenn aus dem vorhandenen Tiermaterial Tiere mit den bekannten Farben und Zeichnungen mit der typisch lachenden Trommelstimme herausgezüchtet würden, und daß viele Züchter besondere Freude hieran finden würden.

Die Fränkische Trommeltaube ist eine doppelkuppige, glattfüßige Rasse mit Haube. Ihre Existenz ist seit etwa 1850 nachweisbar. Ein Sonderverein wurde 1924 gegründet. Ihren endgültigen Namen erhielt diese Rasse 1931. Sie gleicht einer tiefgestellten, kräftigen Feldtaube. Die Haube ist breit angesetzt und läuft an den Seiten ohne Rosetten aus. Die Schnabelnelke ist kräftig ausgebildet. Sie soll nach allen Seiten gleichmäßig verteilt sein und darf nicht auf dem Schnabel hängen. Sie wird in vielen Farben und Zeichnungen gezüchtet, von Einfarbigen über Geherzte bis zu Weißschildigen mit verschiedenen Zeichnungsunterschieden. Eine für die Züchter reizvolle Zeichnung haben die Weißschildigen in verschiedenen Grundfarben.

Bekannter sind die glattfüßigen **Altenburger Trommeltauben.** Im äußeren Erscheinungsbild haben sie Ähnlichkeit mit Feldtauben. Sie werden seit über 250 Jahren im Altenburger Land gezüchtet. Von dem Engländer J. Moore werden sie im Jahre 1735 in dem Taubenfachbuch „Columbarium“ erwähnt; ihre kräftige, langanhaltende rollende Trommelstimme wird hervorgehoben. Die Gründung eines Sondervereins erfolgte erst 1969, nachdem die Rasse im Jahre 1927 anerkannt worden war. Als glattköpfige, glattfüßige Rasse mit Feldtaubengestalt sieht sie im Vergleich zu anderen Trommeltauben ungewohnt einfach aus. Es gibt bei ihr viele Farben und Zeichnungen. Form, Haltung und Kopf stehen bei der Bewertung an erster Stelle. Unerreicht ist jedoch ihre voll ausgebildete Trommelstimme. Sie ist das markanteste Merkmal dieser Rasse. In Mitteldeutschland werden mit ihr Stimmwettbewerbe durchgeführt. Ansätze zur Durchführung solcher Wettbewerbe zur Ermittlung der Tauben mit den besten Trommelstimmen sind vorhanden. Eine größere Verbreitung dieser einfachen, aber wegen ihrer ausgeprägten Trommelstimme besonderen Rassen wäre zur Verbreitung der Kenntnisse über die Vielfalt der Eigenschaften der Tauben wünschenswert.

Gruppe VII Strukturtauben

Zu dieser Gruppe zählen 7 Rassen, die in ihren Eigenarten unterschiedlich sind. Alle haben sie ein ausgeprägtes, spezielles Zuchtziel mit einer bestimmten Formung und Gestaltung ihrer Federn, die jedoch bei jeder Rasse andere Schwerpunkte hat. Zu ihnen zählen Pfau-, Perücken- und Lockentauben, Kapuziner, Schmalkaldener Mohrenköpfe und Chinesentauben. Allen Strukturtauben hat man extreme Gefiederformen angezüchtet. Trotzdem sind sie in der Lage, sich problemlos fortzupflanzen. Strukturtauben müssen besonders sauber und einwandfrei gehalten werden, sie verlangen dann aber nicht mehr Pflege als andere Taubenrassen auch. Natürliche Besonderheiten müssen bei den einzelnen Rassen bei Zucht und Haltung berücksichtigt werden. Der Schlag und die Nistzellen sollen so groß sein, daß das Gefieder nicht unnötig beschädigt wird. Selbstverständlich müssen solche Tiere auch in genügend großen Körben oder Behältern zu den Ausstellungen gebracht werden.

Lockentauben sind seit Anfang des 17. Jahrhunderts bekannt. Sie sollen durch eine Mutation in Südosteuropa entstanden sein. Erst in unserem Jahrhundert wurde aus einem struppigen Flügelschild durch intensive Züchtung eine korkenzieherähnliche Lockung der Flügelschilder in kaum noch zu verbessernder Weise erreicht. Ein Sonderverein besteht bereits seit 1905.

Im übrigen gleicht die Lockentaube einer kräftigen, normalgestaltigen Feldtaube. Alle Farbenschläge, bis auf die reinweißen, sind glattköpfig.

Bei den weißen Tieren wird eine Haube gefordert. Lockentauben haben eine kurzfedrige Fußbefiederung. Der weiße Farbenschlag wird mit mittellangen Latschen gezüchtet. Jede Feder des Flügelschildes muß zu einer Locke ausgebildet sein. Gute Locken sind 2- bis 3mal gedreht. Lockentauben werden in den 5 Farbenschlägen Schwarz, Weiß, Rot-, Gelb- und Blau-Schimmel gezüchtet. Beim Halten der Tauben in der Hand wird die Lockenstruktur durch Druck nicht beschädigt, da die Federn ihre ursprüngliche Struktur immer wieder annehmen. Lockentauben sind beliebt und stark verbreitet.

Aus Thüringen stammen die **Schmalkaldener Mohrenköpfe,** ein kräftiger Feldtaubentyp, der seit 140 Jahren im Erzgebirge beheimatet ist. Bisher ist diese Rasse nur in Schwarz anerkannt. Doch ist man dabei, blaue, gelbe und rote Farbenschläge herauszuzüchten. Bei weißer Grundfarbe sind Kopf, Vorderhals und Schwanz mit Decke und Keil schwarz. Das charakteristische Rassenmerkmal ist eine stark ausgebildete Struktur der Federn an Hals und Kopf und eine starke Fußbefiederung. Die Struktur der Federn besteht aus Hut, Mähne und Kette. Die Kette beginnt mit einem Scheitel an den unteren Seiten des Halses. Im Unterschied zu anderer Halsbefiederung wachsen hier die Federn nach oben, nach hinten und nach vorne. Der hintere Teil des Halses wird von einer Mähne gebildet, er geht ohne Absatz in den Hut über, der sich von hinten über den Kopf legt.

Die Vorfahren der **Altholländischen Kapuziner** sollen um das Jahr 1500 aus Indien mitgebracht worden sein. Sie können über viele Jahrzehnte nur lokale Bedeutung gehabt haben, denn die Anerkennung erfolgte bei uns erst im Jahre 1967. Seit 1965 gibt es einen Sonderverein. Von dem ausgezeichneten holländischen Taubenfachmann Spruijt werden sie in den 30er Jahren nicht erwähnt. Typisch für diese Tauben ist die kragenförmige Struktur des Halsgefieders. Die Augen sind durch einen weißen Ring um die Pupille gekennzeichnet. Man nennt dies ein unreines Perlauge. Die Beine sind stets unbefiedert. Bei der Entstehung dieser Rasse sind offensichtlich Perückentauben eingekreuzt worden. Sie haben den modernen Tieren eine typische, kragenförmige Struktur mitgegeben. Eine farbige Kappe soll aufrechtstehend und gut gerundet in die stark ausgeprägte Nackenbefiederung übergehen. An den unteren Halsseiten wird eine ovale Rosette gefordert. Es gibt diese Rasse in vielen Farbenschlägen. Die Färbung ist der Mönchzeichnung ähnlich. Der Kopf ist weiß bis $^1/_2$ cm unter den Augen. Weiß sind auch Schwingen, Rücken, Schwanz, Keil, Bauch und Schenkel. Alle anderen Teile sind farbig.

Die **Perückentaube** ist die Königin der Strukturtauben. Bereits um das Jahr 1550 kam sie aus Indien nach Europa. Bedeutende, züchterische Verbesserungen hat sie in England erfahren. Ein Sonderverein für Pfau- und Perückentauben bestand seit dem Jahre 1906. Im Jahre 1965 wurde ein selbständiger Sonderverein der Perückentauben-Züchter gegründet.

Die Perücke besteht aus vier verschiedenen Gefiederstrukturen. Die Rose befindet sich am unteren Hals mit einem kreisrunden Wirbel. Von ihm gehen alle Federn strahlenförmig auseinander, um Kette, Mähne und Hut zu bilden. Die Mähne befindet sich am hinteren Teil des Halses und reicht bis an den Rücken. Der Hut ist der obere Teil des Federngebildes, er soll gut abgerundet sein. Die Federn sind so lang, daß sie über dem Kopf schweben, ohne ihn zu berühren. Die Kette bildet den Übergang am vorderen Hals vom Hut bis hinunter zur Brust in einer gleichmäßigen Bogenlinie.

Bedingt durch eine aufrechte Haltung werden die langen Flügel schräg nach unten getragen. Es gibt 10 verschiedene Farbenschläge. Durch die stark ausgeprägte Perükke sind die Tauben in vollem Federschmuck sichtbehindert. Man sollte sie daher nicht mit anderen Tauben zusammen halten.

Sie sind eifrige Brüter. Doch müssen vor der Zucht Hut und Kette beschnitten werden, damit das Zeremoniell bei der Paarung und Brut ungestört verlaufen kann.

Pfautauben gehören allgemein zu den bekanntesten Taubenrassen. Sie kamen im 16. Jahrhundert aus Indien nach Europa. Der Sonderverein besteht seit 1906. Sie unterscheiden sich durch mehrere Merkmale von allen anderen Rassetauben. Am auffallendsten ist der aus 36 Federn bestehende, gleichmäßige gefächerte Pfauenschwanz. Weniger bekannt ist, daß gute Tiere auf Zehenspitzen gehen und den Kopf so weit nach rückwärts legen, daß er auf dem Schwanzkissen ruht. Die Schwanzfedern sind in der Spitze gespalten, so daß hier die »Frisur« entsteht. Die Spaltung kann an der Federfahne bis zu 2,5 cm herabreichen. Es gibt 26 verschiedene Farbenschläge. Tiere mit weißem Körper und farbigem Schwanz sowie mit farbigem Körper und weißem Schwanz üben auf manchen Betrachter eine besondere Anziehungskraft aus. Doch gibt es auch schildige Tiere sowie Tiger und Schecken.

Pfautauben sind gute Zuchttiere. Bei Zuchtbeginn werden ihnen die seitlichen Fächerfedern beschnitten.

Im Jahre 1974 wurden die ersten aus den USA importierten **Indischen Pfautauben** in Hannover gezeigt. Sie wurden zwei Jahre später anerkannt. Ihr Pfauschwanz ist nach hinten gerichtet, und der Kopf wird nach vorn getragen. Sie haben eine Spitzhaube und sind kurz belatscht. Die Gefiederfarbe dieser noch rohen Rasse ist einfarbig bis bunt. Für die interessierten Züchter ist es eine dankenswerte Aufgabe, diese neue Rasse züchterisch zu bearbeiten und entscheidend zu verbessern.

Die **Chinesentauben** sind mit den Mövchen verwandt und stammen aus dem Kreis der afrikanischen Rassetauben. Das Charakteristikum dieser Tauben ist die Gefiederstruktur, die aus Kragen, Mähne, Kissen, Scheitel, Decke, Sträußchen und Höschen besteht. Der Kragen umschließt die obere Halspartie, die nach hinten glatt in die Mähne übergeht. Das Kissen besteht aus seitwärts gerichteten Federn. Es wird durch einen geraden, waagerechten Scheitel vorn am Unterhals getrennt. Das Kissen muß durch kräftige Federn stark ausgeprägt sein. Der Scheitel trennt das Kissen vom ebenfalls strukturierten Bauchgefieder. Die Federn der Decke sind waagerecht nach außen geführt. Das Sträußchen sind gedrehte Federn auf den Schultern. Das Höschen bilden weit abstehende Federn vor den Schenkeln. Chinesentauben gibt es in vielen Farbenschlägen und Zeichnungen.

Gruppe VIII
Mövchentauben

Mit den Mövchenrassen verbinden viele Züchter den Begriff „Kurzschnäbligkeit". Dies ist jedoch nicht richtig. Es gibt kurz- und mittelschnäblige Mövchen in einer Fülle verschiedener Rassen. Man weiß nicht so recht, woher die Mövchen gekommen sind, letzten Endes stammen sie aber aus dem Mittelmeerraum. Allen Mövchen gemeinsam ist eine Federkrause am vorderen Hals, die auch Jabot genannt wird. Sie entsteht durch eine Hautfalte und kommt auch heute noch bei Reisebrieftauben vor; ein Beweis, daß Mövchen zu deren Vorfahren gehören. Mövchen sind klein bis mittelgroß. Nur bei wenigen Rassen gibt es Kappen, selten haben sie eine Beinbefiederung.

Die Mövchenzucht ist nicht ganz einfach. Anfänger in der Zucht sollten nicht gerade Mövchen halten. Bei den kurzschnäbligen Rassen erfolgt die Aufzucht der Jungtiere mit Ammen oder sie werden vom Züchter gefüttert. Abgesehen von dieser Besonderheit sind alle Mövchen sehr brutfreudig und auch sonst leicht zu halten.

Wegen der Ammenhaltung erfordert die Mövchenzucht mehr Raum und einen zusätzlichen Ammentierbestand. Eine regelmäßige Schnabelpflege ist üblich, bei der das tote Horn mit einer Nagelschere beschnitten und mit einer Nagelfeile geglättet wird.

Antwerpener Smerlen wurden früher bei den Formentauben eingeordnet. Von der Abstammung und vom Aussehen her gehören sie aber zur Gruppe der Mövchen, die nunmehr auf Schauen von ihnen angeführt werden. Sie sind eine Jahrhunderte alte belgische Rasse aus der Gegend von Antwerpen. Turbits und Owls haben bei ihr Pate gestanden. Später wurden auch Show Antwerps und in letzter Zeit Deutsche Schautauben eingekreuzt. Es sind sehr kräftige Tauben mit waagerechter Haltung, mit gut ausgebildeter Halskrause. Ihre Lebendmasse liegt etwa bei 550 g. Der Kopf ist von der Schnabelspitze bis zum Nacken in ununterbrochener Linie gleichmäßig gewölbt. Die Beine sind unbefiedert und ziemlich kurz. Der Körper mit 8 – 10 Schwingen ist reinweiß. Flügelschilder und Daumenfedern sind farbig in Schwarz, Dun, Rot, Blau, Blaufahl, Rotfahl und Gelbfahl; in der Zeichnung auch in Gehämmert und Weißbindig. In der Bewertung stehen Gesamteindruck und Kopfform an erster Stelle.

Die **Altholländischen Mövchen** sind eine der ältesten Rassen in Westeuropa, da sie in Holland schon im 16. Jahrhundert nachgewiesen wurden. Bei weißer Grundfarbe werden schildige Tiere in allen bekannten Grundfarben gezüchtet.

Charakteristisch ist die Form des Kopfes, der länglich ist und seine größte Breite vor den Augen hat. Alle Tiere tragen eine spitze Kappe. Es sind sehr zutrauliche Tiere, die ohne Ammen gezüchtet werden. Einen Sonderverein gibt es seit dem Jahre 1960.

Altdeutsche Mövchen wurden früher Deutsche Schildmövchen genannt. Es gibt sie seit über 100 Jahren. Sie sind die erste Rasse, die in Anlehnung an die Zeichnung und Färbung der Silbermöven „Mövchen" genannt wurden. Erst im Jahre 1956 wurden sie neu anerkannt. Es sind mittelgroße, anmutige Tauben mit gut ausgebildeter Halskrause. Der Schnabel ist mittellang und hellfarbig. Die Beine sind glatt und kurz. Sie werden bei weißer Grundfarbe in Schildig in allen üblichen Farben mit und ohne Binden gezüchtet. Auch gibt es einfarbig Weiße und Farbenschwänze in Schwarz, Blau, Rot und Gelb. Bei den Farbenschwänzen sollen Schwanzdecke und Keil ebenfalls farbig sein.

Aachener Lackschildmövchen werden im Sonderverein der Mövchenzüchter von 1894 betreut. Sie sind hauptsächlich im Rheinland verbreitet. Typisch ist eine ausgeprägte Farbe des Flügelschildes. Es gibt die Farben Rot, Gelb und Schwarz, für die intensiver Lackglanz gefordert wird.

Die **Hamburger Sticken** haben im norddeutschen Raum viele Freunde. Ihr Kopf ist gut gerundet, breit und hochstirnig. Eine Rundkappe endet in Rosetten. Die Grundfarbe ist stets farbig; Schwanz, Decke und Keil sind immer weiß. Sie gelten als zierlich, temperamentvoll und doch besonders zutraulich. Sie werden auch zu den Mittelschnäbligen gezählt, jedoch ist Ammenaufzucht erforderlich.

Italienische Mövchen sind etwas scheu, aber flugfreudig. Sie haben eine waagerechte Stellung und erinnern an die Modeneser. Sie kamen um 1880 nach Deutschland und werden in 18 Farbenschlägen gehalten. Interessant ist die Eisfarbe, ein einheitliches Milchblau am ganzen Körper mit schwarzen Binden und dunklen Schwingen. Ihre Verbreitung könnte größer sein, züchterisch sind sie verbesserungsfähig.

Einfarbige Mövchen (Afrikanische Eulen) wurden als Ägyptische und Tunesische Mövchen nach Europa gebracht. In England entstanden aus ihnen die Afrikanischen Eu-

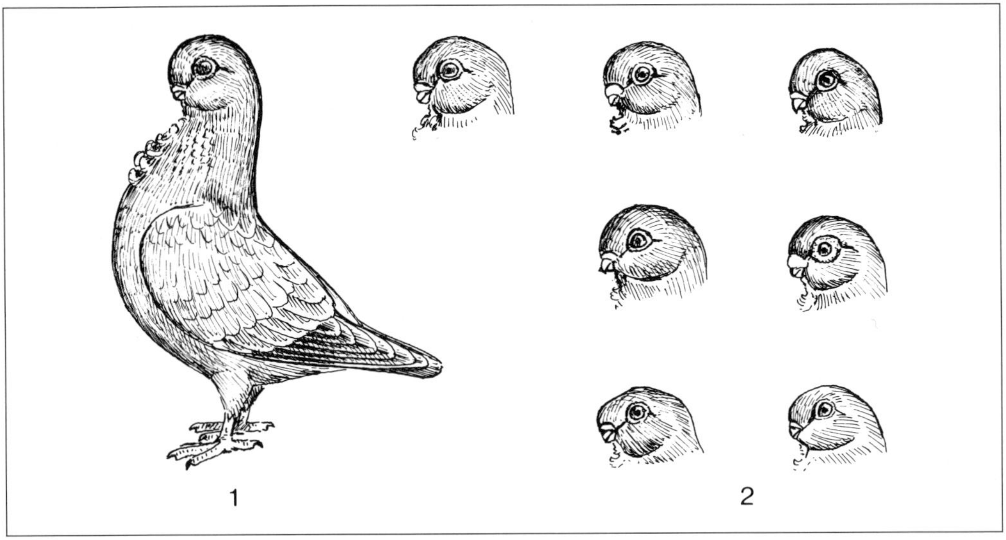

1 = Afrikanische Eule, Idealform, 2 = fehlerhafte Kopfformen.

Übersicht über die Farbenschläge der Orientalischen Mövchen			
Gruppe	Flügelschild Farbe und Zeichnung	Körper Farbe und Zeichnung	Schwanz Farbe und Zeichnung
Satinetten	Weiß, farbig gesäumt	weiß	Farbig
	Schwarz, Dun oder Blau	weiß	Blaug, gesäumt
	Schwefelgelb (Sulfuretten)	weiß	mit Spigel
	Braun (Brünetten)	weiß	mit Spiegel
	Einfarbig mit weißer Binde	weiß	
	Blau (Bluetten)	weiß	Blau mit Spiegel
	Silber (Silvretten)	weiß	Bräunlich mit Spiegel
Blondinetten	Weiß, farbig gesäumt	farbig	farbig
	Schwarz und Dun	gesäumt	gesäumt
	Blau	einfarbig blau	mit Spiegel
	Rot	einfarbig rot	mit Spiegel
	Gelb	einfarbig gelb	mit Spiegel
	Fahl (Lavendel)	einfarbig bräunlich	mit Spiegel
	Einfarbig mit weißen Binden	einfarbig	
	Schwarz und Dun	gesäumt	gesäumt
	Blau und Silber	einfarbig	mit Spiegel
	Gelbfahl	einfarbig	mit Spiegel
Turbiteen	Einfarbig	weiß	weiß
	Schwarz		
	Blau		
	Rot		
	Gelb		

len und in Deutschland die Einfarbigen Mövchen. Heute werden sie auf der ganzen Welt nach einheitlichem Standard gezüchtet. Es sind kurze, breite Tauben mit kugelrundem Kopf und gut entwickelter Halskrause. Der Schnabel ist kurz, stumpf und breit, die Beine kurz und unbefiedert. Ammenaufzucht ist erforderlich. Sie werden in 12 Farbvarianten gezüchtet. Gesamteindruck und Kopfpunkte geben bei der Bewertung den Ausschlag. **Deutsche Schildmövchen** sind die Stammform aller deutschen Mövchen. Um das Jahr 1880 wurden Mövchen aus Kleinasien und Nordafrika eingeführt und züchterisch bearbeitet. Dabei haben schildige Anatolische Tauben, Turbitmövchen alten Typs und Ägyptische Mövchen Pate gestanden. Deutsche Schildmövchen sind kurz mit stolzer Haltung. Der Kopf ist kugelrund, die Halskrause gut entwickelt. Auch sie sind glattfüßig. Es gibt sie in 10 verschiedenen Färbungen und Zeichnungen. Bei weißem Grundgefieder ist das Schild farbig. Farbige Schenkel werden mit Abschlägen toleriert.

Deutsche Farbenschwanzmövchen. Diese mittelgroße, kurze und breite Rasse wurde früher vor allem glattköpfig im Rheinland gezüchtet, während man sie im Hamburger Raum kappig kannte. Heute sind sie an keine Landschaft mehr gebunden. Ihr besonderes Merkmal ist bei reinweißer

Grundfarbe der farbige Schwanz in Schwarz, Dun, Blau, Blaufahl, Rot und in Gelb. Der Kopf ist kugelrund. Die Verlängerung des Schnabelschnittes soll über dem unteren Augenrand liegen. Es gibt sie heute glattköpfig sowie rund- und spitzkappig. Die Halskrause soll gut entwickelt sein. Die Beine sind kurz und unbefiedert. Kopf mit Schnabel sind die hauptsächlichen Bewertungskriterien.

Die **Turbitmövchen** werden bereits von F. Willighby 1678 in der »Ornithologie« und von John Moore 1735 im »Columbarium« erwähnt. Praktisch sind es die englischen Schildmövchen. Ihren modernen Typ erhielten sie durch die Einkreuzung von Show-Antwerps. Gezüchtet werden sie im Sonderverein der Mövchenzüchter von 1894. Sie sind glattfüßig. Charakteristisch ist die Kopfform mit stark ausgeprägtem Vorderkopf.

Englische Owlmövchen wurden schon vor 200 Jahren erwähnt. Sie sind die größte Mövchenrasse, die leider selten auf Schauen gezeigt wird. Dieser kräftigen, robusten Rasse wäre eine stärkere Verbreitung zu gönnen.

Anatolische Mövchen mit weißem Grundgefieder, farbigem Flügelschild und farbigem Schwanz sollen bereits im 16. Jahrhundert nach England gekommen sein. Man nimmt an, daß sie bei der Entstehung weiterer Mövchenrassen Pate gestanden haben. Im übrigen gleichen sie auch bei der Bewertung den African Owls.

Für **Orientalische Mövchen** entstand im Jahre 1894 ein Sonderverein. Für diese Rasse sind die Kopfpunkte ebenfalls die wichtigsten Rassemerkmale. Die Kopfform soll weder oval noch kugelrund sein. Dadurch bedingt, befindet sich der höchste Punkt vor den Augen. Die meisten Tiere sind spitzkappig. Sie haben eine gut ausgeprägte Wammen- und Jabotbildung. Die Beine sind bestrumpft. Man unterscheidet 3 Farbenschläge: Die Blondinetten, Satinetten und die Vizor.

Bei den Blondinetten ist das Körpergefieder in verschiedener Weise gefärbt, einfarbig mit weißen Binden, mit Spiegelschwänzen sowie mit gesäumten und geschuppten Flügeldekken. Bei den Satinetten ist die Grundfärbung Weiß, nur Flügelschild und Schwanz sind gefärbt und in mehreren Variationen mit weißen Binden sowie gesäumt und geschuppt vorhanden. Die Vizormövchen unterscheiden sich von den Satinetten durch eine zusätzliche Färbung des Kopfes. Ammenaufzucht ist erforderlich.

Die **Turbiteen-Mövchen** haben weißes Grundgefieder und typische Farbfelder, eine farbige Schnippe und eine bohnengroße Backenzeichnung in der Kopfzeichnung. Sie werden schildig in verschiedenen Farben gezüchtet.

Ihr Habitus gleicht dem der Orientalischen Mövchen.

Dominomövchen ähneln den Anatolischen Mövchen. Sie sind nur in wenigen Exemplaren vorhanden. Einige Züchter bemühen sich, dieser Rasse wieder Geltung zu verschaffen.

Gruppe IX Tümmlertauben

Fast unüberschaubar groß ist die Gruppe der Tümmler mit nunmehr 67 Rassen. Wie der Name schon sagt, handelt es sich ursprünglich um sehr flugfreudige Tauben, die sich in der Luft tummeln und Freude am Fliegen haben. Diese Gruppe kommt heute in unzähligen Formen und Unterarten vor, weil es immer wieder Menschen gab, die sich an den vielen verschiedenen Flugspielen von Tauben erfreuten.

So gibt es unter den Tümmlern ausgesprochene Hochflugrassen und Tiere mit besonderen Flugeigenschaften wie die Roller, die sich in der Luft überschlagen, oder Purzler, die aus großer Höhe nach unten purzeln, um sich kurz über dem Erdboden wieder abzufangen.

Da viele Taubenrassen früher bodenständig waren, haben manche Tümmler-Rassen den Namen ihrer ursprünglichen Heimat mitbekommen. Alle Tümmler haben gemeinsam das helle Tümmlerauge.
Tümmler gibt es mit unterschiedlicher äußerer Gestalt in glattfüßig, bestrumpft, belatscht sowie glattköpfig, spitz- und rundkappig. Manche Tümmler sind extrem zierlich, andere sehr robust gebaut.
Flugleistung und Ausstellungsleistung stehen miteinander im Zwiespalt. Daher sollte man innerhalb der Rassen ganz klar zwischen Flugtauben und Ausstellungstauben unterscheiden und sie nicht miteinander kreuzen, da beiden Zuchtrichtungen hiermit auf keinen Fall gedient ist.
Alle Tümmler sind sehr brutfreudig. Sie lassen sich sehr gut im Freiflug halten.
Manche Tümmler sind recht temperamentvoll. Daher ist eine Gewöhnung an Ausstellungskäfige unerläßlich.
Hannoversche Tümmler sind glattfüßige, glattköpfige, tiefgestellte Tauben mit hoher Stirn. Es gibt sie mit weißen und mit roten Augen. Sie sind ausgzeichnete Soloflieger. Am stärksten verbreitet sind sie in Niedersachsen. Ein Sonderverein besteht sei 1908. Viele Farbvariationen sind zugelassen.
Bremer Tümmler sind eine kleine, glattköpfige, glattfüßige Rasse, die als ausgesprochene Soloflieger bekannt sind. Neuerdings sind auch kappige Tiere zugelassen. Es ist eine förderungswürdige Rasse mit einem besonderen Flugstil. Da das Interesse am Spezialflug der Tauben enorm zunimmt, werden die noch jungen Flug-Sondervereine sich sicherlich ihrer verstärkt annehmen.
Gute Flieger sind bis zum heutigen Tage die **Memeler Hochflieger**, die früher im Memelland weite Verbreitung fanden. Ein Sonderverein besteht. Ihre guten Flugeigenschaften als Hochflieger werden nicht vernachlässigt.
Dänische Tümmler sind schlanke, elegant wirkende Tauben mit mittelhohem Stand. Der glatte Kopf bildet von der Schnabelspitze bis zum Hinterkopf eine ununterbrochene gewölbte Bogenform. Dänische Tümmler gibt es in vielen Farbvariationen, unter anderem einfarbige, bindige, weißschwänzige, Elstern und Tiger, außerdem Weißschläge, Kalotten, Stipper und Brander. Sie sind in Dänemark und Norddeutschland weit verbreitet.
Die **Deutschen Langschnäbligen Tümmler** wurden ursprünglich für den Flugtaubensport gezüchtet. Sie sind sehr elegante Rassetauben mittlerer Größe mit hohem Stand. Der lange und schmale Kopf wird waagerecht getragen. Es gibt sie in vielen Farben. Unter ihnen nehmen die **Bärtchen-Tümmler** eine Sonderstellung ein, da sie unter dem Schnabel im Gefieder einen charakteristischen weißen, paarigen Fleck, das Bärtchen, haben. Bei diesen hochgestellten Tieren muß vermehrt auf eine exakte Beinstellung geachtet werden. Durch die Mannigfaltigkeit der Farben, die den Dänischen Tümmlern nicht nachsteht, sind Deutsche Langschnäblige Tümmler weit verbreitet.
Kasseler Tümmler werden seit 1966 in einem Sonderverein betreut. Ausgangstiere sind Kasseler Flugtümmler, die durch Einkreuzungen in ihrem Exterieur verbessert wurden.
Polnische Langschnäblige Tümmler waren bis 1972 als Galizische Silberelstern bekannt. Sie werden nur in den beiden Farbenschlägen Eisfarbig und Perlfarbig gezüchtet. Innerhalb dieser beiden Farben gibt es aber verschiedene Zeichnungsvarianten. Das heutige Spitzenmaterial ist fast ohne Fehler.
Stralsunder Hochflieger machen den Eindruck guter Dauerflieger. Die Form dieser Tiere ist kantig und schmal. Die Oberkopfform verläuft gerade und waagerecht. Sie werden nur in Reinweiß gezüchtet. Sie werden als ausgezeichnete Hochflugtauben gehalten, wobei beste Flieger auch im Ausstellungskäfig ihre Spitzenstellung beweisen.

Berliner Lange sind gekennzeichnet durch ihre Schlankheit, den fast waagerecht getragenen Körper und durch eine fast waagerechte Kopfhaltung. Ein weiteres Kennzeichen ist die Elsternzeichnung in verschiedenen Farben. Sie besitzen ein fest anliegendes Gefieder mit dünner Beinbefiederung bis an die Zehen. Mit in diese Gruppe zählen die **Berliner Langlatschigen** Elstern als Weißschwänze, Schwingigschwänze und Elsterngezeichnete. Es gibt sie in vielen Farben.

Die **Berliner Weißschwanztümmler** wurden in Berlin aus verschiedenen Rassen erzüchtet. Sie sind hochgestellt und schmal. Der Kopf ist flach gezogen ohne hervortretende Stirn, der Schnabel mittellang und die Beine sind hochgestellt mit fächerförmigen Latschen und stark entwickelten Geierfedern. Sie werden in Schwarz, Rot, Gelb, Hell- und Dunkelblau, Perl, Isabell, Eulig und Kupfrig gezüchtet. Schwanz, Decke bis zur Bürzeldrüse und Keil sind weiß.

Bei den **Berliner Schwingigschwänzigen**, die aus Berliner Weißschwänzen und anderen Rassen herausgezüchtet wurden, sind zusätzlich zum Schwanz auch die Schwingen mit mindestens sieben Handschwingen und die Latschen unterhalb den Geierfedern weiß.

Einen großen Bekanntheitsgrad haben die **Danziger Hochflieger**, die von einem Sonderverein betreut werden. Ein besonderes Kennzeichen ist die breite, hohe Kappe und ein aus 14 – 18 Federn gebildeter Schwanz, der breit getragen wird. Es sind viele verschiedene Gefiederzeichnungen zugelassen. Die Zucht ist nicht allzu schwierig. Auch Anfänger werden bald Ausstellungserfolge haben. Es gibt sehr gut fliegende Stämme, die in großen Höhen lang andauernde Runden ziehen und durch ihre Flugleistungen viel Freude bereiten können.

Beste Flieger sind auch **Pommersche Schaukappen**. Ihr spezielles Rassemerkmal sind die Schaukappen, kleine Schirme über den Augen, die nur bei dieser Rasse anerkannt sind. Sie sind glattfüßig und tragen eine Muschelhaube. Es gibt sie nur in wenigen Farbenschlägen. Weitere Verbreitung wäre erwünscht, zumal sie sich als Dauerflieger gut bewähren (s. S. 142).

Stargarder Zitterhälse sind elegante Tauben mit einem langen, dünnen Hals, der sehr beweglich ist und ständig zitternd nach hinten durchgedrückt wird. Zitterhälse bringen gute Aufzuchtleistungen und werden deshalb auch als Ammentauben benutzt.

Eine belatschte Flugtaubenrasse sind die **Ostpreußischen Werfer**. »Werfer« bedeutet, daß diese Tauben sich im Flug rückwärts überschlagen. Sie tragen eine Muschelhaube. Für eine Freiflughaltung sind sie gut geeignet.

Niederländische Hochflieger wurden 1971 zugelassen. Es sind glatte Tauben mit fast waagerechter Rücken- und Schwanzhaltung. Die Flügel liegen auf dem Schwanzende auf. Über ihre Flugeigenschaften ist wenig bekannt. Sie sind sehr zuchtfreudig. Jungtiere bringen wegen der Vielfalt der Zeichnungen immer wieder Überraschungen, wodurch der Reiz der Züchtung erhöht wird.

Altholländische Tümmler kamen im 16. Jahrhundert nach Holland. Es sind stark belatschte Tiere mit verschiedenen Zeichnungen in den üblichen Farben. Sie sind heute reine Ausstellungstauben.

Weite Verbreitung haben die stets glattköpfigen **Kölner Tümmler** gefunden. Sie werden im Sonderverein von 1925 betreut. Diese Tümmler haben eine tiefgestellte, gedrungene Figur. Festes Federwerk und ein geschlossen getragener Schwanz sind Rassenmerkmale. Die meisten Kölner Tümmler sind glattfüßig; bei der belatschten Unterart werden üppige Geierfedern gefordert. Es gibt sie mit vielen verschiedenen Zeichnungen in allen bekannten Grundfarben. Körperform, Kopf, Auge und Augenrand sind die wichtigsten Rassenmerkmale. Da sie sehr brutfreudig sind, können sie jedem Anfänger empfohlen werden.

Elsterpurzler sind glattfüßige Tauben mit Elsterzeichnung in 6 Farbenschlägen. Sie sind hervorragende Flieger und Purzler. Man kann sie als besonders elegante Rasse bezeichnen. Hauptverbreitungsgebiet ist der Schwarzwald. Im modernen Flugtaubensport wird man nicht an ihnen vorbeigehen können.

Schautippler sind mittelgroße Tauben mit breiter Brust und stolzer Haltung. Sie wurden Anfang des 20. Jahrhunderts aus den Flugtipplern durch Einkreuzung Dänischer Brander herausgezüchtet. Ihre Eigenart ist ihre Färbung. Es gibt sie einfarbig schokoladenbraun mit viel Glanz ohne weiß, hell- und dunkelgetigert (farbig: weiß = 2 : 1, bzw. 1 : 2) und bärtig. Bei den Bärtigen sind Handschwingen, der Schwanz und ein Fleck (Bärtchen) unter dem Schnabel farbig, das übrige Gefieder ist weiß. Die Farbe ist stets schokoladenbraun.

Flugtippler sind reine Leistungstauben, die nur nach der erbrachten Flugdauer züchterisch und haltungsmäßig in der Auslese beurteilt werden. Sie werden von der Deutschen Flugtippler-Union betreut, die in

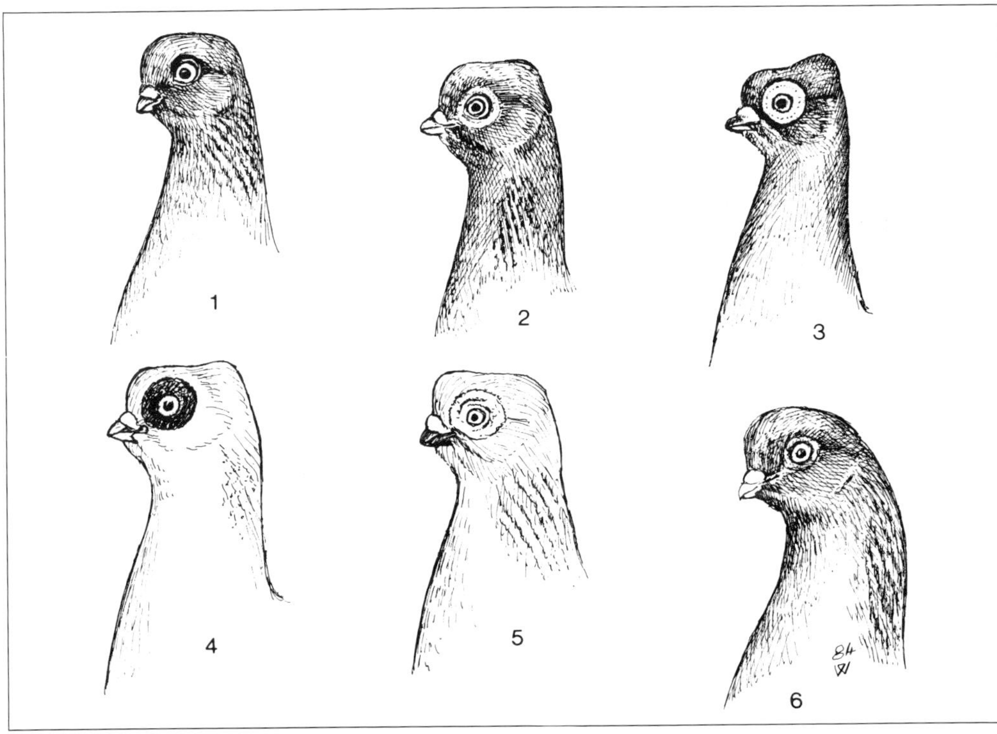

Die Kopfformen Kurzschnäbliger Tümmler.
1 = Stettiner Tümmler,
2 = Breslauer Tümmler,
3 = Budapester Kurze,
4 = Wiener Kurze,
5 = Prager Tümmler,
6 = Kasaner Tümmler.

Die Kopfformen Kurzschnäbliger Tümmler.
1 = Englischer Longfaced-Tümmler,
2 = Englischer Kurzschnäbliger Tümmler,
3 = Berliner Kurze,
4 = Altstämmer,
5 = Königsberger Farbenkopf,
6 = Königsberger Reinauge,
7 = Posener Farbenkopf,
8 = Schöneberger Streifige,
9 = Elbinger Weißkopf.

Unterschiede in der Figur.
1 = Budapester Tümmler,
2 = Wiener Kurze.

Deutschland über 230 Mitglieder aufweist und nicht dem BDRG angeschlossen ist. Flugtippler sind mittelgroße, elegante Tauben, stets glattfüßig und glattköpfig, meist helle Schimmel mit schwach bis deutlich ausgeprägten Binden, aufrecht bis waagerecht stehend, mit festem Federwerk. Sie wurden vor allem in England schon seit dem vorigen Jahrhundert oder länger nur nach Dauerflugleistungen ausgelesen. Heute gibt es sie in vielen Ländern. Sie werden nicht nach Standardbestimmungen auf Schönheit gerichtet und sind daher auch nicht als Rasse im Deutschen Rassetaubenstandard angeführt. Sie finden zunehmende Verbreitung. Der Weltrekord im Dauerflug liegt bei über 21 Stunden.

Englische Longfaced-Tümmler sind eine alte Rasse. Ihr Sonderverein besteht seit 1913. Unter 7 Zeichnungsvarianten ist die Almondzeichnung am bekanntesten. Es ist eine mandelgelbe Grundfarbe, die nach der Mauser mit schwarzen Farbflecken bedeckt ist. Longfaced-Tümmler besitzen eine erfreulich starke Verbreitung, was in den letzten Jahren auch zur Ausstellung seltener Farbenschläge geführt hat.

Neben dieser Rasse kommt auch aus England der **Shortfaced-Tümmler**, der heute **Englischer Kurzschnäbliger Tümmler** genannt wird. Auch hier ist die Mandelfarbe dominierend, so daß diese Tiere auch kurz als Almond bezeichnet werden. Durch ihre besondere Gefiederfarbe gewinnt die Züchtung dieser Tauben einen besonderen Reiz.

Aus mehreren Gründen sind die **Wiener Tümmler** eine Ausnahmerasse. Sie kamen im 16. Jahrhundert nach Wien und wurden Grundlage eines volkstümlichen Flugsportes. Sie sind gute Hochflieger. Der Flugsport wird in Wien bis zum heutigen Tage gepflegt. Doch gibt es auch Zuchten mit ausgesprochenen Ausstellungstypen in Volierenhaltung. Es handelt sich bei ihnen um recht kleine Tauben mit lebhaftem Temperament. Sie besitzen eine nur für diese Rasse typische Kopfform. Es gibt sehr viele

Spielarten der Farben und Zeichnungen. Doch sieht man auf den Ausstellungen meistens helle, gestorchte Tiere. Kopfform, Schnabelsitz und Körperform sind die wichtigsten Beurteilungskriterien. Diese etwas wilde Rasse ist zuverlässig in der Zucht. Sie sollte möglichst im Freiflug gehalten werden.

Wiener Weißschilder sind wahrscheinlich aus den Wiener Kurzen hervorgegangen. Bei farbigem Grundgefieder ist die Flügeldecke reinweiß. Sie sind glattköpfig und glattfüßig. Viele Züchter bevorzugen sie wegen ihres zutraulichen Wesens.

Wiener Kurze waren früher in Österreich weit verbreitet, heute sind sie seltener geworden. Sie haben einen kleinen breiten, markanten Kopf. Stirn und Hinterkopf sind gleich hoch, der Oberkopf ist flach, der Augenrand ist zwei- bis dreireihig und reicht bis an die Schädeldecke. Der Rand ist kräftig und gefärbt. Es gibt viele Farben und Zeichnungen, u. a. auch vielfarbige Harlekine und Tiere mit Ganselzeichnung.

Für **Wiener Gansel** besteht ein Sonderverein. Ähnlich beschaffen wie die Wiener Kurzen sind die **Budapester Kurzen**, die als ausgzeichnete Hochflugtauben gelten. Bewertet werden bei ihnen in erster Linie die Kopfpunkte.

Allgemein gut bekannt sind die **Orientalischen Roller**. Sie haben die Fähigkeit, sich im Fluge zu überschlagen. Man erkennt sie sehr leicht daran, daß ihre Flügel unter dem Schwanz getragen werden, aber den Boden nicht berühren. Es gibt sie in vielen bunten Farben. Erwähnenswert sind außerdem die besonders hübschen Exemplare mit mandelfarbigem Grundgefieder, das mit Punkten in allen vorkommenden Gefiederfarben besetzt ist. Der Förderung der Rollereigenschaften dieser Rasse sollte züchterisch besondere Beachtung geschenkt werden.

Persische Roller haben eine ähnliche, nach unten gerichtete Flügelhaltung mit einem breiten, aus 22 Federn bestehenden Schwanz, der gewölbt getragen wird. Die Rasse wurde erst 1954 anerkannt. Es gibt viele Farbvarianten mit dicht befiederten Beinen. Persische Roller sind leicht zu züchten und Anfängern zu empfehlen.

Erst im Jahre 1990 anerkannt wurden die aus der Türkei stammenden **Bursa Tümmler**. Es sind kräftige, fluggewandte Tümmler mit breiter, aber gestreckter Figur. Sie sind glattköpfig mit unbefiederten Beinen und kommen bisher nur als Schwarz-Weißschlag-Weißschwanz vor, wobei die äußeren 6 – 8 Handschwingen weiß sein sollen.

Im Jahre 1967 wurden **Regensburger Tümmler**, als neue Rasse aus Altstämmer-Tauben und verschiedenen Roller-Tauben gezüchtet, anerkannt. Sie werden bisher nur in einfarbig Gelb mit bestrumpften Läufen gezüchtet.

Eine Besonderheit sind die **Rumänischen Nackthalstümmler**. Ihr Rassemerkmal ist eine ziemlich lange nackte Halspartie. Sie wurden bei uns im Jahre 1965 anerkannt und werden vom Sonderverein für Nackthalshühner und Nackthalstauben betreut. Die Tiere sind glattfüßig und glattköpfig. Anerkannt ist nur eine sattrote dominante Gefiederfarbe. Während sich der nackte Hals bei den Hühnern im dominanten Erbgang vererbt, erfolgt die Vererbung des nackten Halses bei den Tauben nach den bisherigen Informationen rezessiv bzw. intermediär.

Die **Mokee-Tauben**, aus Indien stammend, rechnet man ebenfalls zu den Tümmlern. Ihre vordere Körperpartie erinnert an Pfautauben. Auch diese Tiere haben einen Zitterhals. Sie besitzen eine bis zur Unterkante der Augen reichende weiße Kopfplatte. Das übrige Gefieder ist farbig in verschiedenen Grundfarben und Tönungen.

Die **Temeschburger Schecken** wurden Anfang des 20. Jahrhunderts in der Gegend der Stadt Temeschburg in Westrumänien erzüchtet. Es sind mittelgroße, mittelschnäblige Tümmler mit hoch angesetzter Rundhaube und eigenartiger Scheckenzeichnung.

Sie sind flugtüchtig und haben das Überschlagen in der Luft nicht verlernt. Hierfür lieben sie warmes, windstilles Wetter. Die Beine sind kurz und unbefiedert. Gezüchtet werden sie in Schwarz, Dun, Blau, Rot und Gelb. Alle Farben sind satt und glänzend. Der Kopf ist möglichst weiß. Hals, Rücken und Brust haben wenige Farbspritzer. Bauch und Schenkel sind wenig gescheckt. Der vordere Teil des Flügelschildes ist gescheckt. Hand- und Armschwingen und der Schwanz sind farbig.

Komorner Tümmler stammen aus dem Donauraum und sind nach der Stadt Komorn benannt. Sie wurden Mitte des 19. Jahrhunderts bekannt. Es sind flugtüchtige, gedrungene, lebhafte Tauben mit federreicher, breiter Muschelhaube, die den Kopf umrahmt. Die Beine sind kurz, breitgestellt und unbefiedert. Die Komorner sind einfarbig und weißschwingig in Schwarz, Rot, Gelb, Blau und Silber, in den gleichen Farben auch geelstert auch in Blaugehämmert, getigert in Schwarz, Rot und Gelb und einfarbig weiß. Bei der Bewertung stehen Kopf, Schnabel und Kappe obenan.

Felegyhazer Tümmler kommen aus Kiskunfelegyhaza, einer Stadt in Ungarn. Es gibt sie seit Mitte des 19. Jahrhunderts. Es sind mittelgroße, lebhafte, zutrauliche Tümmler mit dichter Rundhaube mit Rosetten. Sie haben kurze, unbefiederte Beine. In den Grundfarben werden sie einfarbig und geganselt gezüchtet und erfreuen sich großer Beliebtheit.

Die **Batschkaer Tümmler** haben eine spezielle Kopf- und Schnabelform. Stirn und Schnabel bilden eine einheitliche, flach ansteigende Linie. Sie werden vor allem in Südosteuropa gezüchtet. Als gute Flieger wäre ihnen eine weitere Verbreitung bei uns vergönnt. Es gibt sie mit vielen Zeichnungen von den Geelsterten bis zu Bunthalsigen und Gestorchten.

Mindestens seit dem Jahre 1780 ist der aus Erlau in Ungarn stammende **Erlauer Tümmler** bekannt. Mitte des vorigen Jahrhunderts wurde er durch Einkreuzung anderer Tümmlerrassen verfeinert. Es sind kleine, schlanke, glattfüßige Flugtauben mit trapezförmigem Kopf. Sie werden nur in den Farben Blau mit schwarzen Binden, Dunkel und Dunkelrostig gezüchtet. Auf dem Hals tragen sie starken voilettgrünen Glanz. Der Kopf und seine Merkmale sind die wichtigsten Kriterien.

Aus der ungarischen Stadt Szeged kommen die **Szegediner Tümmler**. Es gibt die etwas kleineren einfarbigen und gehämmerten Typen (24–26 cm lang), denen auch die Bunthalsigen, Gescheckten und Vielfarbigen ähneln und die etwas längeren, schmalen Geelsterten und Fahlen, die auch im Stand höher sind.

Züchterisch wird der zuerst genannte Typ einheitlich angestrebt. Alle Tiere haben eine in Rosetten auslaufende Muschelhaube. Die Farb- und Zeichnungsvarianten sind vielfältig.

Siebenbürger Doppelkuppige Tümmler wurden im Jahre 1985 neu bei uns anerkannt. Es sind mittelgroße, gedrungene, fast waagerecht stehende Tauben mit Doppelkuppe. Außerdem tragen sie eine Rundhaube mit und ohne Rosetten. Man züchtet sie einfarbig und gescheckt in fünf Farben. Sie sind sehr vital. Eine stärkere Verbreitung wäre wünschenswert.

Aus der rumänischen Stadt Jassy kommen die **Jassyer Tümmler**. Sie sind mittelgroß, rundköpfig, glattfüßig und kommen schnabelkuppig und doppelkuppig vor. Sie werden nur einfarbig in Schwarz, Rot, Gelb, Braun und Weiß gezüchtet. Der Kopf trägt eine kreisrunde Schnabelnelke oder ist nur schnabelkuppig und hat eine Rundhaube mit Rosetten.

Der **Rumänische Weißschwanztümmler** stammt aus Südrumänien; er ist dort seit einhundert Jahren bekannt und wurde im Jahre 1975 bei uns anerkannt. Es sind mittelgroße, glattköpfige, glattfüßige Tiere mit niedriger Stellung. Der Kopf ist würfelförmig mit steiler Stirn aber gerundeten Kan-

ten. Er wird als Weißschwanz in den Farben Schwarz, Rot, Gelb und Blau gezüchtet.
Erst vor 30 Jahren wurden die **Rumänischen Geelsterten Bärtchentümmler** in Temeschburg aus rumänischen und russischen Tümmlern gezüchtet und im Jahre 1973 bei uns anerkannt. Sie haben einen glatten, gerundeten Kopf mit breiter Stirn. Sie sind mittelgroß, gedrungen, lebhaft, aber zutraulich. Die Beine sind mittellang bestrumpft. Charakteristisch ist ihre Elsterzeichnung und das Bärtchen. Es gibt sie in den Grundfarben Schwarz und Rot. Weiß sind die Flügeldecken ohne die Schultern, das Bärtchen und die Fußbefiederung.
Köröser Tümmler stammen ursprünglich aus dem Orient und wurden in der ungarischen Tiefebene am Flusse Körös heimisch. Von dort gelangten sie nach Deutschland. Ihr Schwanz wird angehoben, geschlossen getragen. Er besitzt mindestens 14 Federn. Die Flügel sind nur lose anliegend und werden immer unter dem Schwanz getragen, so daß sie fast den Boden berühren. Auch das übrige Gefieder ist locker; das Bauchgefieder berührt fast den Boden. Es gibt sie in vielen Farben einfarbig, bunt, getigert, geganselt und schildig. Körperform, Schwanz und Flügelhaltung werden vorrangig beurteilt.
Seit Anfang des 19. Jahrhunderts sind in Rußland die **Tulaer Sternschwanztümmler** bekannt. Sie sind nach der Stadt Tula südlich von Moskau benannt. Sie haben einen langen, etwas ausgebreiteten Schwanz mit weißer Bandzeichnung, der leicht angehoben getragen wird. Der Kopf mit steiler Stirn ist fast würfelförmig mit abgerundeten Kanten. Sie werden einfarbig in Rot und Gelb gezüchtet, wobei das Rot mehr ein Dunkelrotbraun ist. Aus dem nordwestlich von Moskau liegenden Rschew kommen die **Rschewer Sternschwanztümmler**. Sie sind dort seit Anfang des 19. Jahrhunderts bekannt. Es sind mittelgroße, schlanke, glattfüßige Tümmler. Der Schwanz wird mittelhoch, etwas ausgebreitet getragen und hat 12–16 Federn. Der Kopf mit hoher Stirn ist würfelförmig, aber abgerundet, glatt oder mit Rundkappe. In den Farben Rot (Hellrot und Dunkelrot) und Gelb sind sie elsterartig gezeichnet. Auf dem Schwanz ist eine scharf begrenzte weiße Binde. Die aus der Ukraine stammenden **Kiewer Tümmler** werden dort seit mindestens dem Jahre 1870 gezüchtet. Sie kamen im Jahre 1970 nach Deutschland und wurden im Jahre 1990 bei uns anerkannt. Es sind mittelgroße Tiere mit vorgewölbter Brust, mit länglichem Oberkopf und mit hochsitzender, stumpfer Spitzkappe. Die Beine sind mittellang befiedert mit Geierfedern. Kopf, Kappe, Hals, Oberbrust, Unterrücken und vordere Fußbefiederung sind weiß. Das übrige Gefieder ist farbig in Schwarz und Blau mit schwarzen Binden.
Die **Taganroger Tümmler** werden schon seit 200 Jahren gezüchtet. Sie kommen aus der Stadt Taganrog am Asowschen Meer. Sie wurden im Jahre 1972 bei uns eingeführt und im Jahre 1978 anerkannt. Es sind kleine Tauben mit hoch aufgerichtetem Schwanz und Hängeflügeln. Bei Erregung sind sie zitterhalsig. Der Kopf ist glatt und hat eine steile Stirn, die Beine sind kurz und unbefiedert. Bei weißer Grundfarbe sind die Flügelschilder farbig in Schwarz, Dun, Blau, Rot und Gelb. Eine Schnippe kann vorhanden sein.
Kasaner Tümmler stammen aus Kasan an der Wolga. Sie wurden aus russischen Tümmlern, Pfautauben und Mövchen gezüchtet. Sie haben einen kurzen, breiten Schwanz mit mindestens 12 Steuerfedern. Das Unterrücken- und das Schwanzdeckengefieder ist gewölbt. Die Beine sind kurz und behost ohne Latschen. Es gibt Einfarbige, Bunte, Weißschwingige und Geelsterte. Körperform- und Haltung sind vorrangig vor der Zeichnung.
Eine Mittelasiatische Rasse sind die **Usbekischen Tümmler**. Sie wurden im 20. Jahrhundert aus Kurzschnäblern mit langer Fußbefiederung und langen Geierfedern entwickelt. Die Kopfstruktur ist doppelkup-

pig oder schnabelkuppig. Eine Haube ist meist schmal. Rundhauben mit und ohne Rosetten sowie Spitzkappen mit Nackenkamm kommen ebenfalls vor. Die Nelke kann sich als Halbnelke, Rundnelke oder Stehnelke zeigen. Schaukappen der abstehende Federn am Schnabelwinkel (Schnurrbart) sind Vorzüge. Sie kommen einfarbig, vielfarbig, getigert, gescheckt und mit Muselkopf vor.

Die Urform der **Englischen Nonnen** kam schon im 16. Jahrhundert aus Kleinasien nach Europa. Diese Rasse wurde in England bis zu ihrer heutigen Vollkommenheit entwickelt. Es sind breitbrüstige, mittelgroße, glattfüßige Tauben mit aufgerichtetem Körper. Der Kopf ist breit und hochstirnig mit aufrecht stehender breiter, dicker Rundhaube ohne Rosetten, deren Vorderseite gefüllt ist (keine Muschel). Die Rückenlinie ist abfallend. Bei weißer Grundfarbe sind Kopf, Latz, mindestens 7 Schwingen, Schwanz, Decke, Keil und Aftergefieder farbig in Schwarz, Braun, Rot, Gelb und Blau. Körperform, Haube und Kopfpunkte sind Hauptbewertungskriterien.

Die **Deutschen Nönnchen** sind eine der ältesten deutschen Taubenrassen. Es sind kleinere, kräftige, fluggewandte Tauben mit lebhaftem Wesen. Der Kopf ist abgerundet mit hoch angesetzter Rundkappe mit Rosetten, doch werden sie auch glattköpfig gezüchtet. Der Schnabel ist mittellang und leicht gesenkt. Die Beine sind kurz und unbefiedert, der Rücken ist leicht abfallend. Bei weißer Grundfarbe sind Kopf, Latz, Schwanz, Decke, Keil und mindestens sieben Schwingen farbig, in den Farben Schwarz, Rot, Gelb, Blau, Blaufahl und Silber. Gesamteindruck und Kopfpunkte rangieren bei der Bewertung vorweg.

Hamburger Schimmel sind eine federfüßige, zierliche, alte Hamburger Rasse mit glattem Kopf, aber hoher Stirn. Die Beine sind kurz belatscht, mit gut ausgebildeten Geierfedern. Es gibt sie in den Farben Schwarz, Rot, Gelb und Blau. Dies sind auch ihre Grundfarben, dabei sind Herz, Kopf, Hals, Bauch und das Flügelschild getigert. Die Kopfpunkte und die Figur sind die vorrangigen Bewertungskriterien.

Ähnlich sind die **Hamburger Tümmler**. Sie sind zierlich, gedrungen aber dennoch kräftig und lebhaft. Der Kopf ist breit, gut gerundet mit hoher Stirn, glattköpfig oder mit anliegender Rundkappe mit Rosetten. Die Beine sind kurz und unbefiedert. Es gibt sie in den Grundfarben als Einfarbige, Elstern, Farbenschwänze, Weißschwänze und als Weißschlag-Weißschwänze.

Die heutigen **Kalotten** wurden im 20. Jahrhundert aus den ehemaligen alten Hamburger Kalotten durch Einkreuzung Königsberger Reinaugen geformt. Sie sind zierliche, zutrauliche Tauben mit gedrungener Figur. Der Kopf hat eine hohe Stirn, ist glatt oder hat eine anliegende Rundkappe mit Rosetten. Die Beine sind kurz und unbefiedert. Ihre Grundfarbe ist weiß, farbig sind Kopfplatte und Schwanz in Schwarz, Rot, Gelb, Blau, Blaufahl und Isabell. Bei der Bewertung stehen die Kopfpunkte obenan.

Seit Anfang des 19. Jahrhunderts gibt es in Brandenburg und im Odergebiet die **Märkischen Elstern**. Sie sind mit den Altstämmern verwandt. Es sind mittelgroße Tauben. Der Kopf ist breit, rund mit hoher Stirn und anliegender Haube mit Rosetten. Die Beine sind mittellang, belatscht, mit gut ausgebildeten Geierfedern. Weiß sind Bauch, Fußbefiederung, untere Flügeldecken, Schwingen, Brust, Rücken und Schwanz mit Decke und Keil. Vorrangig bewertet werden Kopfpunkte und Fußbefiederung.

Schöneberger Streifige wurden aus Berliner Streifigen und ziemlich kurzschnäbligen Brieftauben herausgezüchtet. Es sind kurze, gedrungene Tauben mit nahezu senkrecht stehendem Hals. Der Kopf ist glatt, mit hoher gewölbter Stirn und kurzem Schnabel, die Beine sind mittellang und unbefiedert. Es gibt sie nur in Bläulichweiß mit roten Binden und Rahmweiß mit gelben Binden, gewünscht sind möglichst drei Binden.

Berliner Kurze sind Mitte des 19. Jahrhunderts aus Kreuzungen unter Mitverwendung von Altstämmern entstanden. Diese Rasse ist klein, kurz, gedrungen und temperamantvoll. Der Hals ist fast S-förmig, schlank, aber voll aufgesetzt und bei einigen Farbenschlägen zitterhalsig. Diese Eigenschaft wird bei allen Farbenschlägen angestrebt. Der Kopf ist kugelrund, klein und glatt. Die Beine sind mittellang, dicht befiedert und mit Geierfedern ausgestattet. Die Haltung des kurzen Schnabels ist gesenkt. In mehreren Farben gibt es Einfarbige, Eulige, Streifige, Geelsterte, teilweise mit weißen Schwingen.

Bereits zur Zeit des Soldatenkönigs um das Jahr 1730 wurden **Altstämmer**, die ursprünglich aus Vorderasien kamen in Berlin gezüchtet. Sie sind klein, gedrungen, zitterhalsig und recht zutraulich. Der Kopf ist rund, breit mit Pausbacken, hoher Stirn, glattköpfig oder rundkappig. Die Beine sind kurz und befiedert ohne Latschen. Es gibt sie in verschiedenen Farben einfarbig, geelstert und getigert. Kopfpunkte und Körperform sind wichtige Bewertungskriterien.

In Ostpreußen, Westpreußen und im Weichselgebiet sind die **Königsberger Reinaugen** zu Hause. Es sind ziemlich kleine, rundköpfige, kurzschnäblige Tauben mit hoher Stirn. Die Augen sind reinperlfarbig mit blassem, flachen Augenrand. Die Beine sind unbefiedert oder bestrumpft. Es gibt sie nur in Weiß mit starkem perlmuttartigem Halsglanz. Die Kopfpunkte sind ihre wichtigsten Merkmale bei der Bewertung.

Königsberger Farbenköpfe werden seit Mitte des 18. Jahrhunderts in Ostpreußen gezüchtet. Durch starke Befiederung erscheinen sie mittelgroß. Sie sind kurzschnäblig und rundköpfig mit hoher Stirn. Entweder sind sie glattköpfig und glattfüßig oder aber rundkappig mit Rosetten und belatscht. Durch ihr lebhaftes, zutrauliches Wesen haben sie viele Freunde gewonnen. Es gibt sie in Schwarz, Rot, Gelb und Blau. Bei reinweißer Grundfarbe sind Kopf, Latz und Schwanz mit Schwanzdecke und Keil farbig.

Ebenfalls in Ostpreußen in der Gegend der Stadt Elbing wurden bereits Mitte des 19. Jahrhunderts **Elbinger Weißköpfe** gezüchtet. Sie haben würfelförmige Köpfe und sind klein, geradezu zierlich, aber mit lebhaftem Temperament. Die Stirn ist breit und steil, der Scheitel hat eine kleine Vertiefung (Grübchen). Die Beine sind kurz und unbefiedert. Weiß sind bei ihnen Kopf, Unterrükken, Schwanz und mindestens sechs Handschwingen. Es gibt sie in acht Farben, in Blau auch gehämmert. Kopfpunkte und Form sind bei der Bewertung ausschlaggebend.

Als Flug- und Purzeltaube wurden die **Gumbinner Weißköpfe** in der Gegend von Gumbinnen im östlichen Ostpreußen gezüchtet. Sie sind mittelgroß, gedrungen, kräftig, lebhaft und zutraulich. Der Kopf ist breit, mit Platte, mit breiter, nicht aufliegender Rundkappe mit Rosetten. Die Beine sind mittellang, unbefiedert oder bestrumpft. Weiß sind Kopf, Schwanz, die äußeren 3–6 Handschwingen und die Bestrumpfung, das übrige Gefieder ist farbig in acht Farben, Blau auch in gehämmert. Alle Kopfpunkte sind Hauptbewertungskriterien.

In Stettin sind um das Jahr 1870 aus den Prager Tümmlern die **Stettiner Tümmler** herausgezüchtet worden. Sie sind kurzschnäblig, mit würfelförmigen Kopf, aber abgerundeten Kanten: sie haben eine hohe Stirn und sind stets glattköpfig. Es sind schnittige, kurze und lebhafte Tiere. Ihre Beine sind kurz und unbefiedert. Es gibt sie in sehr vielen verschiedenen Farbvariationen in Einfarbig, Eulig, Schimmel, Gestorcht und Tiger.

In Schlesien wurden aus den Prager Tümmlern die **Breslauer Tümmler** herausgezüchtet. Sie sind nur klein, aber schnittig und kräftig. Der Kopf mit steiler Stirn ist würfelförmig und bei Glattköpfigen hinten kantig, bei Rundkappigen etwas gerundeter. Die Beine sind mittellang und unbefiedert. Es gibt sie in sehr vielen Farben und Zeichnungen. Man wünscht sie mit kurzem, glatten Gefieder. Hauptbewertungskriterien sind Kopfpunkte und Figur.

Die **Prager Tümmler** sind eine sehr alte Rasse. Sie kam schon sehr früh nach Deutschland und wurde um das Jahr 1800 bereits in Breslau, Berlin und Stettin gezüchtet und weiterentwickelt. Die Tauben sind klein, mit unbefiederten, kurzen Beinen. Der Kopf ist ausgeprägt würfelförmig, mit hervorstehenden Stirnknochen und etwas eingedrückter Kopfplatte. Es gibt sie in sehr vielen Farb- und Zeichnungskombinationen.

Nachweislich wurden die **Posener Farbenköpfe** seit dem Jahre 1775, aber wahrscheinlich noch länger, in der Gegend von Posen gezüchtet. Es sind schnittige, nicht zu große, temperamentvolle Tauben, mit rundem Kopf, breiter, hoher Stirn und breiter Muschelhaube. Die mittellangen Beine sind unbefiedert. Sie kommen in den Farben Schwarz, Rot, Gelb und Blau vor. Bei weißer Grundfarbe sind Kopf bis zur Haube, deren Innenseite, Backen, Latz und Schwanz mit oberer und unterer Decke, farbig.

Gruppe X
Spielflugtauben

Die Rassengruppe hat seit dem Jahre 1970 wieder Auftrieb bekommen. Alle typischen Spielflugtauben stammen aus dem Rheinland, aus Belgien und Holland. Charakteristisch für diese Rassen ist eine besondere Flugweise. Um der Täubin zwecks Paarung zu imponieren, umkreist der Täuber sein Weibchen und schlägt dabei mit lautem Klatschen seine Flügel zusammen. Dies kann so intensiv geschehen, daß die Federn beschädigt werden und starke Abnutzungserscheinungen zeigen. Täuber mit besonders stark abgenutzten Federn gelten als die besten Klatscher und Dreher. Zuchtziel ist es, diese Eigenschaften zu fördern, so daß neben dem Wettbewerb im Ausstellungskäfig einem interessierten Publikum und den Richtern auch die Flugspiele in geschlossenen Räumen vorgeführt werden. Die volle Entfaltung dieser speziellen Eigenschaft kommt erst bei Freiflughaltung zur vollen Geltung.

Belgische Ringschläger sind eine sehr alte belgische Rasse, deren Heimat in der Stadt Aalst und in Brabant liegt. Die Roten und Gelben werden in Belgien als **Aalster** und die Andersfarbigen als **Brabanter Ringschläger** bezeichnet. Es sind große, kräftige Tauben mit niedriger Stellung. Der Kopf ist kräftig, lang mit hoher Stirn, mit Spitzkappe, die in einem Kamm ausläuft. Das Wort **Ringschläger** kommt von der Eigenschaft der Täuber, die Täubin mit klatschenden Flügelschlägen zu umfliegen. Die Beine sind teils nackt, teils bestrumpft. Eine generelle Bestrumpfung wird angestrebt. Man sieht sie in den Farben Schwarz, Rot, Gelb, Blau, Rotfahl, in Blau auch gehämmert mit ihrer rasseeigenen Zeichnung. Weiß sind ein halbmondförmiges Band am Vorderhals, dessen Spitzen sich nach oben ziehen und hinter den Augen auslaufen, mindestens sieben Handschwingen sowie Unterrücken, Bauch und Schenkel, alle anderen Körperpartien sind farbig. Nur bei Roten und Gelben ist auch der Schwarz weiß.

Die **Rheinischen Ringschläger** sind seit etwa dem Jahre 1850 am Niederrhein heimisch. Dorthin sind sie aus den Niederlanden gekommen. Bereits im Jahre 1599 wurden sie von Aldrovandi erstmalig beschrieben. Sie sind kräftige, robuste und lebhafte Tauben, die sich bestens für den Freiflug eignen. Häufiges Drehen und Klatschen wird gefordert. Deshalb sollen sie auch im Ausstellungskäfig zerschlissene Handschwingen zeigen. Form, Farbe und Zeichnung sind diesem wichtigsten Zuchtziel unterzuordnen. Der Kopf ist länglich mit breiter, hoher Stirn, mit breit angesetzter farbiger Spitzkappe, die am Hinterhals einen Kamm bildet. Charakteristisch ist eine weiße Mönchszeichnung am Kopf, die bis zur Kappe läuft. Es gibt sie in den Farben Schwarz, Rot, Gelb, Blau, Rotfahl und Gelbfahl, die Blauen auch in Gehämmert. In letzter Zeit haben diese Tauben wieder mehr Freunde gefunden.

Eine sehr alte Rasse sind die **Groninger Slenken**, deren Existenz bis zum 16. Jahrhundert zurückverfolgt werden kann und die in den Niederlanden schon immer ihre Liebhaber gefunden hat. Die Tiere sind mittelgroß mit breitem Vorderkörper und einem langen, S-förmig nach hinten gebogenen Hals. Wenn sie in Aktion sind, trippeln sie auf den Zehenspitzen und zittern mit dem Hals. Sie haben ein lebhaftes Temperament und einen bei keiner anderen Rasse vorkommenden eigenen Flugstil.

Unter lautem Flügelschlagen unterscheiden die Fachleute die Flugbilder **Segeln, Schwimmen und Springen**, die in weit gezogenen Kreisen vorgeführt werden, wobei die Flügel sowohl über als auch unter dem Körper zusammengeschlagen werden. Bei guten Fliegern sind die Schwingen vom Klatschen stark zerschlissen. Der Kopf ist länglich, glatt und mit hoher Stirn. Der Hals ist sehr lang und sehr beweglich, er ist soweit zurückgebogen, daß der Kopf fast auf dem Rücken aufliegt. Die Beine sind kurz, unbefiedert und ziemlich weit hinten angesetzt. Rücken und Schwanz fallen steil ab. Diese temperamentvollen Tiere machen ihren Besitzern jeden Tag viel Freude. Es gibt sie in Rot, Gelb, Weiß, Rotfahl und Gelbfahl, die Rot- und Gelbfahlen auch streifig. Vorrangig bewertet werden Figur, Halslänge und Brust.

In Belgien besitzen die **Speelderken** spezielle Freunde. Sie sind mit den belgischen Ringschlägern verwandt, aber kleiner als diese. Die Täuber können nicht mit den Flügeln klatschen; doch werden die Weibchen bei der Anpaarung in engen Kreisen häufig umflogen. Heute gibt es nur wenige Züchter, die sich mit der Zucht der Speelderken befassen. Früher wurde diese Eigenschaft in Wettbewerben verglichen und die besten Tiere prämiert. Der neue Trend dürfte auch dieser Rasse Auftrieb geben.

In die Gruppe Spielflugtauben gehören eine ganze Reihe weiterer Taubenrassen, die entweder im „Standard“ als Ausstellungstauben erwähnt sind oder in den letzten Jahrzehnten als Bodenpurzler, Hochflieger, Roller, Sturzflieger, Rüttelflieger, Kreisflieger, Klatschflieger oder mit anderen rasseeigenen Eigenschaften bei uns gezüchtet werden oder aus anderen Ländern zu uns kamen.

Sie alle hier aufzuführen verbietet der Umfang dieses Buches. Ziel besonderer Flugsportvereine ist es, vorhandene Flugeigenschaften dieser Rassen zu erhalten, züchterisch zu verbessern und Flugwettbewerbe durchzuführen. Die Spezialvereine geben allen Interessenten gern Auskünfte über die Haltung und Leistung der von ihnen betreuten Rassen. Kunstflug-, Dauer- und Hochflugsport haben in den letzten Jahren einen deutlichen Aufschwung genommen.

Gruppe Brieftauben

Betrachtet man alle Rassetauben gemeinsam, so wird in Deutschland der Bestand an Brieftauben auf etwa 40 – 50 % des Gesamtbestandes an Rassetauben geschätzt. Das mag etwas mit ihren Zuchtzielen und ihrer Beliebtheit zu tun haben. Da sie von einer ganz anderen Organisation als die Rassetauben betreut werden, können wir sie hier nicht als Gruppe XI einordnen. Die Gruppen I bis X wurden in den offiziellen Musterbeschreibungen des Bundes Deutscher Rassegeflügelzüchter festgelegt, um die betreuten Rassen sinnvoll einzuteilen.

Bei den Brieftauben handelt es sich um sehr flugtüchtige, sehr kräftige, schnittig und elegant aussehende Tauben, die auf Schnelligkeit und Dauerleistungen auf Wettflügen gezüchtet und danach ausgelesen werden.

Die Körpermerkmale ergeben sich nach dem Aussehen der leistungsfähigsten Tiere. Dabei gibt es deutliche Unterschiede in der Größe, wobei die schwersten Tiere nicht immer die besten Wettflieger sind. Trotz alledem sind die Brieftauben in den letzten Jahrzehnten im Typ sehr verbessert und vereinheitlicht worden. Sie haben einen harmonisch geschwungenen Kopf von der Schnabelspitze bis zum Nacken. Ältere Tiere haben teilweise große Warzen. Die Augenfarbe reicht vom hell der Glasaugen über orange, kirschrot und gelb bis zum dunklen Auge der Schecken.

Die Brustmuskulatur ist sehr stark ausgebildet und gerundet. Die Beine sind kräftig und kurz, normalerweise unbefiedert, doch kommen auch Federfüße vor, die überall toleriert werden. Von den Mövchen stammen die heute noch auftretenden Halskrausen, die man nicht sehr oft, jedoch immer wieder zu sehen bekommt. Sehr wichtig ist ein dichtes, gut ausgebildetes Federwerk mit großen, gut ausgebildeten Schwingen, die ganz entscheidend sind für die erreichbare Fluggeschwindigkeit.

Das übrige Federwerk muß festanliegend, windschlüpfrig und wasserabweisend sein. Auf eine gute Ausbildung der äußeren Schwingen wird dabei besonderer Wert gelegt.

Die Farben spielen weder beim Wettflug noch auf der Ausstellung eine Rolle. Die Tauben werden daher auch nicht nach Farben eingeteilt. Erstaunlicherweise haben sich trotz der sehr konsequenten Leistungszuchtziele in der Brieftaubenzucht viele Farben bis heute erhalten können. Während die meisten Tiere blau und blaugehämmert gefärbt sind, gibt es aber genausogut Schwarze, Weiße, Rote, Rotfahle, Blaufahle, außerdem Gehämmerte, Schimmel und Schecken in verschiedenen Farben, Opale (Blau oder Blaugehämmert mit rotem Ansatz auf der Flügeldecke), Lerchen in Einfarbig und Gehämmert und Schalis, die wohl im Englischen »Smoky« genannt werden, aber auch Rezessivrote. Selten, aber doch immer wieder treten Hauben auf.

Die heutigen Brieftauben machen einen intelligenten Eindruck, sie sind zahm und zutraulich und lassen sich bei guter Schlagführung so erziehen, daß sie nach dem Freiflug oder nach dem Wettflug sofort wieder in den Schlag hineingehen.

Vereine und Organisationen

Ortsvereine

Jede Stadt oder jede größere Ortschaft hat heute einen oder mehrere Geflügelzuchtvereine, in denen alle Züchter von Tauben, Hühnern, Zwerghühnern und Wassergeflügel zusammengeschlossen sind. Auch gibt es auf Ortsebene Spezialvereine, deren Züchter nur Tauben oder Hühner oder Zwerghühner züchten. Man kann daher davon ausgehen, daß jeder Taubenhalter in der Bundesrepublik die Möglichkeit hat, sich in der Nähe seines Wohnortes einem Rassegeflügelzuchtverein allgemeiner oder spezieller Art anzuschließen, um Gedanken und Erfahrungen auszutauschen, Fachvorträge anzuhören und sich als Höhepunkt der Zuchtarbeit im Wettbewerb mit anderen Züchtern auf Ausstellungen messen zu können.

Wo ein Ortsverein nicht vorhanden ist, kostet es keine besondere Mühe, mit mindestens fünf Züchtern einen Rassegeflügelzuchtverein oder einen Taubenverein zu gründen und die Mitgliedschaft des Vereins beim Bund Deutscher Rassegeflügelzüchter zu beantragen. In Deutschland gibt es ungefähr 4500 örtliche Rassegeflügel- oder Taubenzuchtvereine.

In den Ortsvereinen gibt es stets gleichgesinnte Züchter, mit denen die Erfahrungen und Spezialkenntnisse über die betreffenden Rassen hinsichtlich Zucht, Haltung, Bewertung, Training und Leistung ausgetauscht werden können, um zu bestmöglichen Zucht- und Ausstellungserfolgen zu kommen.

Kreis- und Landesverbände

Alle Vereine eines größeren Gebietes oder eines politischen Kreises sind zu einem Kreisverband zusammengeschlossen. Die Kreisverbände können manche Aufgaben besser erledigen als ein Ortsverein. Der Vorstand eines Kreisverbandes kann die Interessen seiner Mitglieder auf Kreisebene als Ansprechpartner für Außenstehende direkt wahrnehmen. Fast alle Kreisverbände führen im Winterhalbjahr eine Kreisschau durch. Kreisschauen sind sehr beliebt und werden gut beschickt, weil die Züchter wegen der kurzen Anfahrtsstrecke die Tiere selbst einliefern und abholen können. Die Kreisverbände sind Mitglieder der Landesverbände für Rassegeflügelzucht. In Bayern stehen zwischen den Kreis- und Landesverbänden noch die Bezirksverbände. Jeder Landesverband hat einen Vorstand, der die Rassegeflügelzucht auf Landesebene und gegenüber dem Bundesvorstand vertritt.

Sondervereine

Neben diesen geographisch gegliederten Organisationen gibt es auch Sondervereine von Züchtern, die nur ganz bestimmte Rassen oder Rassengruppen züchten. Da nicht jeder Züchter einer Rasse Mitglied eines Sondervereines ist und in einem Gebiet selten mehrere Züchter die gleiche Rasse züchten, erstreckt sich das Einzugsgebiet eines Sondervereins meist über größere Bereiche. Es gibt Sondervereine, in denen Mitglieder

aus einem ganzen Landesverband oder sogar aus dem gesamten Bundesverband zusammengeschlossen sind. Viele Sondervereine auf Bundesebene gründen Landesgruppen oder Gebietsgruppen, die das ganze Gebiet eines oder mehrerer Bundesländer umfassen.
In manchen Bundesländern sind diese Sondervereine Landesverbänden angeschlossen. Die Dachorganisation der Taubensondervereine ist der Verband Deutscher Taubenzüchter e. V. (VDT), der gleichzeitig Mitglied des Bundes Deutscher Rassegeflügelzüchter ist.
Da für Veranstaltungen von Sondervereinen von den meisten Züchtern größere Entfernungen zurückgelegt werden müssen, halten diese Vereine meistens nur eine einzige Versammlung im Jahr ab. Bei den Mitgliedern der Sondervereine sind jedoch gegenseitige Besuche und das Versenden von Fachrundschreiben üblich, um auf diese Weise zu einer gegenseitigen Information zu kommen. Alle Sondervereine sind im Grünen Jahrbuch, Verlag Oertel und Spörer, Reutlingen, angeführt.

Der Verband Deutscher Taubenzüchter (VDT)

Der Verband Deutscher Taubenzüchter e. V. (VDT) wurde im Jahre 1948 gegründet. Es hat sich als sinnvoll erwiesen, daß der VDT Mitglied im Bund Deutscher Rassegeflügelzüchter ist, da damit die gesamte deutsche Rassegeflügelzucht in einer einheitlichen, großen Organisation zusammengefaßt ist. Der VDT führt aber neben der in jedem Jahr stattfindenden Nationalen Geflügelschau außerdem seit 1952 jährlich noch eine VDT-Bundesschau unter dem Namen „Deutsche Taubenschau“ durch.

Der Bund Deutscher Rassegeflügelzüchter (BDRG)

Alle Landesverbände des VDT sind Mitglieder des Bundes Deutscher Rassegeflügelzüchter (BDRG), dem höchsten Organ der deutschen Rassegeflügelzucht. An seiner Spitze steht ein Präsident, der alle deutschen Interessen wahrnimmt.
Der BDRG hat mehrere Unterorganisationen und Ausschüsse, von denen für Taubenzüchter der Verband Deutscher Rassegeflügel-Preisrichter (VDRP) als Dachorganisation der Preisrichtervereinigungen der einzelnen Landesverbände erwähnt werden muß. Außerdem hat der BDRG drei Ausschüsse, nämlich den Ausschuß für Zucht und Anerkennung, den Ausschuß für Jugendfragen und den Ausschuß für Öffentlichkeitsarbeit. Daneben gibt es weitere Ausschüsse, die sich auf Hühner und Ziergeflügel beziehen. Die Organe des BDRG sind die Bundesversammlung, der Bundesvorstand, das Bundespräsidium (geschäftsführender Vorstand) und das Bundesehrengericht.
Die Qualitätsverbesserung aller Tauben einer Rasse und die Neuschöpfung von Taubenrassen sind die Zuchtziele, die von den aktiven Züchtern angestrebt werden. Der Zuchtstand unserer in Deutschland gezüchteten Taubenrassen genießt auf der ganzen Welt Hochachtung und Ansehen.
Der erste Rassegeflügelzuchtverein in Deutschland wurde durch Robert Oettel im Jahre 1852 als Hühnerologischer Verein in Görlitz gegründet. Ihm folgten alsbald in anderen größeren Städten weitere Vereinsgründungen. Der erste Dachverband nannte sich „Club deutscher und österreichisch-ungarischer Geflügelzüchter“, das Gründungsjahr war 1881. Aus diesem Dachverband entstand nach dem Ersten Weltkrieg der Bund Deutscher Rassegeflügelzüchter.
Um alle in organisierten Vereinen gezüchteten Tauben unverwechselbar kenntlich zu machen, wird ihnen als Identitätskennzei-

chen im BDRG der einheitliche, geschlossene Fußring angelegt. Er läßt sich, im Alter von ca. einer Woche aufgezogen, später nicht mehr abstreifen. Der unterschiedlichen Beinstärke der verschiedenen Rassen entsprechend, gibt es verschiedene Ringgrößen. Auf den Ausstellungen oder Schauen dürfen nur Tiere mit dem amtlichen Ring in der richtigen Ringgröße bewertet werden.
Die Kosten des Bundesverbandes werden zu einem erheblichen Teil aus dem Erlös des Ringverkaufes finanziert. Die meisten Züchter stehen in engem Kontakt zu ihrem örtlichen Verein. Die Versammlungen werden meist monatlich abgehalten, wobei Vorträge, Diskussionen und Demonstrationen geboten werden. Man hilft sich auch gegenseitig bei der Beschaffung geeigneten Tiermaterials und erhält Ratschläge in allen Fragen der Zucht, Haltung und Pflege.
Intensiver Gedankenaustausch herrscht auch in den Sondervereinen, die sich bemühen, durch Sonderschauen ihrer Rasse über den Zuchtstand und die Qualität der Spitzentiere einen Überblick zu vermitteln.
All diese Bemühungen sind die Grundlage für die weitere Zuchtarbeit bei allen Rassen und Grundlage für den züchterischen Fortschritt.

Flugsportvereine

Es gibt bereits eine ganze Reihe spezieller Vereinigungen, die sich mit Bodenpurzlern, Kunst-, Dauer- und Hochfliegern beschäftigen, Taubenrassen mit solchen Eigenschaften züchterisch fördern und im Sinne dieser Eigenschaften Wettbewerbe durchführen.
Die wichtigsten Vereinigungen, die sich teilweise in Regionalverbänden untergliedern, seien hier angeführt. Es sind:
Die Deutsche Flugtippler-Union (DFU)
Dauerflieger
Der Deutsche Hochflugclub (DHC)
Hochflieger
Der Deutsche Flugrollerclub (DFC)
Kunstflieger
Der Deutsche Bodenpurzlerclub (DBC)
Bodenpurzler,
sowie Spezialvereine, wie der „Verein für Nikolajewer Hochflieger", dessen Tauben einen rasseeigenen, speziellen Flugstil aufweisen.
Auch gibt es übergreifende Vereine wie den Flugtaubenverein Niedersachsen. Diese Vereine sind nicht im BDRG organisiert. Weitere harmonisierende Entwicklungen innerhalb der Organisationen bleiben der absehbaren Zukunft vorbehalten.

Der Verband Deutscher Brieftaubenzüchter e. V.

Er ist einer der größten Verbände im Rahmen der Tierzucht und hat seinen Sitz in Essen. Alle Mitglieder gehören dem Verband direkt an, müssen aber gleichzeitig Mitglied einer dem Verband angeschlossenen Reisevereinigung und eines Vereines sein. Mehrere Reisevereinigungen bilden einen Kreisverband. Die Kreisverbände sind in Bezirken zusammengeschlossen. Im Jahre 1991 hatte der Verband in ganz Deutschland 35 Bezirke, 175 Kreisverbände, 723 Reisevereinigungen, knapp 10 000 Vereine und 87 468 Mitglieder. Auf der Mitgliederversammlung des Verbandes, verbunden mit der Deutschen Brieftaubenausstellung, sind die Kreisvertreter stimmberechtigt. Die wöchentlich erscheinende Zeitschrift **Die Brieftaube** hatte zu dieser Zeit eine Auflage von 52 416 Exemplaren. Außerdem verlegt der Verband eine Reihe von Fachbüchern. Der Verband fördert die Brieftaubenzucht in jeder Hinsicht. Dies geschieht in erster Linie durch einheitliche Wettflugbedingungen und Wettflugauswertungen. Nationale und internationale Wettflüge werden vom Verband direkt veranstaltet. Wettflugpreislisten enthalten das erste Drittel der zur Auswertung gelangenden heimgekehrten Tauben in der Reihenfolge ihrer Fluggeschwindigkeit.

Die Heimkehrzeit wird sekundengenau ermittelt. Anhand der Errechnung der Entfernung jedes einzelnen Schlages zum Auflaßort läßt sich die Fluggeschwindigkeit für jedes einzelne Tier mit Hilfe von Computerprogrammen mühelos errechnen. Jugendliche werden vom Verband besonders gefördert. Auch wird eine umfangreiche Öffentlichkeitsarbeit betrieben. Alle Mitglieder dürfen nur Tauben mit verbandseinheitlichen Fußringen mit dazugehörigem Eigentumsausweis halten. Nur solche Tauben dürfen an Veranstaltungen jeglicher Art teilnehmen.

Alle Ausstellungen erfolgen nach einheitlichen Richtlinien. Nur Tauben mit festgelegten Mindestwettflugleistungen sind zugelassen. Ihre Bewertung erfolgt durch Preisrichter. Das Bewertungssystem wurde im Jahre 1991 verbessert und läßt eine Höchstbenotung von 95 Punkten mit unterschiedlich stark bewerteten Einzeleigenschaften zu. Dabei haben Merkmale, die die Flugeigenschaften begünstigen das größere Gewicht. Auch die dem Kunst- oder Dauerflug verbundenen Züchter anderer Rassen können diesem System brauchbare Anregungen entnehmen.

Ausstellungen

Nachdem man sich im ersten Halbjahr mit der Zucht, der Pflege und Entwicklung der Jungtiere beschäftigt hat, beginnt im Oktober für den Taubenzüchter die Zeit der Ausstellungen und Schauen. Wenn ein Ortsverein über die Organisationsmöglichkeiten und über entsprechende Räumlichkeiten verfügt, wird er immer bemüht sein, den züchterischen Erfolg einem breiten Publikum vorzustellen. Manchmal schließen sich auch kleinere Ortsvereine mit Rassegeflügel, Kaninchen- und Vogelzuchtvereinen zusammen, um eine gemeinsame Kleintierschau zu veranstalten. Als geeignete Ausstellungsräume bieten sich vor allem Säle in Gasthäusern oder Turnhallen an. Wenn ein Verein keine oder nicht genügend Ausstellungskäfige besitzt, müssen diese von anderen Vereinen ausgeliehen werden. Ein eigener Bestand an Käfigen wird meistens nach und nach angeschafft. Wichtig ist es, die Ausstellungen rechtzeitig beim Landesverband anzumelden und zugelassene Preisrichter in genügender Anzahl zu verpflichten. Das Standgeld wird zur Deckung der entstehenden Kosten und der Beschaffung von Ehrenpreisen verwendet. Es ist üblich, für jedes vierte Tier einen Ehrenpreis zu vergeben. Außerdem besteht die Möglichkeit, Zusatzehrenpreise für besondere Leistungen zu verleihen. Vielen Ausstellungen ist auch eine Tombola angeschlossen, in der es neben allgemeinen Gewinnen häufig Jungtiere, Zuchtpaare, Zubehör für Schlageinrichtungen und bei Gemischtschauen weiteres Rassegeflügel zu gewinnen gibt. Der Kreisverband führt im allgemeinen jedes Jahr in einem anderen Ort seines Gebietes eine Kreisschau durch, und meist wird der ansässige Ortsverein mit der Organisation und Durchführung beauftragt. Landesschauen werden einmal jährlich nach den Kreisschauen in größeren Hallen durchgeführt. Man muß schon ausgezeichnetes Tiermaterial besitzen, um sich auf einer Landesschau zu behaupten und dort auch gut abschneiden zu können. In den meisten Bundesländern werden ca. 3000–10 000 Tiere aller Rassegeflügelarten gezeigt.

Die Landesschau ist für manchen Züchter ein Höhepunkt im Jahr. Viele Taubenzüchter beschicken gern die Landesschau, um sich hier mit Züchtern der gleichen Rasse zu treffen und an den Käfigen die ausgestellten Tiere zu besprechen. Dabei können sich wichtige Schlußfolgerungen für die weitere Zuchtarbeit ergeben.

Ereignisse besonderer Art sind die übergebietlichen Geflügelschauen, die in jedem Jahr in größeren Städten durchgeführt werden. An ihrer Spitze stehen die Junggeflügelschau in Hannover, die „Nationale Geflügelschau“ und die „Nationale Taubenschau“. Es ist der Wunsch vieler Züchter, auf diesen großen Ausstellungen in harter Konkurrenz Preise zu erringen.

Sonderschauen von Spezialvereinen sind für die beteiligten Züchter ebenso ein Höhepunkt. Sonderschauen für einzelne Rassen oder für Farbenschläge einzelner Rassen können in eine jede Geflügelausstellung integriert werden. Es gibt aber auch Sonderschauen, in denen nur Tiere dieser einen

Rasse auf Kreis-, Landes- oder Bundesebene konkurrieren.
Viele Taubenzüchter betrachten die Nationale Taubenschau des VDT als das wichtigste Ereignis des ganzen Jahres. Für jeden Taubenliebhaber ist es sehr lehrreich, zahlreiche Ausstellungen zu besuchen, um möglichst viele Tiere miteinander vergleichen zu können. Nur auf diese Weise hat man die Möglichkeit, sich über den Zuchtstand einer Rasse ein Bild zu machen.
Seit Jahren werden auch vermehrt internationale Taubenausstellungen veranstaltet, auf denen sich europäische Züchter auf höchster Ebene mit ihren Tieren messen und in Konkurrenz um die Ehrenpreise treten. Internationale Ausstellungen bieten außerdem die beste Möglichkeit, die Zuchtziele einer Rasse möglichst einheitlich auszurichten.

Allgemeine Ausstellungsbestimmungen (AAB) des BDRG

Damit alle Ausstellungen nach einem vergleichbaren Modus abgehalten werden und in jedem Falle ordnungsgemäß verlaufen können, sind entsprechende Bestimmungen von der Dachorganisation erforderlich.
Die gültigen Allgemeinen Ausstellungsbestimmungen stammen aus dem Jahre 1976. Sie enthalten Bestimmungen zum Schutze der Interessen der Züchter, Preisrichter, Vereine und der Ausstellungsleitungen. Ebenfalls sind Bestimmungen über die Ausstellungsbeteiligung, den Geltungsbereich der Ausstellung und über allgemeine Rechtsfragen festgelegt. Weiterhin sind dort die Aufgaben der Ausstellungsleitung und der Preisrichter sowie das zulässige Bewertungssystem und die Vergabe von Ehrenpreisen geregelt.
In einer Broschüre des BDRG sind die Ausstellungsbestimmungen sowie die Satzung, Geschäftsordnung und die Ehrengerichtsordnung zusammengefaßt.

Die Bewertung der einzelnen Tiere hat mit folgenden Benotungen zu erfolgen:

v = vorzüglich
hv = hervorragend
sg = sehr gut
g = gut
b = befriedigend
nb = nicht bewertet
u = ungenügend
ob = ohne Bewertung

Wird ein Wettbewerb mehrerer Züchter mit mehreren Tieren nach Punkten ausgetragen, so werden die Punkte wie folgt vergeben:

v = 10 Punkte
hv = 9 Punkte
sg = 7 Punkte
g = 4 Punkte
b = 1 Punkt
u = 0 Punkte

Vorbereitungen zur Ausstellung

Um mit eigenen Tauben auf Schauen erfolgreich zu sein, sollten sich alle Tiere während der Ausstellungstage in einer hervorragenden Kondition befinden. Gute Fütterung und Pflege sowie Sauberkeit und Krankheitsvorsorge sind die Voraussetzungen, um Gesundheit und Lebenskraft voll zur Entfaltung kommen zu lassen. Tauben, die zur Ausstellung vorgesehen sind, sollten schon rechtzeitig vorher mehrfach in einen Dressurkäfig gesetzt werden, damit sie sich an den Käfig gewöhnen und sich während der Ausstellung ruhig verhalten. Tauben ohne Käfigdressur, die während der Bewertung scheu im Käfig hin und her flattern, sind gegenüber den ruhigen Tauben im Nachteil. Tauben, die während der Bewertung Angst zeigen, werden selten den Sieg davontragen. Ausstellungstauben müssen in jedem Falle sauber sein. Daher läßt man sie mindestens eine Woche vor der Ausstellung baden. Die Füße werden vor dem Einliefern gewaschen und die Fußringe abgerieben. Kleine Korrekturen an Ausstellungstauben sind bei manchen Rassen gestattet und üblich, jedoch sind hier die Grenzen gleitend. Beispielsweise wird eine einzige bunte Feder in einer sonst weißen Brust wohl immer entfernt werden, wenn sie zu einer schlechteren Benotung führen würde. Man sollte jedoch nicht übersehen, daß eine solche bunte Feder auch vererbbar sein kann. Vor allem die Tauben mit Gefiederzeichnungen werden von ihren Besitzern sorgfältig geputzt. Hand-, Arm- und Schwanzfedern dürfen weder geschnitten noch gezogen werden. Auch das Beschneiden von Federenden ist nicht zugelassen. Manches Tier wurde beim Putzen schon derartig zugerichtet, daß es danach erst recht nicht in der Konkurrenz bestehen konnte. Putzen erfordert Geschicklichkeit und Erfahrung. Federfüßige Tauben müssen besonders gut vorbereitet werden. Ihre Fußfedern sollen möglichst kreisrund abschließen. Nach vorn wachsende Federn gelten als unerwünscht. Sind die Latschen stark verschmutzt, so taucht man die Beine in eine Schale mit warmem Wasser und spült solange, bis der Schmutz entfernt ist. Bei anderen Rassen werden die Kopfstrukturen geputzt, oder es werden überstehende Oberschnäbel mit einer feinen Nagelfeile auf die Länge des Unterschnabels gebracht.

Gut vorbereitete Tauben haben bessere Chancen, in harter Konkurrenz mit einem Sieg oder einem Ehrenpreis bedacht zu werden. Jeder Züchter sollte sich jedoch vergewissern, welche Maßnahmen beim Putzen seiner Rasse erlaubt und welche Korrekturen verboten sind.

Dauerflug- und Kunstflugtaubensport

Über die Haltung, Zucht und Auslese der Tauben und die Beschickung von Ausstellungen hinaus bietet der organisierte Taubensport noch eine Fülle weiterer Möglichkeiten für Taubenliebhaber. Das Messen der Qualität und der Leistungsfähigkeit der Tauben im Vergleich führt zu speziellen Wettbewerben, die auf vielerlei Art durchgeführt werden.

Solche Wettbewerbe sind:
Hoch- und Dauerflüge
Spielflugveranstaltungen
(Rollen und Purzeln)
Bodenpurzlerwettbewerbe

Während die Ausstellungen mit Bewertungen und der Vergabe von Ehrenpreisen im Winterhalbjahr stattfinden, werden die anderen Leistungsveranstaltungen hauptsächlich in den Sommermonaten durchgeführt.

Eine Ausnahme bilden die Veranstaltungen für die Bodenroller, die während des ganzen Jahres möglich sind.

Für den Flugtaubensport gibt es in der Bundesrepublik Deutschland mehrere Organisationen, die durch Mitglieder aus den Nachbarländern verstärkt sind. Bei ihnen werden Wettbewerbsveranstaltungen durchgeführt, bei denen die Richter zu dem jeweiligen Schlage kommen und nach einer festgelegten Hochflugordnung bei Hochflug-, Hochflugroller- und Purzlerrassen die Abnahme vornehmen. So enthält z. B. die Hochflugordnung folgendes Punktsystem für die zu kontrollierenden Flugtrupps:

Untere Höhe etwa 0–300 m
1 Punkt pro Flugminute
Mittlere Höhe etwa 300–600 m
3 Punkte pro Flugminute
Obere Höhe ab 600–700 m und mehr
5 Punkte pro Flugminute

Nach dieser Hochflugordnung wird von dem abnehmenden Richter ein Protokoll angefertigt, in dem die Hochflugleistung in Punkten ausgedrückt wird, so daß man Flüge zu verschiedenen Zeiten und Flugtrupps aus verschiedenen Gegenden nach diesem Punktschema miteinander vergleichen kann, um für die besten Leistungen Anerkennungen und Ehrenpreise zu vergeben.

Bei den Rollern wird zusätzlich die Leistung im Rollen nach der Anzahl der Überschläge pro Minute geschätzt. Bringt ein Trupp wenige Überschläge, so erhält er einen Zusatzpunkt pro Minute, bei mehreren Überschlägen gibt es 3 Zusatzpunkte und bei mehreren aufeinanderfolgenden Überschlägen in exakter Ausführung bis zu 5 Zusatzpunkte pro Minute. Die Purzler sind im allgemeinen etwas überschlagsfreudiger. Bei 1 bis 2 Überschlägen gibt es einen Zusatzpunkt, bei mehreren Überschlägen 3 Zusatzpunkte und purzeln die Tiere ständig, so werden 5 Zusatzpunkte vergeben.

Hochflugsport

Ein Dauerflug der Tauben in großen Höhen bis zur Sichtbarkeitsgrenze begeistert immer wieder viele Menschen in allen Ländern, in denen die Taubenhaltung zu Hause ist. So wurden im Laufe der Jahrhunderte spezielle Hochflugtaubenrassen herausge-

bildet. Nicht von ungefähr ist die Gruppe der Tümmlertauben besonders groß und vielgestaltig.
Hochflugtauben sind in Form und Körpergröße sehr unterschiedlich. Allen gemeinsam ist ein helles, bis ins Gelbliche gehende Auge. Sie haben nicht alle ein stromlinienförmiges Äußeres, wie z. B. die Danziger Hochflieger mit ihrem breitgefächerten Schwanz und einer Kopfhaube, alle diese Tauben besitzen jedoch die Veranlagung zum Hochflug.
Hochflugtaubenhalter legen nicht so viel Wert auf die Gefiederfarbe, die Form und die Federzeichnung, wenn ihre Tiere außergewöhnliche Flugleistungen vollbringen. Hochflugtauben sind in der Regel Schwarmflieger, der geschlossene Schwarm bietet die Möglichkeit, Tauben auch in großen Höhen noch zu erkennen. Durchtrainierte Schwärme können zwischen Dachhöhe bis Punkthöhe oft stundenlange Dauerflüge absolvieren.
Der Hochflugsport erfordert eine spezielle Haltungsweise. Die Tauben können sowohl in Garten- wie auch in Dachschlägen gehalten werden. Damit der Schwarm seinen Heimatschlag gut wiederfindet, sind ein freier Anflug und eine gute Sicht unbedingte Voraussetzungen. Als Besonderheit dieser Taubenhaltung befindet sich auf dem Dach des Schlages oder vor dem Ausflug ein großer Drahtkasten, der mit Fangvorrichtungen versehen ist. Alle Flugtauben sollen nach der Landung sofort in ihn hineingehen und anschließend das Innere des Schlages aufsuchen. Um den Schwarm voll in den Griff zu bekommen, läßt man die Tauben täglich, meistens morgens, zur gleichen Uhrzeit fliegen. Sie erhalten vor dem Start kein Futter. Wenn der Schwarm vom Fluge zurückkehrt, wird er auf dem Schlage landen und sofort in den Drahtkasten hineingehen, um anschließend das Schlaginnere zur Nahrungsaufnahme aufzusuchen. Solange es noch nicht ganz klappt, lockt man die Tiere mit etwas Futter im Drahtkäfig.
Bei Beendigung eines Dauerfluges verwendet man gern eine weiße Locktaube, die man auf oder in den Drahtkasten setzt. Dieses Tier bezeichnet man in England als Dropper; der Ausdruck ist auch von uns übernommen worden. Wenn der Schwarm den Dropper (z. B. eine weiße Pfautaube) im Drahtkasten sitzen sieht, beginnt er nach einer gewissen Gewöhnungszeit mit der Beendigung seines Fluges. Der Dauerhochflugsport war eine Zeitlang in Wien besonders beliebt, wo bei organisiertem gleichzeitigem Auflaß Schwärme von zwei- bis dreitausend Tauben zusammenkamen. Da durch das Ausstellungswesen der Hochflugsport etwas zurückgedrängt wurde, gibt es heute Rassen, die als Hochflieger bezeichnet werden, bei denen aber nur einzelne Individuen diese Eigenschaft noch besitzen. Da der Hochflugsport weiter gefördert und gepflegt wird, lassen sich in den nächsten Jahren die leistungsfähigsten Rassen herausfinden, so daß der Bekanntheitsgrad dieser Rassen unter Taubenzüchtern wieder verstärkt wird.

Spezielle Hochflug- und Dauerflugtaubenrassen

Alle Tümmler waren einmal hervorragende Flugtauben. Durch das Ausstellungswesen ist ihre Flugfähigkeit aber züchterisch nicht weiterbearbeitet worden. Doch zeigen einige alte Rassen erfreulich gute Flugeigenschaften, die züchterisch gefördert werden. Dies sind u. a. die Danziger und Memeler Hochflieger sowie die Stralsunder, Hannoveraner und Bremer Tümmler.

Die Hochflieger
Voll ausgebildet in ihrer Eigenschaft sind die Wiener und Budapester Hochflieger, die sich in ihren Heimatstädten sehr großer Beliebtheit erfreuen und auch sonst weite Verbreitung gefunden haben. Aus dem Balkan kommen seit einigen Jahren die **Serbi-**

schen und die **Topoljaner Hochflieger**, während aus Rumänien und Jugoslawien die **Cuing-Hochflieger** mit beachtlichen Flugleistungen bei uns bekannt geworden sind. Durch ihren besonderen Flugstil haben sich die **Nikolajewer Hochflieger** einen Namen gemacht. Sehr flugfreudig sind die Moskauer **Griwuni-Hochflieger** und die mit ihnen verwandten **Odessa-Griwuni-Hochflieger**. Letztere tragen die Schwingen unter dem breiten Schwanz. **Kasaner Tümmler** aus Kleinasien fliegen vornehmlich in kleineren Kreisen; unter ihnen gibt es Purzler. Ebenfalls **Persische Hochflieger** mit vielen Farbvarianten haben in den letzten Jahren hier bei uns Verbreitung gefunden.

Doch auch unsere **Danziger Hochflieger** haben noch Stämme mit guten Flugeigenschaften, wie man auch neuerdings wieder von guten Fliegern bei den **Hannoverschen-, Bremer- und Kölner Tümmlern** hört. Auch machen die **Stralsunder Hochflieger** und die **Memeler Tümmler** in den letzten Jahren als Flugtauben wieder von sich reden. Es ist zu hoffen, daß sie sich als gute Flieger neben den Standardtauben ihrer Rassen durchsetzen werden.

Die Dauerflieger

Ausgesprochene Dauerflieger sind die aus Großbritannien stammenden **Flugtippler**, die seit Jahrzehnten auch in Deutschland und in den Niederlanden ihre Anhänger haben. Die **Deutsche Flugtippler-Union** hatte im Jahre 1991 230 Mitglieder, die sich während der Sommermonate an den Dauerflugwettbewerben beteiligen.

Die Flugtippler sind mittelgroße, schnittige, kräftige Tauben, die auf Dauerflugleistungen gezüchtet werden. Daher sind Farben und Zeichnungen von untergeordneter Bedeutung. Wettflugtermine werden in jüngerer Zeit mit den Briten und Niederländern abgestimmt. An diesen Tagen werden gut trainierte kleinere Trupps von jedem Züchter überall gleichzeitig gestartet und die Flugdauer bestimmt. Die hellen und langen Sommertage sind für diese Dauerflüge am besten geeignet. Die Flugergebnisse werden anschließend veröffentlicht. Erreichbare Flugzeiten liegen bei über 18 Stunden und in der Spitze bei über 21 Stunden. In den letzten Jahren wurden folgende Rekorde erreicht:

Alttippler		Std.	Min.
Hardtke,	Bergkamen	1989	19.41
van der Werf,	Niederlande	1989	20.02
Anslow,	England	1991	20.51
Jungtippler:			
Bock,	Rehhorst	1986	17.52
Plester,	England	1990	19.34
Bronstring,	Haarlem	1991	18.45

Dies zeugt von einer konsequenten Auslese der besten Tiere über viele Generationen und von bester Kondition der Tauben durch absolut einwandfreie Haltung, Pflege, Gesundheitsvorsorge und Ernährung. Bereits im Juli beginnen die ersten Dauerflugwettbewerbe für die Jungtiere, die bis in den September hineinreichen. Beste Flugleistungen werden von den veranstaltenden Organisationen in Deutschland und anderen europäischen Ländern prämiert. Als Beispiel sei das Ergebnis des ersten Alttierwettfluges vom 20./21. April 1991 angeführt. Bei einem Start um 6 Uhr morgens wurden folgende Flugzeiten erreicht:

1.	Hardtke,	Bergkamen	16 Std. 8 Min.
2.	Liemen,	Dorsten	15 Std. 55 Min.
3.	Berns,	Kleve	15 Std. 15 Min.
	Bons,	Bottrop	15 Std. 15 Min.
5.	Blome,	Luttum	14 Std. 53 Min.
6.	Eichberg,	Dassow	14 Std. 33 Min.
7.	Kolthoff,	Leer	14 Std. 25 Min.
8.	Vastag,	Bietigheim	14 Std. 4 Min.
9.	Baumert,	C.-Rauxel	13 Std. 47 Min.
10.	Schwarz,	Lübeck	13 Std. 33 Min.

Unter 62 Bewerbern wurden die Deutschen Meisterschaften 1991 auf sechs Wettflügen wie folgt entschieden:

1. Schüller	92 Std. 55 Min.
2. Baumert	85 Std. 47 Min.
3. Kaupschäfer	76 Std. 31 Min.

Der Dauerflugsport mit Flugtipplern zeigt, daß er erweiterungsfähig ist. Die Flugpro-

gramme sind gut durchorganisiert. Die Tauben werden nur auf Leistung gezüchtet. Der Verein ist aus verschiedenen Gründen noch nicht den großen Taubenzuchtorganisationen angeschlossen und gibt seine eigenen Fußringe heraus. Im Jahre 1992 wurden über 3000 Fußringe verteilt. Folglich ist diese Rasse auch nicht im Deutschen Rassestandard enthalten.
Durch die Aktivitäten ihrer Mitglieder gibt die Union aber dem Flugsport mit Tauben wertvolle Impulse.

Die Roller und Purzler
Immer mehr Roller- und Purzlertauben kommen aus dem östlichen Mittelmeerraum im weitesten Sinne zu uns. Sie werden vom Deutschen Flugroller-Club und auf europäischer Ebene von der Europäischen Flugroller-Union betreut. Die meisten von ihnen werden nicht als Ausstellungstauben gehalten und nur wenige sind im Deutschen Rassetaubenstandard angeführt. Aufzählen kann man sie nicht alle, da stets irgendeine Rasse wegen noch unzureichendem Bekanntheitsgrad oder wegen erneuter Wiederbenutzung als Kunstflugrasse in einer Aufstellung fehlen dürfte. Auch sind die Übergänge von Hochflug und Kunstflugrassen gleitend, so daß Einordnungen unterschiedlich vorgenommen werden dürften. Wichtige Vertreter dieser Gruppe sind die **Orientalischen Roller**, die **Galatzer Roller**, die **Birmingham Roller** sowie die **Asiatischen Klatschtümmler, Französische Tümmler, Kelebeks, Syrische Wammentauben**, und die **Duneks**. Der Deutsche Flugroller-Club hat im Jahre 1991 auf einer Veranstaltung bei einem Züchter die **Mardin-Roller** vorgestellt. Weiterhin müssen in diesem Zusammenhang die bei uns noch seltenen **Smyrna Roller** und **Türkischen Taklambat** erwähnt werden. Die Smyrnaer Roller sind teilweise auch Sturzflieger. Die **Nikolajewer Hochflieger** zeigen sich neben einem normalen Hochflug gern als ausgezeichnete Segler und, was keine andere Taubenrasse kann, sie rütteln wie ein Falke auf der Stelle und fliegen über ihrem Schlag, ohne zu kreisen.
Mit in diese große Gruppe der Flug- und Kunstflugtauben gehören die eigentlichen Purzler. Diese sind keine echten Roller, sondern entwicklungsgeschichtlich die Vorgänger der Roller.
Am bekanntesten sind die **Siebenbürger Purzler**. Inwieweit die **Elster Purzler** diese Eigenschaft noch beherrschen, werden ihre Besitzer am besten beurteilen können. Aus dem Südosten kamen **Arabische Quet-Purzler, Cabalhota-Purzler, Keloina-Purzler** und **Brailaer Purzler**. Durch sie hat der Flugtaubensport in Deutschland weitere Impulse bekommen.

Die Sturzflugtauben
Diese Tiere sind fähig, aus großer Höhe im Sturzflug bis in den Schlag hineinzufliegen. Nachdem man diese Rassen auf dem Balkan vorfand, haben Taubenfreunde solche Rassen auch in Syrien, Griechenland und in der Türkei entdeckt und nach Deutschland importiert. Zu ihnen gehören die mazedonischen Sturzflieger.
Vereinigungen sind bereits vorhanden.

Die Bodenpurzler
Aus Indien stammen die nicht mehr flugfähigen Bodenpurzler, die sich auf eine Ebene gestellt, nach hinten überschlagen. Unter ihnen gibt es Einzel-, Doppel- und Dauerpurzler. Dauerpurzler können 10–15 Überschläge und mehr in einem Zuge durchführen. Sie sind einfach zu halten, da ihnen einfache Schläge ohne Ausflug als Unterkunft und zur Zucht genügen. Sie wurden u. a. von Kaupschäfer vor über 20 Jahren importiert und vorgestellt. Es gibt sie in vielen Farbvariationen.
Viele der zuvor genannten Rassen gibt es erst seit wenigen Jahren in Deutschland; daher sind sie in die Rassetaubenstandards noch nicht aufgenommen worden.

Wettbewerbe der Hochflieger und Roller

In Deutschland existieren seit geraumer Zeit eine ganze Reihe von Vereinen, deren Mitglieder sich mit dem Hoch- und Dauerflugsport oder mit dem Kunstflugsport beschäftigen. Wegen unterschiedlicher Zielsetzungen sind sie nicht alle dem BDRG oder dem VDT angeschlossen. Es müßte jedoch möglich sein, die gesamte Taubenzüchterfamilie unter einer Dachorganisation zu vereinen. Dies würde für die Vertretung aller unterschiedlichen Interessen durch eine starke Organisation nur von Vorteil sein. Nachfolgend werden einige dieser Vereine angeführt, für die teilweise auch regionale Vereine vorhanden sind:

Deutsche Flugtippler-Union

Deutscher Hochflug-Club (gegr. 1959)

Deutscher Flugroller-Club mit mehreren Regional-Clubs

TZV Wiener Tümmler Hochflieger, Braunschweig (gegr. 1948)

Nikolajewer Hochflieger (gegr. 1975)

VFHR (Verein für Hochflugrassen), Wiesbaden (gegr. 1980)

Europäische Flugroller-Union

Rheinische Ringschläger, Marburg (gegr. 1921)

Flugtauben-Verein Niedersachsen

Deutscher Bodenpurzler-Club

In einem Bericht des Vereins für Hochflug- und Roller-Tauben-Sport gab es folgende Ergebnisse:

Name	Taubenrasse	Flugzeit
Fischer	3 Wiener Hochflieger	5,15 Stunden
Hesse	20 Wiener Hochflieger	4,03 Stunden
Stephan	3 Nikolajewer Hochflieger	3,12 Stunden
Wurzel	3 Nikolajewer Hochflieger	1,48 Stunden
Rosiak	32 Braunschweiger Hochflieger	2,20 Stunden
Walle	4 Nikolajewer Hochflieger	2,26 Stunden
Rosiak	56 Wiener Hochflieger	1,46 Stunden
Stetter	16 Wiener Hochflieger	1,32 Stunden
Grünewald	17 Wiener Hochflieger	2,05 Stunden
Lodz	18 Wiener Hochflieger	1,38 Stunden

Roller-Flugergebnisse:	
Weber 10 Orientalische Roller	5,03 Stunden
Wurzel 5 Orientalische Roller	1,01 Stunden
Herz 4 Birmingham Roller	1,31 Stunden
Grünewald 10 Birmingham Roller	1,03 Stunden
Wurzel 5 Orientalische Roller	1,00 Stunden
Linay 3 Birmingham Roller	1,02 Stunden
Quint 3 Birmingham Roller	0,53 Stunden
Kircheis 12 Galatzer Roller	1,00 Stunden
Fischer 3 Orientalische Roller	0,35 Stunden

Der deutsche Hochflug-Club führt die Flug-Wettbewerbe in vier verschiedenen Gruppen durch.

1. Serbische Hochflieger
2. Wiener und Budapester Hochflieger
3. Russische Rassen (z. B. Nikolajewer Hochflieger, Topoljaner Hochflieger)
4. Deutsche Rassen (z. B. Danziger Hochflieger, Memeler Tümmler, Hannoversche Tümmler, Stralsunder Hochflieger u. a.)

Bei allen Hochflug- und Roller-Rassen wird nicht nur die Flugdauer, sondern auch die Flughöhe und der Flugstil nach Punkten bewertet. Es ist erfreulich, daß dieser schöne Flugsport wieder zu Ehren kommt.

Im Jahre 1991 wurde die „Flugordnung für deutsche Hochflugrassen" aktualisiert.

Spielflugveranstaltungen

Für manchen Taubenfreund gibt es aber noch eine weitaus interessantere Flugtaubenhaltung. Es ist die Zucht und Beschäftigung mit den Spielflugtauben. Die Züchtung von ausgezeichneten Luftakrobaten ist jahrhundertealt. Die Anfänge liegen wahrscheinlich vor ca. 2000 Jahren in Indien. Als ausgeprägteste Gruppe dieser Art gelten die Rollertauben, die auch als Kunstflugtauben bezeichnet werden. Rollertauben steigen gern bei möglichst warmem und windstillem Wetter im gesamten Schwarm auf. Wenn der Schwarm eine gewisse Höhe erreicht hat, beginnen einige Täuber im Fluge zu verharren, um sich dann einmal oder mehrfach nach rückwärts oder vorwärts zu überschlagen. Haben sie sich erst warmgeflogen, so fangen andere Tiere an, nach der Seite abzukippen, in vielfachen Überschlägen bis in Dachhöhe herunterzurollen und nach oben zum Schwarm wieder aufzuschließen. Einige Tiere fliegen auf der Stelle, rollen und lassen sich schweben. Täuber klatschen mit den Flügeln, oder sie lassen sich im Gleitflug treiben, wobei man ihnen eine sprühende Lebensfreude anmerkt. Wer einmal solche Tauben sein eigen nennt, wird kaum mehr wieder von ihnen loskommen. Die variantenreichen Flüge fesseln übrigens nicht nur die Taubenliebhaber. In orientalischen Ländern ziehen Taubenhalter mit fahrbaren Schlägen durch die Lande, um in jedem erreichten Ort dem einheimischen Publikum die besonderen Flugkünste dieser Tiere vorzuführen.

Es kann aber auch zu Unfällen kommen, wenn vor allem übermütige, junge Täuber aus großen Höhen zur Erde herabrollen und auf dem Boden aufschlagen. In Fachkreisen spricht man von Totrollern. Bei windigem Wetter wird den Tauben das Rollen und Kunstfliegen sehr erschwert, so daß sie dann nur ihr normales Flugpensum absolvieren.

Chinesische Taubenpfeifen aus Bambus, sie werden den Tauben in den Schwanz gebunden.

Von allen Rollertauben sind bei uns die Birmingham Roller am bekanntesten. Manche Fachleute setzen diese englische Rasse mit ihren Roller- und Kunstflugeigenschaften an die erste Stelle. Auf Ausstellungen sieht man auch Orientalische Roller, die sich mit den nach unten hängenden Flügeln sehr deutlich von anderen Rassen unterscheiden. Orientalische Roller sind eher Einzelakrobaten, während die Birmingham Roller bei ihren Kunstflügen stärker im Schwarm zusammenbleiben.

Aus Rumänien kamen die Galatzer Roller und aus Jugoslawien die Smyrnaer Roller zu uns. Unter diesen Rollerrassen gibt es ausgesprochene Sturzflieger. Trainierte Sturzflugtauben werden meistens einzeln gestartet. Sie fliegen auf eine bestimmte Höhe. Wenn man am Schlage eine weiße Locktaube aussetzt, fliegen sie im Sturzflug zur Erde. Oftmals stürzen sie, wenn die Schlagtür geöffnet ist, aus großer Höhe direkt in den Taubenschlag hinein. Die Sturzbewegungen sind unterschiedlich; während einige Tiere steil abstürzen, drehen sich andere beim Sturz zusätzlich um ihre eigene Querachse.

Klassische Spielflugtauben sind außerdem die westeuropäischen Rassen der Ringschläger, die alle miteinander verwandt sind. Am bekanntesten sind unsere Rheinischen Ringschläger. Doch sind in gleicher Weise die Belgischen Ringschläger, die Groninger Slenke, die Smyter und die etwas kleinere Speelderke zu erwähnen.

In den deutschen Standardbeschreibungen für Tauben werden die Ringschläger seit 1970 als eine selbständige Rassengruppe, nämlich die Gruppe X Spielflugtauben behandelt. Diese Trennung wurde vorgenommen, weil die Flugeigenschaften der Ringschläger sich doch deutlich von denen der Tümmler unterscheiden.

Vor der Paarung umkreisen die Männchen mit engem Radius die stehende Täubin. Gleichzeitig klatschen sie ihre Flügel zusammen, so daß gute Klatscher und Dreher ihr Federwerk zerschleißen.

In Deutschland, Holland und in Belgien werden in Hallen oder Sälen Wettdrehen durchgeführt, zumal gut dressierte Tiere ihr spezielles Können jederzeit gern unter Beweis stellen.

Bodenpurzler-Wettbewerbe

Eine Besonderheit unter den Rollertauben sind die aus Indien und Persien stammen-

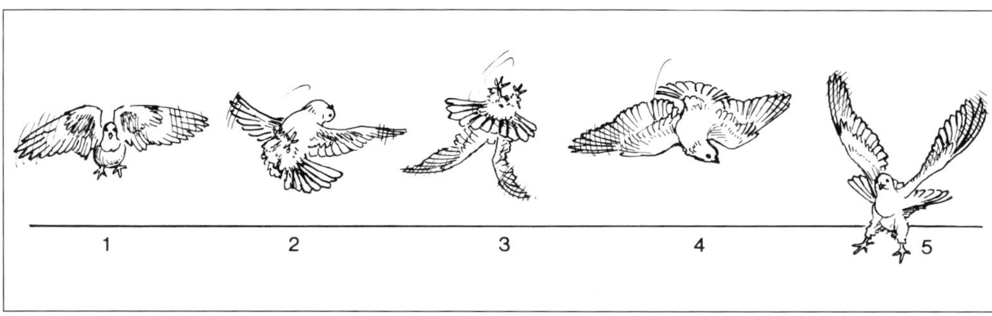

Flugstudie des Bodenrollens (nach Levi).
1 = Abflug,
2 = Rückwärtsfallen,
3 = Überschlag,
4 = Abfangen,
5 = Landung.

den Bodenpurzler. Wahrscheinlich sind sie schon vor vielen Jahrhunderten im persisch-indischen Raum entstanden, wo schon zu dieser Zeit von ihnen berichtet wurde und ihre Zucht eine lange Tradition hat. Manche Besitzer solcher Tauben haben sich in Indien durch die Vorführung dieser Tiere ihren Lebensunterhalt verdient.

Bodenpurzler sind eine Weiterentwicklung der Rollertauben. Man unterscheidet bei den heutigen Bodenpurzlertauben zwei verschiedene Typen. Die eine Art kann noch etwas fliegen, wenn man sie jedoch mit dem Finger am Kopfe berührt, so beginnt sie mit ihren Rückwärtssaltos. Die anderen Bodenpurzler haben kein Flugvermögen mehr und drehen rückwärts Saltos aus dem Stand. Es gibt unter ihnen ausgesprochene Einzelpurzler, die stets nur einen Salto vollführen. Andere Tiere sind Doppelpurzler, die jeweils einen Doppelsalto drehen. Am beliebtesten sind die Dauerpurzler. Wenn man sie auf eine Ebene setzt, dann drehen sie in rasantem Tempo viele Rückwärtssalti hintereinander, über Längen bis zu 30 Metern und mehr.

In Bodenpurzler-Wettbewerben mißt man die zurückgelegte Entfernung. Bei Einzel- und Doppelpurzlern wird die Exaktheit der Saltos beurteilt. Da diese Tiere nicht mehr fliegen können, lassen sie sich sehr leicht in einfachen Kisten halten, in denen sie sich genauso eifrig wie andere Tauben fortpflanzen.

Die Bodenpurzler werden im Deutschen Bodenpurzler-Club betreut.

Wettflüge mit Reisebrieftauben

Diese Haustaubenrasse beweist, daß Wettflugtauben, wenn sie etliche hundert Kilometer von ihrem Heimatschlag entfernt aufgelassen werden, auf schnellstem Wege in die Heimat zurückkehren. Dieses Orientierungswunder, die körperliche Leistung der Tauben und ihre Liebe zur Heimat sind für viele Taubenzüchter so faszinierend, daß sie sich mit diesem Phänomen beschäftigen und Wettflüge mit Reisebrieftauben durchführen.

In Deutschland werden etwa 250 verschiedene Taubenrassen gehalten. Doch darf diese große Zahl nicht darüber hinwegtäuschen, daß die am stärksten vertretene Taubenrasse die Reisebrieftaube ist.

Bestandserfassungen sind schwierig. Bei Schätzungen kommt man zu dem Ergebnis, daß etwa 40 % bis die Hälfte aller vorhandenen Tauben Reisebrieftauben sind. Sicherlich gibt es erhebliche regionale Unterschiede. In manchen Gebieten Nordwestdeutschlands einschließlich dem Ruhrgebiet ist die Brieftaubenhaltung besonders stark, während in Mittel- und in Süddeutschland die traditionelle Rassetaubenzucht überwiegen dürfte. Brieftaubenzüchter haben ihre eigenen Organisationen und in vielen Fällen wenig Kontakt mit den Rassetaubenzüchtern. Das mag daran liegen, daß die Zucht und Haltung von Wettflugtauben bei erfolgreichen Züchtern ganz andere Ziele anstrebt als die Zucht und Haltung von Rassetauben. Oberstes Ziel in der Reisebrieftaubenzucht ist der Wettflugerfolg, nach dem sich Tiermaterial, Haltung, Zucht und Auslese voll und ganz ausrichtet.

Der Orientierungssinn der Brieftauben

Viele Tiere besitzen die Eigenschaft, feste Standorte wieder aufzufinden, wenn man sie in größerer Entfernung von diesem Heimatstandort in die Freiheit entläßt. Diese Eigenschaft ist von allen Zugvögeln her bekannt. Auch Fische kehren zum Laichen immer wieder in einen ganz bestimmten Fluß zurück. Doch selbst von Hunden und Katzen wird berichtet, daß sie oft über weite Entfernungen hinweg in ihren alten gewohnten Lebensbereich zurückfinden. Von Felsentauben Vorderasiens und Nordafrikas heißt es, daß bei ihnen ein Orientierungssinn entwickelt ist. Dieser ist bei den meisten Haustauben verlorengegangen, jedoch bei den Brieftauben weiterentwickelt worden. Das Geheimnis des Heimkehrvermögens ist allerdings bis heute nicht endgültig aufgeklärt worden. Theorien hierüber gibt es viele. Offensichtlich spielt der Erdmagnetismus hierbei eine besondere Rolle. Zeigt eine Magnetnadel über dem magnetischen Nordpol senkrecht nach unten, so steht dieselbe Nadel zum Äquator gebracht waagerecht, d. h. zwischen dem Äquator und dem magnetischen Nordpol verändert sich die Lage der Nadel um 90°, so daß die Nord-Süd-Orientierung mit dem Magnetwinkel zusammenhängt. Die Ost-West-Orientierung könnte nach dem Sonnenstand in Verbindung mit der Uhrzeit erfolgen. Wir wissen nicht, ob dies stichhaltig ist, Versuche haben jedoch eindeutig ergeben, daß Zugvögel, wie z. B. Stare, sich nach dem

Stand der Sonne richten. Wenn Tauben einen inneren Kompaß, eine innere Uhr und ein Empfinden für den Sonnenstand besitzen sollten, wäre zumindest theoretisch eine Möglichkeit für das Heimfindevermögen gegeben. Bei Wettflugtauben muß man neben dem Heimfindevermögen auch die körperliche Leistung mit in Betracht ziehen. Wettflugtauben werden im Laufe einer Wettflugsaison, die in den Frühjahrs- und Sommermonaten etwa vier Monate lang andauert, beginnend mit Kurzflügen ab 5 km Entfernung, auf immer größere Strekken trainiert. Hierdurch werden sie in ihrem Heimfindevermögen gestärkt, und ihre Flugkondition wird verbessert, so daß sie im Hochsommer, nachdem sie an jedem Wochenende mehrere hundert Kilometer zur Heimat zurückgelegt haben, abschließend auch in der Lage sind, Entfernungen von 500–900 km und mehr im Nonstopflug zurückzulegen.

Die Entstehung der Brieftauben

Wie in Syrien und Ägypten beobachtet wurde, haben die Felsentauben ein gutes Orientierungsvermögen, da sie sich bei Brutplätzen in Trockengebieten bis zu 250 km weit von ihren Nestern zur Nahrungs- und Flüssigkeitsaufnahme entfernen müssen, aber anschließend immer wieder zu ihrem Nest zurückfinden. Selbst wenn die Nahrungsaufnahme nur einige Kilometer außer Sichtweite des Nestes erfolgen muß, ist schon ein ausgeprägtes Orientierungsvermögen erforderlich, um jederzeit sicher zurückzukehren.

Nach der Zähmung von Felsentauben ist dieses Orientierungsvermögen seit mindestens 2000 Jahren züchterisch gefördert worden. Nach alten Überlieferungen fanden schon lange vor unserer Zeitrechnung Haustauben zu Botenflügen Verwendung.

Seefahrende Ägypter und Phönizier benutzten sie als Botentauben. Auch ihre Verwendung bei den Griechen ist bekannt. Die Römer hatten Taubenpoststationen zu Beginn der Zeitrechnung.

Ausgeprägt war das Botentaubenwesen bei den Arabern. Aus dem 12. Jahrhundert wird von Taubenpoststationen berichtet, die etwa 30–80 km auseinander lagen und zur Nachrichtenschnellverbindung zwischen Ägypten und Bagdad dienten. In den vergangenen Jahrhunderten wurden viele Botentauben nach Europa importiert. Nach den Überlieferungen gab es bei den Orientalischen Botentauben sowohl schlankere als auch vollere Typen mit langen oder ausgesprochen kurzen Schnäbeln und auch die Farben Blau, Rot, Schwarz und Gelb mit allen Farbnuancierungen. Die Einteilung nach Rassen führte zu den Bezeichnungen Türkentauben, Bagdetten (aus Bagdad), Orientalische Botentauben, Beiruter Botentauben und Berbertauben.

Über die ersten Botentaubenflüge in Mitteleuropa berichtet Rolves, der um das Jahr 1765 Flüge von Hildesheim nach Hannover durchführte. Sicherlich wird man schon vorher in Westeuropa ähnliche Taubenflüge erlebt haben. Über die Anfänge der Brieftaubenhaltung und die Durchführung von Flügen berichteten zu Beginn des 19. Jahrhunderts unabhängig voneinander drei Autoren. De Chapuis, 1822 in Verviers geboren, hat viele Züchter aus der Entstehungszeit der Brieftauben persönlich gekannt und die damaligen Erfahrungen in dem Buch „Le Pigeon voyageur belge“ zusammengestellt. Die anderen Autoren sind Rodenbach mit seinem Werk „Der belgische Brieftaubensport“ und Wittouck mit „La Colombophilie Moderne“. Alle drei Autoren kommen zu dem Ergebnis, daß die Brieftauben aus ehemals Orientalischen Botentauben züchterisch weiterentwickelt wurden.

Im Raum Lüttich wurden ursprünglich französische Mövchen als Botentauben benutzt. Vier kleine schwarze Tauben mit Brustkrause und kurzem Schnabel, welche auf einem Wettflug von Lyon nach Verviers (550 km)

zurückkamen, sollen den Grundstock für die Lütticher Brieftauben gebildet haben.
In Antwerpen wurden um 1825 Kröpfer für die Börsennachrichtenübermittlung benutzt. Einige andere Züchter gaben Tümmlern den Vorzug. Kreuzungen zwischen langschnäbeligen und kurzschnäbeligen Lütticher Tieren wurden Smerlen genannt. Man hat Smerlen teilweise wieder an Tümmler gepaart. Auch wurden in Antwerpen Carrier aus Irland eingekreuzt. Nachkommen aus Einkreuzungen mit Dragonern sollen bessere Dauerflieger gewesen sein. Um das Jahr 1840 war die eigentliche Kreuzungszeit beendet. Man sprach damals von kurzschnäbeligen Lüttichern und den langschnäbeligen Antwerpener Brieftauben. Sie sind seit über 100 Jahren zu einer einzigen einheitlichen Rasse vermischt. Interessanterweise findet man aber heute noch unter den Reisebrieftauben erfolgreiche Tiere mit kurzem Schnabel mit und ohne Brustkrause sowie auch langschnäblige Typen. Nach dem Deutsch-Französischen Krieg in den Jahren 1870/71, bei dem Brieftauben in dem belagerten Paris erfolgreich eingesetzt worden waren, begann der große Aufschwung, aus dem das volkstümliche Wettflugtaubenwesen der heutigen Zeit hervorging.

Die Organisation

Es gibt in der Bundesrepublik Deutschland knapp 10 000 Reisebrieftaubenvereine auf Ortsebene. Es ist kaum mehr eine Gegend bei uns vorhanden, in der nicht ein Reisebrieftaubenverein besteht. Alle Vereine sind bestrebt, die Haltung, Zucht und das Wettflugwesen zu fördern, aber auch miteinander zu konkurrieren, um den Züchter mit den besten Tauben und die besten Tauben selbst als Sieger herausstellen zu können.
Alle Vereine einer Stadt oder eines Gebietes sind zu einer Reisevereinigung zusammengeschlossen. Auch gibt es mehrere Reisevereinigungen in größeren Städten, die Wettflüge durchführen. Viele von ihnen können auf den Wettflügen bis zu 6000 oder mehr Tauben in ihren großen Transportfahrzeugen an den Auflaßort befördern.
Mehrere Reisevereinigungen sind zu einem Kreisverband zusammengeschlossen. In der Bundesrepublik Deutschland gibt es 175 Kreisverbände. Die Kreisverbandsvorsitzenden sind die stimmberechtigten Vertreter ihrer Mitglieder beim Bundesverband. Bei vielen Kreisverbänden werden gemeinsame Wettflüge für alle Züchter bei Entfernungen ab 400 bis 500 km durchgeführt. Mehrere Kreisverbände sind zu einem Bezirk zusammengeschlossen.
In der Bundesrepublik Deutschland gibt es 35 Bezirke. Der Bezirksvorsitzende hält einen engen Kontakt zum Verband. Er führt zweimal im Jahr eine für alle Mitglieder offene Bezirksversammlung durch. Auf einer Bezirksausstellung werden die besten Wettflugtauben in verschiedenen Leistungsklassen ausgestellt. Jede vierte Taube wird prämiert.
Das höchste Organ ist der Verband Deutscher Brieftaubenzüchter e. V., mit einem Präsidenten, einem Präsidium und einem Geschäftsführer an der Spitze. Der Verband gibt die wöchentlich erscheinende Zeitschrift „Die Brieftaube“ heraus. In der Hauptgeschäftsstelle in Essen befindet sich auch eine Taubenklinik.
Die gesamte Reisebrieftaubenorganisation ist nicht dem Bund Deutscher Rassegeflügelzüchter oder dem VDT angeschlossen. Sie ist vielmehr eine selbständige Parallelorganisation, die dem VDT an Mitgliederstärke ebenbürtig oder sogar überlegen ist.
Als Nebenorganisation des Verbandes gibt es die Preisrichtervereinigung mit dem Vorstand und den Bezirksverbänden, in denen alle Preisrichter zusammengeschlossen sind. Zwischen manchen Rassetaubenvereinen und den Reisebrieftaubenvereinen bestehen freundschaftliche Beziehungen, zumal manche Taubenzüchter oftmals Mitglieder in beiden Organisationen sind.

Der Taubenschlag für Reisebrieftauben

Taubenschläge für Wettflugtauben müssen im Prinzip nicht anders gebaut sein als alle anderen Schläge auch. Dennoch sollte man auf einige Besonderheiten achten.

Viele Schläge haben fünf Abteilungen, nämlich Zuchtschlag, Reiseschlag, Witwerschlag, Witwenschlag und Jungtierschlag. Die Nester im Reiseschlag sind so gebaut, daß man in der einen Hälfte ein Weibchen einsperren kann, der Täuber aber andererseits die Möglichkeit hat, in der anderen Hälfte seines Nestes zu sitzen und dort auch sein Futter aufzunehmen. Jungtierschläge und Witwenschläge enthalten keine Nester, sondern nur Sitzregale oder Sitzdächer. Alle Schläge müssen trocken und luftig sein. Man muß sie leicht reinigen können, damit Infektionen weitgehend vermieden werden. Denn schon eine verdeckte, äußerlich nicht erkennbare Erkrankung darf es bei Wettflugtauben nicht geben, da dann Wettflugerfolge nicht zu erzielen sind.

Damit Wettflugtauben nach der Rückkehr vom Flug schnell in den Schlag hineingehen, benötigen sie eine gute Landefläche. Viele Schläge haben daher besonders große Anflugbretter, dennoch landen viele Tauben auf dem Dach des Schlages. Der Einflug selbst sollte so gebaut sein, daß die Tiere über einen Sprungbügel oder eine Rolle in den Schlag einspringen. Über eine Lichtschranke oder einen Quecksilberkippschalter kann beim Einsprung eine Klingelanlage ausgelöst werden, durch die der Züchter informiert wird.

Die Zucht der Reisebrieftauben

Anfänger in der Brieftaubenzucht bekommen fast immer gutes Tiermaterial von anderen Züchtern zur Verfügung gestellt. Sind es gute Alttiere, so sollten sie zur Zucht in einer Voliere gehalten werden. Am besten gelingt die Eingewöhnung von Jungtauben. Wenn man rechtzeitig mit der Zucht beginnt, können zwei oder drei Zuchten aufgezogen werden, die in ihrer Entwicklung schließlich so weit kommen, daß sie an Trainingsflügen oder Wettflügen teilnehmen können. Sie bilden die Grundlage des Wettflugbestandes für die nächsten Jahre.

Reisebrieftauben werden in allen Farben gezüchtet. Es überwiegen die Blauen und Blaugehämmerten. Doch trifft man überall auch schwarze, rote, fahle und dunkle Tauben, wie auch Schimmel und Schecken in allen Farb- und Zeichnungsvariationen an. Nicht häufig sieht man reinweiße, lerchenfarbige und rezessiv-rote Reisebrieftauben. Die rezessiv-roten sind am ganzen Körper einheitlich rot gefärbt. Dieses Rot wird nur rezessiv vererbt und ist bei den meisten Reisebrieftaubenzüchtern nicht bekannt.

Die Reisebrieftauben werden nach der Wintersonnenwende Anfang Januar nach Geschlechtern getrennt, da sich mit zunehmender Tageslänge ihr Geschlechtstrieb verstärkt. Anfang bis Mitte März werden die Zuchtpaare nach dem Zuchtplan des Züchters zusammengestellt. Mit etwas Geschicklichkeit ist die Anpaarung und die Gewöhnung an die Nester kein Problem. Wichtig ist, daß jedes Zuchtpaar über eine Nistzelle verfügt, die vom Täuber intensiv verteidigt wird. In einem gesunden Bestand fallen am 10. Tag nach der Anpaarung die ersten Eier. Lediglich bei einjährigen Jungtauben kann die Eiablage einige Tage später erfolgen.

Von den Wettflugtauben wird durchweg pro Paar nur 1 Jungtier aufgezogen, wobei man das zweite Junge von wertvollen Eltern bei andern Paaren unterlegt und deren Eier nicht zum Schlupf kommen läßt.

Nach 18 Bruttagen schlüpfen die Jungen. Nach 7 Lebenstagen werden sie beringt und mit 24–28 Lebenstagen abgesetzt. Das Weibchen hat dann bereits das zweite Gelege in eine andere Nistschale gelegt. Bei Haltung der Wettflugtauben nach der Nestmethode wird auch vom zweiten Gelege ein

Junges aufgezogen. Die Erfahrung hat jedoch gelehrt, daß die Wettflugergebnisse besser sind, wenn die Wettflugtauben nicht gleichzeitig fliegen und züchten müssen. Daher ist die Witwerschaftsmethode auf den meisten Schlägen üblich. Bei dieser Methode entfernt man das Weibchen vom Witwerschlag nach dem 10. Bruttag vom zweiten Gelege. Die Täubinnen werden den Täubern nun nur noch unmittelbar vor dem Einsatz zum Wettflug und nach der Rückkehr vom Flug gezeigt. Die Weibchen werden während dieser Zeit in guter Kondition gehalten, da nur gesunde, paarungsfreudige Weibchen in der Lage sind, das Verlangen des Täubers zum Heimatschlag und zu seinem Weibchen zurückzukehren so zu stärken, daß er so schnell wie möglich heimfliegt.

Werden freifliegende Zuchttauben gehalten, so gehen sie während der Brut abwechselnd ins Freie, um sich auszufliegen und nach einiger Zeit wieder in den Schlag zurückzukehren. Diese Haltung macht am wenigsten Arbeit. Andere Züchter geben ihren Zuchttauben morgens und abends vor der Fütterung Freiflug. Diese Tiere gehen unmittelbar nach Beendigung des Fluges wieder in den Schlag hinein und gewöhnen sich das unnötige Herumsitzen auf benachbarten Dächern erst gar nicht an. Jedoch muß man die brütenden Tauben einzeln von den Nestern nehmen und heraussetzen. Die Zuchttiere können gemeinsam aus einem Trog gefüttert werden, wenn man den Zuchtpaaren mit großen Jungtieren zusätzlich Futter in der Zelle verabreicht. Dabei lernen die Jungtiere einige Tage früher das Fressen und sind somit gut auf das Absetzen in den Jungtierschlag vorbereitet. Neben Körnerfutter und Preßfutter sollen den Tieren ständig sauberes Trinkwasser mit Desinfektionsmitteln sowie Grit und Taubenkuchen zur Verfügung stehen.

Gesundheit und Schlagpflege

Eine gesunde Haltung ist eine der Grundvoraussetzungen für jeden Erfolg. Dies gilt für alle Tiere eines Bestandes, da die Übertragung von Krankheiten durch Zuchttiere auf Wettflugtiere im allgemeinen schnell erfolgt. Daher ist es erforderlich, mindestens zweimal im Jahr eine Sammelkotprobe zur Untersuchung an eine Untersuchungsanstalt oder einen Tierarzt einzuschicken. Diese Probe wird auf Wurmeier, Kokzidien und Salmonellen untersucht. Zumeist finden sich Wurmeier und Kokzidien, gegen die, wie bereits beschrieben, mit einem Medikament vorgegangen wird. Außerdem behandelt man vorsorglich alle Tiere bei Zuchtbeginn gegen Trichomoniasis (Gelber Knopf), damit die Jungtiere nicht erkranken können und die Wettflugtauben durch die Erreger in ihrer Leistungsfähigkeit nicht behindert werden.

Zur Reinigung des Schlages werden vermehrt Taubenschlagstaubsauger eingesetzt, wodurch auch der Staub bequem aus den Ecken und Ritzen herausgeholt werden kann. In der Sommerzeit werden die Insekten durch die üblichen Mittel im Taubenschlag bekämpft. Die Tauben selbst sollen mindestens jede Woche einmal ein Bad nehmen können, dem ein Badesalz mit einem Ungezieferbekämpfungsmittel beigegeben wird. Auf diese Weise werden die Tauben absolut frei von Milben und Federlingen, und ihr Gefieder wird weicher, windschlüpfriger und stärker wasserabweisend, was auf Wettflügen nicht ohne Bedeutung ist. Ein ruhiger Umgang mit den Tauben und die Vermeidung schneller Bewegungen sind ohnehin eine Selbstverständlichkeit. Wenn ein Züchter eine Taube näher betrachten möchte, so sollte er sie nicht einfangen müssen, sondern sie von ihrem Platz jederzeit in die Hand nehmen können.

Haltungsmethoden der Wettflugtauben

Um an Wettflügen teilnehmen zu können, benötigt man nicht in jedem Falle erfahrene Tauben. Aber man muß Tauben haben, die alle Voraussetzungen zur Erfüllung der erwarteten Leistungen besitzen. Die einfachste Haltungsmethode ist die Nestmethode, bei der beide Partner während des Brutgeschäftes zum Wettflug eingesetzt werden. Die Eier oder Jungtiere werden während der Abwesenheit der Elterntiere anderen Paaren untergelegt. Um die Tauben durch die Zucht nicht zu sehr zu beanspruchen, läßt man sie nur ein Jungtier aufziehen. Bei bestimmten Nestständen werden die Tauben nicht zum Wettflug eingesetzt. Dies ist u. a. dann der Fall, wenn Täuber in der Hackphase vor dem Legen sind, wenn Weibchen sich unmittelbar vor dem Legen und beide Partner sich während der ersten Kropfschleimfütterung befinden. Als besonders gute Neststände gelten u. a. 10 Tage bebrütete Eier, angepickte Eier vor dem Schlupf und bei Täubern ein großes Junges im Nest. Eine Weiterentwicklung der Nestmethode ist die Ablösemethode, bei der beide Partner in verschiedenen Schlägen untergebracht sind, und abwechselnd ihre Eier bebrüten oder abwechselnd das Junge betreuen. Nur nach dem Wettflug dürfen sie eine gewisse Zeit gemeinsam in ihrem Nest verbringen.

Eine teilweise Abkehr vom Brutgeschäft beinhaltet die Witwerschaftsmethode, bei der wir zwischen absoluter Witwerschaft und totaler Witwerschaft unterscheiden müssen. In beiden Fällen werden die Tiere nach der Trennung im März gepaart und ziehen ein Jungtier auf. Meistens beginnt in dieser Zeit bereits das Flugtraining mit kürzeren Entfernungen. Sobald das zweite Gelege 10 Tage lang bebrütet wurde, wird es weggenommen. Die Weibchen werden so weit von den Täubern entfernt, daß sie deren Ruf nicht hören können. Erst vor dem

Wettflugtauben in Transportkabinen vor der Verladung.

Einsetzen zum Flug setzt man die Paare wieder zusammen. Die Täuber werden nach einigen Minuten Gemeinsamkeit zum Flug eingesetzt. Sie dürfen ihr Weibchen aber auf keinen Fall vorher getreten haben. Nach der Rückkehr vom Flug finden sie ihr Weibchen im Nest vor. Nach ein bis zwei gemeinsamen Stunden werden die Weibchen bis zum nächsten Einsatz wieder entfernt. Die Weibchen müssen so gehalten werden, daß sie sich nicht gegenseitig paaren und in Ecken oder Nester setzen können. Für diese Haltung haben sich Schläge mit Drahtfußboden und Sitzstangen sehr gut bewährt.

Bei der totalen Witwerschaftsmethode werden bei gleicher Haltung nach dem Zeigen im Nest beide Partner in verschiedenen Transportkörben zum Einsatz gebracht. Nachdem der zweite Partner vom Wettflug zurückgekehrt ist, wird wiederum nach einer gewissen Zeit die Trennung vorgenommen. Die Erfahrung hat eindeutig

Ein Spezial-Kabinenexpreß kann bis zu 6000 Wettflugtauben in einschiebbaren Einzelkabinen in wenigen Stunden zum Auflaßort befördern.

gelehrt, daß es nicht möglich ist, neben guten Wettflugerfolgen gleichzeitig auch noch gute Aufzuchtergebnisse zu erzielen, so daß die Witwerschaftsmethode sich mehr und mehr durchsetzt. Es gibt jedoch Ausnahmeschläge, die auch bei der Nestmethode beste Wettflugergebnisse vorzuweisen haben. Auch hat es schon manches kleine Weibchen gegeben, welches vom Nest gesetzt wurde und alle erfahrenen trainierten Witwer hinter sich gelassen und den Sieg errungen hat.

Flugtraining und Flugvorbereitung

Natürlich ist es ganz unmöglich, Wettflugtiere ohne Flugtraining auf die Reise zu schicken. Gerade wenn die Tauben während der Wintermonate wenig Freiflug hatten, ist es erforderlich, sie vor Beginn der Flüge zu Hause zu trainieren. Tauben, die morgens und abends am Schlage jeweils über eine Stunde in der Luft sind, haben größere Chancen, von Wettflügen mit 3–8 Flugstunden und mehr schneller zurückzukehren als untrainierte Tauben. Hierüber besteht überhaupt kein Zweifel. Es gibt jedoch immer wieder Tiere, die auch ohne Flugtraining in der Spitze der Preisliste zu finden sind.

Am einfachsten ist das Flugtraining bei den Witwern, die je nach Möglichkeit einmal oder zweimal am Tag herausgelassen werden, und je nach Witterung und Form zwischen 15 Minuten und 2 Stunden in der Luft bleiben. Läßt man sie hungrig heraus, so gehen sie nach dem Flug sofort wieder zum Fressen in den Schlag. Die Weibchen sind im allgemeinen nicht so flugfreudig. Es ist aber von Vorteil, sie in gleicher Weise zu trainieren. Am Einsatztage bekommen alle Tiere morgens noch einmal Freiflug und werden anschließend sattgefüttert.

Der Täuber mit der Ringnummer 01143.77.243 war erfolgreicher Teilnehmer auf über 100 Wettflügen und ein hervorragender Vererber.
Besitzer H. Mackrott

Wettflüge mit Alttieren

Wettflüge erfolgen im allgemeinen über Entfernungen von 150–700 km. Außerdem gibt es sporadisch Weitstreckenflüge bis zu Entfernungen von 1200 km. Vor den Wettflügen werden mehrere gemeinsame Trainingsflüge veranstaltet. Während der Wintermonate stellt die Reisevereinigung einen Reiseplan für den kommenden Sommer auf. Nach diesem Reiseplan werden die Einsatzzeiten festgelegt. Der Transport erfolgt heute fast ausschließlich mit einem Kabinenexpreß. Die Kabinen werden an mehreren Einsatzstellen mit Tauben befüllt und vom Kabinenexpreß abgeholt, wobei gleichzeitig Wechselkabinen für den nächsten Flug ausgetauscht werden. Der Kabinenexpreß fährt mit den Tauben zu dem vorgesehenen Auflaßort. Dort werden die Tauben abhängig von der Wetterlage möglichst am frühen Morgen des Auflaßtages freigesetzt. Mit einer Eigengeschwindigkeit von etwa 75 Stundenkilometern kehren die Tauben, beeinflußt durch Rücken- oder Gegenwind, schnellstmöglichst in ihren Schlag zurück. Um eine genaue Rangfolge bei der Heimkehr zu gewährleisten, sind verschiedene Maßnahmen erforderlich. Jeder Züchter muß vor dem Einsetzen eine Einsatzliste ausfüllen, auf der alle teilnehmenden Tauben mit Fußringnummer und Geschlecht eingetragen werden. Auf der Einsatzstelle wird jeder Taube ein Gummiring angelegt. Die Gummiringnummer wird auf der Einsatzliste neben der Fußringnummer eingetragen. Außerdem gehört zu jedem Gummiring ein Papierstreifen (Puppe), auf dem ebenfalls die Gummiringnummer aufgedruckt ist. Auf dieser sogenannten Puppe wird die Fußringnummer der Taube vermerkt. Alle Originaleinsatzlisten werden nach dem Einsetzen in einem Behältnis verplombt und sofort beim Flugleiter deponiert. Die noch stillstehenden Konstatieruhren werden spätestens am Abend vor dem Flug zu einer beliebigen, aber festgelegten Normalzeit angeschlagen. Diese Normalzeit wird in der Konstatieruhr vermerkt. Die verplombte Uhr nimmt der Züchter mit zu seinem Taubenschlag. Nach dem Fluge werden alle Uhren zu einer beliebigen, aber vereinbarten Normalzeit abgeschlagen. Auch diese Normalzeit wird vermerkt. Der Zeitabdruck in der Uhr läßt erkennen, wie viele Sekunden die Uhr seit dem Anschlag zu schnell oder zu langsam gegangen ist. Die Fehlmessung der Uhr bis zur Konstatierung einer jeden Taube wird verrechnet. Weiterhin wird die Entfernung jedes einzelnen Taubenschlages zum Auflaßort vermessen. Schon geringe Entfernungsunterschiede können die Berechnung der Reihenfolge bei der Rückkehr der Tauben beeinflussen und müssen ausgeglichen werden. Bei der Berechnung der Fluggeschwindigkeit wird somit die spezielle Entfernung eines jeden Schlages zum Auflaßort zugrunde gelegt. Die Errechnung der Fluggeschwindigkeit erfolgt in Metern pro Minute mit drei Ziffern hinter dem Komma, so daß selbst bei fast gleichzeitiger Rückkehr vieler Tauben eine einwandfreie Rangordnung nach Geschwindigkeit vorgenommen werden kann. Bei Rückkehr einer Taube vom Wettflug wird ihr im Schlag der Gummiring vom Fuß gestreift und in eine Öffnung der Konstatieruhr hineingesteckt. Durch Drehen eines Schlüssels wird die genaue Ankunftszeit der Taube auf einem Papierstreifen in der Uhr aufgedruckt. Mit einer Konstatieruhr können bis zu 30 Konstatierungen vorgenommen werden. Nach dem Flug werden die Uhren zur Einsatzstelle gebracht und dort wie beschrieben abgeschlagen, d. h., es erfolgt ein genauer Vergleich mit der Normalzeit. Auf der Einsatzliste wird anschließend zu der Gummiringnummer und der Fußringnummer aus der Konstatieruhr die dazugehörige Ankunftszeit eingetragen. Die Berechnung der Fluggeschwindigkeit erfolgt heute fast überall mit Computeranlagen, die in kürzester Zeit die Ergebnisse ausrechnen und die fertigen Preislisten ausdrucken.

Beispiel: Die Entfernung des Schlages zum Auflaßort beträgt 382,619 km. Der Auflaß erfolgt Punkt 6.00 Uhr. Die betreffende Taube kehrt um 12.00 Uhr, 20 Minuten, 26 Sekunden heim.

Ihre Flugdauer (Minuten-Bruchteile umgerechnet ins Zehnersystem) beträgt 380,433 Flugminuten. Sie erreichte eine Geschwindigkeit von

$$\frac{382{,}619}{380{,}433} = 1005{,}746 \text{ m/Minute.}$$

$33^1/_3$% der eingesetzten Tauben sind preisberechtigt und werden in der Reihenfolge ihrer Rückkehr in der Preisliste angeführt. Für die schnellsten Tauben bzw. Taubengruppen werden Ehrenpreise vergeben. Taubenauflässe finden grundsätzlich nur in der warmen Jahreszeit statt. Praktisch beginnen die Vorflüge Anfang Mai. Von nun an findet bis Anfang August an jedem Wochenende ein Flug statt, wobei die Auflässe im allgemeinen am Sonntagmorgen erfolgen. Doch werden in den letzten Jahren zunehmend Wettflüge am Sonnabend veranstaltet.

Reiseplan für Wettflüge:

1. Vorflug	ab Mai	30 km Entfernung
2. Vorflug	Mai	50 km Entfernung
3. Vorflug	Mai	100 km Entfernung
1. Preisflug	Mai	180 km Entfernung
2. Preisflug	Mai	250 km Entfernung
3. Preisflug	Juni	320 km Entfernung
4. Preisflug	Juni	340 km Entfernung
5. Preisflug	Juni	250 km Entfernung
6. Preisflug	Juni	420 km Entfernung
7. Preisflug	Juni	340 km Entfernung
8. Preisflug	Juli	550 km Entfernung
9. Preisflug	Juli	320 km Entfernung
10. Preisflug	Juli	650 km Entfernung
11. Preisflug	Juli	320 km Entfernung
12. Preisflug	August	700 km Entfernung
		4640 Wettflug-km

Die besten Tauben einer Reisevereinigung machen auf jedem Wettflug einen Preis. Alle Tauben, die auf 80% der veranstalteten Flüge einen Preis errungen haben, sind berechtigt, an der Ausstellung des Verbandes Deutscher Brieftauben-Züchter e. V. im Januar teilzunehmen. Alle Preisflüge gemeinsam bieten genügend Möglichkeiten, die besten Tiere zu prämieren und Gesamtmeister, Kurzstrecken-, Mittel- und Langstreckenmeister mit und ohne Berücksichtigung des Geschlechtes der Tauben zu ermitteln.

Jungtierflüge

Die im Frühjahr geborene erste und zweite Zucht muß bereits im Geburtsjahr an Wettflügen teilnehmen. Die Erfahrungen haben gelehrt, daß Jungtiere gerade im Spätsommer, vor der Hauptmauser, nach einem Training auf kurze Entfernungen in der Lage sind, drei bis fünf Wettflüge mit Entfernungen bis zu 350 km zu absolvieren. Die Wettflüge werden unmittelbar im Anschluß an die Alttierflüge in gleicher Weise durchgeführt und werden mit dem Jungtier-Endflug am ersten oder zweiten September-Sonntag beendet. Jungtauben können eine ziemlich hohe Fluggeschwindigkeit entwickeln. Sie sind oft schneller als die Alttiere, die vereinzelt auf diesen Flügen zum Training mitgeschickt werden. Fluggeschwindigkeiten von 80–90 Stundenkilometern und mehr sind auf Jungtierflügen keine Seltenheit. Die besten Tauben auf einzelnen oder mehreren Flügen und die besten Schläge werden zu Siegern oder Meistern erklärt. Außerdem werden die Meister innerhalb der einzelnen Vereine ermittelt, so daß immer wieder ein neuer sportlicher Anreiz gegeben ist, durch richtige Haltung und Pflege und Auswahl des besten Tiermaterials in der Konkurrenz möglichst gut abzuschneiden.

Erfolgreiche Wettflugtaube;
Besitzer: Otto Klaus †, Bünde

Ausstellungen

Ausstellungen werden auf Vereins-, Reisevereinigungs-, Kreis-, Bezirks- und Bundesebene durchgeführt. Zugelassen werden nur Tauben, die bestimmte Wettflugsiege im letzten Wettflugjahr nachweisen können. Auf den kleineren Schauen werden von Alttauben durchweg mindestens drei Wettflugpreise und von Jungtauben zwei Wettflugpreise als Mindestleistung verlangt. Auf den größeren Schauen sind die Anforderungen höher. Auf der Verbandsausstellung müssen Täuber auf 80% der durchgeführten Wettflüge und Täubinnen auf 70% dieser Flüge einen Preis errungen haben. Der Schönheitsstandard für Reisebrieftauben ist in seinen Einzelheiten sehr stark auf ein gutes Flugvermögen ausgerichtet. Die Farbe des Gefieders spielt bei der Beurteilung überhaupt keine Rolle.

Jede vierte Taube einer Ausstellung erhält einen Preis. Außerdem werden Klassensieger und Gesamtsieger ermittelt. Die für das gesamte Bundesgebiet ausgerichtete Verbandsausstellung wird meistens in einer der größeren Städte des Ruhrgebietes durchgeführt. Sie hat sich zu einem wahren Volksfest vieler Brieftaubenzüchter Westeuropas entwickelt und wird, wie die großen Rassegeflügelausstellungen, von Tausenden von Züchtern und Interessenten besucht.

Beurteilungsmerkmale ab 1992 sind:	Punkte	Stufen
1. Beurteilung im Käfig: Gesamteindruck, Auge, Kopf	8–9	1/4
2. Beurteilung in der Hand: Knochenbau, Brustbein, Becken	8–9	1/4
3. Form und Festigkeit des Rückens	17–19	1/2
4. Muskulatur, Harmonie und Gleichgewicht des Körperbaues	27–29	1/2
5. Flügel, Schwanz und Qualität des Gefieders	27–29	1/2

Wirtschaftstaubenhaltung

Im Orient sind Tauben seit jeher als Nutztiere bekannt und geschätzt. In manchen Gegenden, in denen heimattreue Tauben in Schlägen, Taubentürmen oder anderen Behausungen gehalten werden, können sich diese Tiere während des ganzen Jahres oder die meisten Monate hindurch selbst mit Nahrung versorgen. Den Menschen kommt bis zum heutigen Tage der Kot als Düngemittel und eine beträchtliche Zahl von Schlachttieren zugute.

Ähnliche Haltungen gibt es in Mittel- und Südeuropa; nur mit dem Unterschied, daß hier durch das Klima bedingt Zufütterungsperioden eingeschaltet werden müssen. Während der Sommer- und Herbstmonate sind fluggewandte Haustauben, die in Dörfern leben, in der Lage, sich einen erheblichen Teil ihrer Nahrung in Form von Unkrautsamen sowie ausgefallenen Hülsenfrüchten, Ölsamenfrüchten und Getreide, aber auch in Form von Insekten, Schnecken und Würmern selbst zu suchen.

Die mehrere tausend Jahre alte Haustaubenhaltung ist immer von wirtschaftlichen Gesichtspunkten begleitet gewesen. Wenn man einmal davon absieht, daß dressierte Kunstflugtauben und Tauben aus prämierten Hochzuchten ihren Besitzern Gewinne bringen können, so sollen in diesem Kapitel alle Möglichkeiten einer wirtschaftlichen Haltung und Vermehrung zur Fleischerzeugung untersucht werden. Anfallende Wirtschaftsgüter sind Dünger, Federn, Schlachttiere und Schlachtabfälle. Dünger scheidet schon von der Menge her als bedeutender Wirtschaftsfaktor bei uns aus, er hat jedoch seine Bedeutung in bestimmten Gebieten des Orients. Auch Federn spielen nur dort eine Rolle, wo menschliche Arbeitskraft nicht oder kaum bezahlt wird.

Taubenaufzucht zur Fleischerzeugung

Erst als man die Tauben als Delikatesse und Krankenkost ansah, entschied insbesondere in Frankreich nicht der Erzeugungsaufwand, sondern die Qualität des Taubenfleisches für die Aufzucht entsprechender Tauben zur Fleischerzeugung.

Diese intensive Form der Wirtschaftstaubenhaltung, bei der es auf die erzeugte Fleischmenge und letztlich auch auf den finanziellen Gewinn ankommt, wird wohl am ausgeprägtesten in den USA, in Betrieben mit bis zu 40 000 Zuchttieren, aber auch in Frankreich, Italien, Ungarn und in einigen anderen Ländern durchgeführt. Derartige Zuchten sind in Deutschland nicht ohne weiteres möglich, weil bei uns die klimatischen und wirtschaftlichen Verhältnisse (z. B. der Absatzmarkt) anders sind als in den USA. Wenn man in der Bundesrepublik Deutschland und in den USA den Geldwert von Getreide nicht nach dem jeweiligen Dollarkurs, sondern nach der Kaufkraft im jeweiligen Lande umrechnet, dann ist das Getreide in Deutschland mindestens 2–3mal so teuer wie in den USA. Da aber die Futterkosten ca. 50–60% der gesamten Produktionskosten ausmachen, ergeben sich auch von daher grundlegend andere Voraussetzungen. Bei uns liegen gute Erfahrungen über die Erzeugung von Masttauben von Dr. Klein aus der Lehr- und Versuchsanstalt für Geflügelhaltung in Kitzingen und von Dr. Tüller aus der Lehr- und Versuchsanstalt für Geflügelhaltung in Krefeld vor. Hier werden systematisch Erfahrungen gesammelt und neue Wege zur Produktionsverbesserung erarbeitet. Beide Lehr- und Versuchsanstalten haben die Produktionstechnik erheblich weiterentwickelt.

Produktionsverfahren

Es gab bei uns bisher zwei entscheidende natürliche Faktoren, die einer intensiven Zucht im Wege standen. Der eine Faktor ist die Lichteinstrahlung durch die Sonne. Bei allen Vögeln übt die Dauer der Lichteinstrahlung über das Auge und die Hypophyse einen Einfluß auf die Geschlechtstätigkeit aus. Unter natürlichen Haltungsbedingungen machen die Tauben 4–6 Bruten. Anschließend gehen sie in die Hauptmauser und in die Zuchtruhe, um ab Februar/März erneut zur Zucht zu schreiten. Die natürlich abnehmende Tageslänge muß also ab September durch eine künstliche Beleuchtung ausgeglichen werden. Nach Tüller ist bei ganzjährig züchtenden Tauben daher stets eine 14- bis 16stündige Beleuchtungsdauer notwendig.

Der zweite, natürlich bedingte Faktor ist die Umgebungstemperatur. Nach Tüller ist eine Umgebungstemperatur von plus 5 °C bis 28 °C für die Zucht am günstigsten. Entsprechend müssen die Raumverhältnisse gestaltet werden, wenn in den Wintermonaten gleich gute Aufzuchtergebnisse erreicht werden sollen wie in den Sommermonaten. Diese Forderung bedingt den Bau eines teureren Stalles mit guter Isolierung und gleichzeitig guter Luftführung oder den Verzicht auf gute Aufzuchtergebnisse in der Wintermonaten. In wärmeren Ländern spielt dieser Faktor jedoch keine Rolle und macht den Standort günstiger.

Ebenso darf die vorhandene Stalluft nicht feucht sein, da sonst Erkrankungen wie Schnupfen, Mykoplasmose und Ornithose bei Haltung großer Bestände auf engem Raum nicht zu vermeiden sind. Wird in gut isolierten Ställen die Mindesttemperatur nur kurzfristig unterschritten, so schadet dies jedoch meistens nicht. Kann man die beiden Faktoren Belichtungszeit und Mindesttemperatur nicht einhalten, ist es nach den bisherigen Erfahrungen unrealistisch, mit mehr als 8 bis 10 Schlachttieren pro Zuchtpaar zu rechnen. Unter Berücksichtigung beider Faktoren wurden in Krefeld bei einem Bestand von 240 Zuchttieren 13 bis 15 Jungtauben pro Paar aufgezogen. Etwa 25% der Zuchttiere müssen jährlich durch Nachzucht ersetzt werden. Diese zur Zucht angesetzten Jungtauben werden bis zur Geschlechtsreife etwa ein halbes Jahr lang gefüttert, bis sie selbst mit der Brut beginnen.

Weitere, so gut wie unabänderliche Produktionsfaktoren sind:

1. Tauben züchten nur paarweise. Es ist bisher nicht gelungen, mit einem Täuber und 2 bis 3 Weibchen in einem Gehege gleichzeitig zu züchten. Eine Änderung in dieser Richtung ist unwahrscheinlich, aber kann nicht für alle Zukunft völlig ausgeschlossen werden.
2. Eine Täubin legt jeweils nur zwei Eier. Es ist zwar immer wieder vorgekommen, daß Weibchen drei Eier legen, jedoch haben sich bisher keine Stämme herausgebildet, bei denen das Gelege grundsätzlich aus 2 bis 3 Eiern besteht. Auch hier ist eine Änderung unwahrscheinlich. Praktisch besteht die Möglichkeit, eine geeignete Anzahl von Zuchtpaaren nur zur Erzeugung von Eiern zu halten. Man legt dann anderen Elterntieren stets ein weiteres Ei unter, wenn das erste Ei des eigenen Geleges in der Nistschale liegt.

So könnte das Paar drei Eier bebrüten und drei Junge aufziehen.

Daß gut fütternde Elterntiere drei Junge aufziehen können, ist oft bewiesen worden. Ob aber die zu dritt aufgezogenen Jungtiere die gleiche Schlachtkörperqualität und das gleiche Gewicht aufweisen, wie bei der Aufzucht von zwei Tieren, wäre noch zu überprüfen. Levi hat gute Erfahrungen mit der künstlichen Erbrütung von Taubeneiern gemacht. Es könnte daher auch möglich sein, Elterntiere nur zwei Eier bebrüten zu lassen und dem Paar nach dem Schlupf seiner Jungen ein drittes Tier aus der Brutmaschine unterzulegen.

Alle diese Verfahren erfordern eine genaue Beobachtung und zusätzlichen Arbeitsaufwand, wodurch sie sich in der Praxis in vielen Fällen von selbst verbieten.

Gute Zuchttauben sind in der Lage, im Jahresdurchschnitt alle 30 Tage eine neue Brut zu beginnen. Von vielen Paaren wird diese Leistung jedoch nicht erreicht. Nimmt man einem Zuchtpaar die frischgelegten Eier ständig fort, so sind geeignete Weibchen in der Lage, bis zu 55 Eier pro Jahr zu legen, wie italienische Untersuchungen ergaben. Levi berichtet über gute Aufzuchtergebnisse mit künstlich erbrüteten Küken. Für den Kropfschleim der Elterntiere gibt es bisher keine zufriedenstellende Alternative. Levi empfiehlt, Eigelb zu verwenden und dieses über einen 1,5 mm dicken Schlauch an die Jungtiere zu verabreichen. Arbeitsaufwendiger ist es, mehrere Küken umschichtig von Elterntieren mit Kropfschleim füttern zu lassen. Die künstliche Aufzucht vom sechsten Tage an ist problemlos, wenn man ein vollwertiges Taubenaufzuchtfutter mit etwa 18% Rohprotein verwendet. Es muß so fein gemahlen sein, daß alle Teile ein 0,5-mm-Sieb passieren. Dieses Futter läßt sich über eine im Handel befindliche Futterspritze mit einem Schlauch von etwa 3 bis 4 mm lichter Weite ohne Schwierigkeiten an die Jungtiere verfüttern. Bei richtig gesteuerter Mengendosierung dauert die Fütterung pro Tier nur wenige Sekunden. Alle genannten Formen der Aufzucht sind arbeitsintensiver als die natürliche Aufzucht allein durch die Elterntiere, bei der man lediglich die 28 Tage alten Jungtiere einsammeln muß.

Unterbringung

Die Bauart eines Gebäudes ist vom Verwendungszweck, vom Klima und von der erwarteten Leistung abhängig. In Farmen mit wirtschaftlicher Taubenhaltung in den USA werden jeweils 20 bis 30 Paare in einem Raum mit Innen- und Außenvoliere untergebracht. Innerhalb des festen Stalles befindet sich ein Mittelgang. Beiderseits dieses Arbeitsganges befinden sich 10 bis 20 Volieren, so daß ein Gebäude etwa 500 Zuchtpaare aufnehmen kann. Bei den Außenvolieren rechnet man etwa 0,5 m^2 Volierenfläche pro Paar.

Um nicht von allen möglichen Krankheiten überrascht zu werden, ist es am sichersten, wenn man grundsätzlich nur Drahtgitter-Fußböden verwendet. Bei uns wird zur Erzielung guter Winteraufzuchten die Benutzung eines isolierten Gebäudes mit Zwangsluftführung empfohlen, deren Öffnungen man schließen kann.

Die geeigneten Rassen

Für die Fleischerzeugung sind mehrere Rassen gleichgut geeignet, da ein starker Bruttrieb in vielen Tauben steckt. Das Ausgangsmaterial sollte mittelgroß bis groß sein; bei sehr schweren Tieren ist erfahrungsgemäß die Brutfolge etwas langsamer, und bei ihnen kommt es häufiger vor, daß Eier zerdrückt oder beschädigt werden. Am sichersten ist es, sich der amerikanischen Mastrassen zu bedienen, da diese Tiere bereits seit Jahrzehnten auf eine entsprechende Eignung ausgelesen wurden, und somit in der züchterischen Bearbeitung bereits einen Schritt weiter sind als andere Tauben.

Wirtschaftstauben aus den USA sind Kingtauben im Wirtschaftstyp, die kennfarbigen Texaner, deren Geschlecht man an der Gefiederfarbe erkennen kann, und die weißen Carneau, die von Levi offensichtlich bevorzugt werden. Doch hält Levi auch Mondain-Tauben und Homer für geeignet. Nach Tüller können aber auch Coburger Lerchen, Luchstauben, Brieftauben und Strasser gleich gute Erfolge bringen.

Aus der ehemaligen DDR kamen die dort durch Kreuzung mehrerer Rassen entstandene Weißen Wirtschaftstaube, die von der Veranlagung her alle Voraussetzungen mitbrachten, die man von einer Wirtschaftstaube erwartet. Sie heißen heute „Weiße Mittelhäuser". Sie haben reinweißes Gefieder und sind glattköpfig, glattfüßig, flugfähig, mittelschwer, mit starkem Bruttrieb und guter Aufzuchtleistung. Sie sollen aus Deutschen Schautauben, Hessenkröpfern, Strassern und Spanier-Tauben entstanden sein. Sie wurden im Jahre 1963 in der ehemaligen DDR als neue Rasse anerkannt.

In Ungarn hat man gute Erfahrungen mit der Kreuzung von Zuchtpartnern von zwei verschiedenen, bewährten Rassen gemacht (z. B. weißes Carneau-Weibchen gepaart mit Texaner-Täuber). Tüller gibt im Jahre 1981 bei einer Haltung von 240 Zuchtpaaren die erreichten Leistungen wie folgt an:

Erzeugte Jungtauben pro Paar	8–20 Stück
von 100 gelegten Eiern:	
Befruchtung	90%
geschlüpfte Küken	87%
aufgezogene Tiere	84%

Schlachtkörperqualität

Da alle zum Verkauf angebotenen Schlachttauben in Farbe, Größe und Aufmachung möglichst den Kundenwünschen entsprechend gleich aussehen sollen, hat die Verwendung einheitlichen Ausgangsmaterials Vorteile. Zwischen dem Lebendgewicht der Elterntiere und dem der schlachtreifen Jungtiere bestehen Beziehungen. 28 Tage alte Jungtiere erreichen ein Lebendgewicht, das etwa bei 80% vom Elterntiergewicht liegt. Der bratfertige Schlachtkörper hat mit Schwankungen ein Gewicht, das bei 80% des Lebendgewichtes liegt. Folglich wird bei den Jungtieren ein Schlachtgewicht erreicht, das ungefähr zwei Drittel des Lebendgewichtes der Elterntiere ausmacht. Die Schlachtreife der Jungen erkennt man am Alter und am Wachstumsstand der Federn unter den Flügeln, die deutlich aus der Federspule herausgetreten sein müssen.

Die schlachtreifen Jungtiere werden zweimal in der Woche nachmittags eingesammelt und nach der Nüchterung am nächsten Morgen geschlachtet. Das Rupfen von Hand ist durch sehr vorsichtig arbeitende moderne Rupfmaschinen abgelöst worden. Fachgerechtes Ausnehmen erfordert eine gewisse Sorgfalt und etwas Fingerspitzengefühl, damit die zarte Haut nicht unnötig einreißt. Vor dem Versand oder dem Verkauf werden die Flügelenden auf dem Rücken verschränkt. Die verkaufsfertige Ware wird, von Pergamentpapier umgeben, einlagig nach oben offen in flache Kartons gepackt.

Fütterung und Futterverbrauch

Die Fütterung der Tauben erfolgt über Futterautomaten, die mit einem geeigneten Taubenpreßfutter gefüllt werden. Der Vorrat soll pro Voliere etwa 1 bis 2 Wochen ausreichen. Nach amerikanischen Erfahrungen soll dieses Preßfutter etwa 15% Rohprotein bei einem Gehalt von 2700 Kalorien umsetzbarer Energie pro 1 kg Futter enthalten. Wegen der enormen Zuchtbeanspruchung ist eine Anreicherung mit den Mineralstoffen Calcium, Phosphor und Natrium sowie ein Zusatz an den Spurenelementen Eisen, Kupfer, Kobalt, Mangan und Jod bei voller Vitaminierung eine Selbstverständlichkeit.

Die Pellets müssen möglichst hart und abriebfrei sein. Diese Forderung ist nicht immer zu erfüllen. Der Abrieb muß aber regelmäßig aus den Futterautomaten entfernt werden. Sonst kommt es schnell zur Anreicherung von Futterresten und zur Entwicklung von Milben, deren Ausscheidungsprodukte den Gesundheitszustand der Zuchttauben negativ beeinflussen.
Der Futterverbrauch liegt bei ca. 12 kg Taubenfutter, gepreßt, je Zuchttier und 1,5 kg Futter pro schlachtreifes Jungtier. Hierzu muß der Futterverbrauch für diejenigen Tiere gerechnet werden, die für die Zucht ausersehen sind und der bis zum Zuchtbeginn ca. 4,5 kg pro Tier beträgt. Je nach Größe der Elterntiere, der Umgebungstemperatur und der Zahl der aufgezogenen Jungtiere werden pro Zuchtpaar und Jahr somit 40 bis 50 kg Pelletfutter verbraucht. Tüller rechnet bei einer Aufzucht von 15 Jungen mit einem Verbrauch von 45 kg Mischfutter pro Zuchtpaar.

Die Erzeugungskosten

Unter diesen Bedingungen ergeben sich folgende Erzeugungs- und Vermarktungskosten bei der Aufzucht von 12 bis 16 Jungtauben pro Zuchtpaar und Jahr:

Futter, ca. 3 kg pro Schlachttier inkl. Elternanteil	48%
Stall und Stallgeräte	12%
Ergänzung des Tierbestandes	8%
Desinfektion und Medikamente	4%
Strom, Wasser, Allgemeinkosten	8%
Schlachten, Verpacken, Vermarkten	20%

Die erforderliche Arbeitszeit ist unter Berücksichtigung von Vergleichslöhnen gar nicht zu bezahlen. Die Masttaubenerzeugung lohnt nur im Nebenerwerb, wenn es gelingt, einheitliche kalibrierte Qualität in appetitlicher Aufmachung kontinuierlich an Hotels, Restaurants und Spezialgeschäfte als Delikatesse zu einem angemessenen Preis zu verkaufen.
In Ungarn, Frankreich und Italien wird unter günstigeren Bedingungen eine Masttaubenerzeugung betrieben. Wir sollten ständig die Erfahrungen dieser Länder mit den verschiedenen Produktionsfaktoren, aber auch bei der Vermarktung verfolgen. Es ist gut, wenn unsere Geflügelversuchsanstalten weitere praktische Erfahrungen sammeln und Fortschritte bei der Rationalisierung erzielen. Die bisherigen Versuchsergebnisse haben bereits einen nachhaltigen Einfluß auf Fütterung (Eignung von Pelletfutter), Stallbau (Drahtgitterfußboden) und Zuchtdauer (Beleuchtung) bei der gesamten Rassetaubenzucht und -haltung bewirkt.

Literaturverzeichnis

Historische Literatur

Aldrovandi, U.: Ornithologia. Frankfurt 1610. Baldamus, A. C. E.: Illustriertes Handbuch der Federviehzucht Bd. 2, Die Tauben. Coburg 1897.

Brehm, C. L.: Die Naturgeschichte und Zucht der Tauben. Weimar 1857.

Bürkle, C. A. A.: Die Tauben nebst ihren Verwandten. Halle 1844.

Bungartz, J.: Taubenrassen. Hamburg 1885.

Darwin, Ch.: Die Entstehung der Arten durch natürliche Zuchtwahl. Leipzig 1880.

Dürigen, B.: Handbuch der Geflügelzucht. Leipzig 1910.

Friedrich, C. G.: Geflügelbuch. Stuttgart 1896.

Gesner, C.: Vollkommenes Vogelbuch Teil 2: Von den zahmen Tauben. Frankfurt 1669.

Hager, A.: Die Taubenzucht. Berlin 1891.

Lavalle, A., Lietze, M.: Die Taubenrassen. Berlin 1905.

Leopold, J. L. G.: Der Taubenfreund. Sandershausen 1819.

Marten, H.: Kennzeichen der Taubenrassen. Leipzig 1890.

Neumeister, G., Prütz, G.: Das Ganze der Taubenzucht. Weimar 1876.

Pribyl, L. E.: Geflügelzucht. 1899.

Prütz, G.: Die Arten der Haustaube. Leipzig 1878.

Reichenbach, H. G. L.: Die vollständigste Naturgeschichte der Tauben und taubenartigen Vögel. Dresden 1862.

Rohles, J. N.: Die Federviehzucht. Berlin 1821.

Schmidt, Ch. G.: Der Täuber. Leipzig 1821.

Schuster, M. J.: Lehrbuch der Taubenzucht. Ihneau 1896.

N. N.: Ulmer Taubenbuch. Ulm 1790.

Willughby, F.: The Ornithology. London 1678.

Fachliteratur

Aretz, W.: Neuzeitliche Taubenschläge. Oldenburg 1963.

Bachjibeb, H. A.: Rassetauben. Moskau 1971. Bahr, G.: Studien über die Zucht von Rassetauben am Beispiel des Römers. Hamburg 1975.

Barth-Engmann, R.: Das Taubenbuch. Schmölln 1965.

Becker, H.: Unsere Deutsche Schautaube. Reutlingen 1969.

Brüggemann, T.: Brieftauben. Minden 1984.

– Komm Hans komm. Essen 1966.

– u. a.: Leben mit Brieftauben. Essen 1984.

Bürkle, F.: Der Brünner Kröpfer. Reutlingen 1965.

Classen, K.: Wegweiser zum Erfolg (Brieftauben). Essen 1966.

– Erfolgreich züchten und spielen (Brieftauben). Essen 1970.

– Wege zur Meisterschaft (Brieftauben). Essen 1975.

Dorn, K.: Flugsport mit Reisetauben. Berlin (Ost) 1953.

Engelmann, C.: So leben Hühner, Tauben, Gänse. Radebeul 1972.

– Die Taube. Berlin 1973.
Fangauf, R., Mackrott, H. und Vogt, H.: Geflügelfütterung. Stuttgart 1960.
Fischer, J.: Das Buch der Kröpfer. Reutlingen 1970.
Gand, A.: Erfolgreiche deutsche Brieftaubenzucht. Essen 1963.
Geihe, J. A.: Das Taubenbuch. Frankfurt/M. 1950.
Grundel, W.: Brieftauben. Stuttgart 1980.
Hauser, K. W.: Die kranke Taube im Bild. Köln 1956.
Hoffmann, H.: Tauben, reisende Boten. Duisburg 1963.
Hoffmann, J. A.: Krankheiten der Tauben. Reutlingen 1969.
Juhre, F.: Wirtschaftstaubenzucht. Berlin 1950.
– Reisetauben. Minden 1952.
– Die Rassen der Haustauben. Minden 1957. – Unsere Nutztauben. Minden 1957.
– und Kockel, F.: Die Rasse- und Sporttaubenzucht. Hönow 1952.
Kammermeier, A.: Taubenhäuser, Taubenschläge. Germering.
Kaupschäfer, H.: Hochflugtaubensport und andere Flugtaubenhobbies. Reutlingen 1980.
– Indische Bodenpurzlertauben. Dorsten 1968.
King, A. S., McLelland, J.: Anatomie der Vögel. Stuttgart 1978.
Kornfeld, H. W.: Kunstflugtauben – Salto Mortale. Mühlheim 1974.
Krüger – Paulus: Die Zucht der Coburger Lerche. Reutlingen 1968.
Knesche, E.: Meine Erfahrungen als Brieftaubenzüchter. Essen 1965.
Lahaye, J., Cordiez, E.: Die Belgische Reisetaube. Hamburg 1954.
Lang, M.: Haustauben. Bern 1948.
Laske, W.: Werdegang und Zuchtstand der Elsterkröpfer. 1971.
Levi, W. M.: Making Pigeons Pay. Columbia S.C. 1951.
– The Pigeon. Columbia S.C. 1 977.
Lockenvitz, K.: Die Welt unserer Kröpfer. Berlin 1958.
Lüthgen, W.: Taubenkrankheiten. Reutlingen 1985.
Mackrott, H.: Die Zuchtgeschichte der Reisetaube. Kiel 1952.
Marks, H.: Farbentauben, Wittenberg 1973.
– Formen-, Riesen-, Sport- und Trommeltauben. Wittenberg 1975.
– Unsere Haustauben. Mühlenbach 1975.
– Huhn-, Struktur- und Warzentauben. Wittenberg 1980.
– Kropftauben. Leipzig 1986.
– Kurzschnäblige Tümmler. Leipzig 1989.
– Langschnäblige Tümmlertauben. Leipzig 1991.
Möbes, W. K. G.: Bibliographie der Tauben. Berlin 1953.
– Die Nürnberger Bagdetten im Spiegel der Welt. Berlin 1958.
Mövchentauben international. Hrsg. v. W. Assmus/W. Hegemann, Reutlingen 1979.
Müller, E.: Die Kingtaube. Reutlingen 1975.
– Die Pfautaube. Reutlingen 1976.
– Die Welt der Rassetauben. Reutlingen 1978.
– Rasse-Tauben. Reutlingen 1982.
Münter, W.: Taubenzucht und Taubenschläge. Hannover 1969.
Palleske, W.: Rassetauben. Stuttgart 1966.
Raethel, H. S.: Wildtauben. Stuttgart 1980.
Regenstein, F.: Vererbung bei Hühnern und Tauben. Reutlingen 1970.
– Reisetauben. Gelsenkirchen 1948.
Reichenbach, Chr.: Deutscher Rassetauben-Standard. Reutlingen 1991.
Roesler, G: Brieftauben. Zucht, Haltung, Sport. Melsungen 1982.
Rublack, E.: Strassertauben. Reutlingen 1982.
Schlee, A.: Italienische Mövchen. Reutlingen 1988.
Scholtyssek, S., Doll, P.: Nutz- und Ziergeflügel. Stuttgart 1978.
Schrag, L.: Gesunde Tauben. Hungersberg 1973.

Schulte, J.: Zucht und Haltung der Deutschen Schautaube.
Schulz, J.: Die Cauchoistaube. Lüchow 1974.
Schütte, J.: Taubenzucht. Minden 1982.
– Handbuch der Taubenrassen. Minden 1981.
Schwarze, E., Schröder, L.: Kompendium der Geflügelanatomie. Stuttgart 1979.
Sieckmeier, K.: Die Strassertaube. Reutlingen 1970.
– Die erfolgreiche Zucht von Rassetauben. Reutlingen 1976.
Silvester, H.: Tauben. Rüschlikon 1990.
Spruijt, C. A. M.: Onze Duivenrassen in Woord en Beeld. Gouda 1955.
N. N.: Taubenschläge und Volieren. Reutlingen 1975.
– Deutscher Tauben-Standard. Reutlingen 1982.
Tüllmann, A.: Die Deutsche Modenesertaube. Reutlingen 1979.
Vogel, C.: Die Taube – Haltung, Biologie, Fütterung. Melsungen 1980.
– Lüthgen, W., Vogel, M. u. a.: Die Taube – Taubenkrankheiten. Berlin 1983.
Weger, R.: Die Deutsche Schautaube. Plau 1950.
Wintjes, J.: Unsere Tauben in der Mauser. Bottrop 1966.
– Der Pommerkröpfer Zucht und Haltung. Reutlingen 1969.
Wulf, A.: Kleines Geflügel-Wörterbuch Deutsch-Englisch-Französisch. Leipzig 1936.
Zimmer, G.: Mövchen. Minden 1968.
Zurth, E.: Tauben, ihre Zucht und Haltung. Stuttgart 1957.
– Die Welt der Tauben. Reutlingen 1969.

Bildnachweis

Farbbilder

Rudi Proll, Dossenheim: 1, 3, 4, 5, 6, 10, 11, 12, 13, 14, 21, 22, 24, 33, 34, 35, 37, 43, 44, 49, 50, 55, 56, 57, 62, 64, 67, 79, 80, 81, 82, 83, 90, 91, 92.
Hans Reinhard, Heiligkreuzsteinach: Umschlagrückseite.
Helmut Scheide, Osnabrück: 2, 41, 47, 48.
Karl Stauber, Orpund: 7, 15, 16, 17, 18, 19, 20, 27, 28, 29, 32, 42, 45, 46, 51, 52, 53, 54, 60, 68, 69, 70, 71, 73, 74, 77, 84, 85, 86, 87, 88, 96, 99.
Josef Wolters, Bottrop: 8, 9, 23, 25, 26, 30, 31, 36, 38, 39, 40, 58, 59, 61, 63, 65, 66, 72, 75, 76, 78, 89, 93, 94, 95, 97, 98.

Schwarzweißbilder

Eberhard Haase, S. 186.
Dr. Heinrich Mackrott, Kiel: S. 160, 161
Rudi Proll, Dossenheim: S. 78, 79
Helmut Scheide, Osnabrück: S. 70, 86, 152
Hugo Soller, Bremen: S. 164
Karl Stauber, Orpund: S. 56, 68, 80, 81, 87, 91, 97.

Register

Weitere interessante Literatur

Brieftauben. Von Werner Grundel. 151 Seiten, 13 Farb- und 30 s/w-Fotos und Zeichnungen. ISBN 3-8001-7236-4. Neben Fragen zur Haltung, Fütterung, Pflege und Zucht befaßt sich das Buch eingehend mit dem Training, der Vorbereitung und Organisation von Reisen und Preisflügen.

Wildtauben. Haltung, Pflege, Zucht. Von Heinz-Sigurd Raethel. 212 Seiten, 38 Farbfotos, 2 Zeichnungen. ISBN 3-8001-7053-1. Neben eindrucksvollen Illustrationen bietet das Buch eine Fülle von Informationen über Lebensweise, Ersteinfuhr, Haltungs- und Zuchterfahrungen der bislang nach Europa und in die USA importierten Wildtaubenarten.

Die Ernährung des Vogels. Grundlagen und Praxis. Von Wolfgang Aekkerlein. 130 Seiten, 17 Abbildungen, 2 Tabellen. ISBN 3-8001-7162-7. Der Vogelpfleger soll in die Lage versetzt werden, besser als zuvor biologische Gesetzmäßigkeiten und Zusammenhänge zu verstehen, um daraus praktische Maßnahmen für die tägliche Fütterung des Vogels ableiten zu können.

Einheimische Singvögel. Schutz, Pflege, Zucht. Von Horst Bielfeld. 128 Seiten, 54 Farbfotos, 31 Zeichnungen (Ulmer TB 9). ISBN 3-8001-6800-6. Es werden 17 einheimische Singvögel nach ihrer Verbreitung, ihrem Lebensraum und ihrer Fortpflanzung zusammen mit den notwendigen Hinweisen für eine artgerechte und sinnvolle Haltung und Aufzucht beschrieben.

Nutz- und Ziergeflügel. Hrsg. Siegfried Scholtyssek und Paul Doll. 488 Seiten, 8 Farbtafeln, 140 Abbildungen, 59 Tabellen. ISBN 3-8001-4331-3. In diesem Buch ist das Nutz- und Ziergeflügel nach den neuesten Erkenntnissen mehrerer angewandter naturwissenschaftlicher Disziplinen beschrieben worden. Es wendet sich an die anspruchsvollen Rassegeflügelzüchter ebenso wie an die Wirtschaftsgeflügelhalter und deren Berater.

Erhältlich in Ihrer
Buch(Fach)handlung oder
beim **Verlag Eugen Ulmer,**
Postfach 70 05 61,
7000 Stuttgart 70

E.U.
VERLAG
EUGEN
ULMER